中国近代海国游记十六讲

闵泽平　主编

海洋出版社

2024年 · 北京

图书在版编目（CIP）数据

中国近代海国游记十六讲／闵泽平主编. -- 北京：
海洋出版社，2024.12. -- ISBN 978-7-5210-1446-4

Ⅰ.P7-05

中国国家版本馆 CIP 数据核字第 202539UK77 号

责任编辑：孙　巍
责任印制：安　森

海洋出版社　出版发行

http://www.oceanpress.com.cn

北京市海淀区大慧寺路 8 号　邮编：100081
涿州市般润文化传播有限公司印刷　新华书店经销
2024 年 12 月第 1 版　2024 年 12 月第 1 次印刷
开本：710mm×1000mm　1/16　印张：16.25
字数：250 千字　定价：58.00 元
发行部：010-62100090　总编室：010-62100034

总　序

　　"海洋人文社会科学"这一概念，在国内最早由厦门大学杨国桢教授提出，并作了充分论述，目前这一概念已为学术界普遍接受。我一直密切关注杨国桢教授有关海洋史学的论著与文章，深为他的远见卓识所折服。我所供职的浙江海洋大学是一所海洋特色非常鲜明的高校。2009年我担任学校图书馆馆长期间，决心将海洋古文献与沿海地方文献作为特色馆藏来建设，旨在为我校的海洋史与海岛史研究提供较好的文献储备。在从事这项工作过程中，我仿佛进入到一个既熟悉又陌生的世界，作为一个专门领域的文献，其丰富程度大大超出我的预计，文献越搜越多，可谓层出不穷。2012年，我调任学校教务处处长岗位，发现涉海专业数量占我校全部专业数量的70%以上。在对全校100余门人文通识课程进行梳理之后又发现，我们开设的海洋类人文通识课程屈指可数，这显然与我校海洋特色不相称。基于这种现状，一方面，我们大力推进校级人文通识课程的梳理与整合，力求全局改观；另一方面，我们组织校内外师资力量，通力合作，建设具有浙江海洋大学特色的海洋人文通识课程体系，力求重点突破。我提出要推进海洋人文通识教育，首先要做好体系化的顶层设计，其次要开辟操作性强的实施路径。为此，主要围绕以下三个层面有序展开。

　　第一，海洋人文意识与观念层面。海洋意识教育，是对海洋价值、海洋权益、海洋战略等观念层面的教育。长期以来，国家非常重视在全国范围内进行海洋意识教育推广，我校是国家海洋局"全国海洋意识教育基地"最早挂牌单位之一。为此，我们整合资源，组织力量，专门开发建设了"大学生海洋观"慕课。该课程要求人人必修，并对学分作了硬性规定，学业合格者颁发"浙江海洋大学海洋观教育结业证书"，以此作为我校大学生海洋意识教育的"身份证"。同时，该课程还通过网络课程平台，面向全国四百余所高校推广。

第二，海洋人文知识与精神层面。海洋人文知识与海洋精神是在漫长的海洋历史发展与海洋文明进程中，逐渐形成的一个相对独立的人文知识系统与一种精神境界。中华文明的形成，是海陆文明交互作用的结果，海洋文明也是中华文明的基因之一，这已成为学术界共识。

中国古老的地理文献《禹贡》早已有关于海洋与海事的记载，而《山海经》已然将"山""海"作为两个最具符号意义的地理形象并置。先秦诸子对海洋各有关怀与想象，孔子在《论语》里甚至表示要将海洋作为他隐居的理想场所；庄子在《逍遥游》中进行了早期中国思想史上最为壮观的海洋哲学思考与审美追求；阴阳学派创始人邹衍的"大九州说"，是我国古代具有海洋开放型地球观的创造性思维。

秦朝，秦始皇灭六国后，在南方设置桂林郡、南海郡、象郡，中原政权控制的海岸线空前延长。秦始皇五次出巡，其中四次行至海滨。汉朝，继承秦朝"四海之祭"的传统，汉武帝前后七次巡海，使蓬莱信仰不断成长，最终形成"会大海气"的封禅思想。与此同时，汉朝海洋活动已经非常频繁。当时已经出现了专门从事海上活动的"海人"，因此《汉书·艺文志》中才会著录有《海中星占验》《海中五星经杂事》《海中五星顺逆》《海中二十八宿国分》《海中二十八宿臣分》《海中日月彗虹杂占》等与航海相关的天文文献，此即张衡在《灵宪》中所谓的"海人之占"。

到了唐朝，国力强盛，海洋疆域几乎覆盖全部东亚大陆的沿海地区；在政治上不断与海外国家建立外交关系，文化交流规模浩大，海洋贸易空前繁荣，海上丝路不断拓展。宋朝政权对外开放的深度与广度都超过前朝，海洋自然知识如潮汐、风讯、洋流、地理等不断丰富，海洋技术知识如航行技术、导航技术、航路拓展等不断进步，海洋人文知识如风俗、信仰、文学、艺术等不断积累与传播，开启了一个新的海洋史阶段。

元朝的君主尽管来自草原，但他们依然非常重视海洋经略，改变了单一的漕运方式，创造性地通过海洋航线达成南粮北运，初步形成江海统筹模式；此外，不断加强海外招谕和海外贸易，延展了唐宋海上丝路，推动了众多海外国家与中华本土的紧密联系。明朝，虽然实行所谓海禁政策，但郑和的航海成就为当时世界之最，海洋贸易网络也得到进一步扩大。清朝，海疆政策总体呈开放态势，在海权海防、海洋贸易、海洋移民、海洋产业、海岛开发等方面，都较前朝更具内涵与发展。在这样一个有着极为悠久海洋历史的国家，可以想象其所积淀的海洋人文知识和海洋人文精神是何其丰富与深厚。为此，我们围绕着海洋人文的几个主要方面，有计划、有系统地开展了研究，同时积极走向课堂。

第三，海洋人文实践与能力层面。通识教育的根本是为"全人"的教育。在培养人、发展人、完善人、塑造人，即完成"全人"过程中，通识教育不可或缺。但目前的通识教育，知识化取向比例过重。众所周知，教育不仅仅是知识的或认知的，人文学习过程中的人文实践，或者说认知与体验的相互整合、相互支持，对于培养学生的人文感受能力、人文体验能力和人文创造能力，是非常重要的一个途径。中国是一个拥有 18 000 千米大陆海岸线、7 600 余个岛屿、约 300 万平方千米主张管辖海域的海洋大国。浙江海洋大学位于中国最大群岛——舟山群岛，得天独厚的地理优势，为我们的海洋人文实践教学提供了广阔平台。长期以来，我们坚持开展海岛历史文化田野调查、海洋非物质文化遗产技艺学习与传承、当代海洋文化艺术的鉴赏与创新等，培养了一代又一代具有"海纳百川、自强不息"精神，爱海、知海、懂海、用海的海洋型"全人"。

目前，围绕以上三个层面，我校海洋人文通识教育正在有序推进中。需要特别说明的是：海洋人文通识教育课程开发与系列教材建设，是建立在广泛深入的海洋人文学术研究基础之上的。我负责的浙江海洋大学"中国海洋古文献整理与研究"团队，在海洋文献、海岛文献、海洋文学、海洋信仰、海洋史等领域，先后获得国家社科规划重点项目、国家清史纂修工程项目、教育部规划项目、教育部古委会项目、浙江省规划项目等一大批课题，出版了一批海洋文学研究、海岛文献整理著作。与此同时，团队在如何实现科研成果转化为教学资源、如何做到高深研究俯身为学术普及、如何在学术研究与课程开发之间寻找结合点等方面，也做了一些有益探索，以冀臻于科研与教学融合、项目与课程融合、成果与教材融合的理想之域。目前，这套海洋人文通识系列教材，便是我主持的 2014 年度国家社会科学基金重点项目"中国海洋古文献总目提要"的阶段性成果之一,也是我们将科研成果有效转化为教学资源的初步尝试。

海洋人文通识教材的"系列",其实是一个开放体系。其开放性主要体现在两个方面:我们组织的海洋人文通识教材编写,不仅立足中国,同时放眼世界的海洋人文历史与发展;随着新课题拓展、新成果出现与新课程开发,我们将会不断增加新品种的教材,如"海上丝路""海洋渔业""海岛文化""海国游记""海洋美学""海洋人类学""方志海洋""海洋剪纸技艺""海洋绳结技艺""海洋船模技艺""渔民画技艺""海洋文化田野调查与方法"等,这次出版第一辑,今后还将出版第二辑、第三辑……为了保证选修课程与教材质量,我一直信奉大学选修课的开设一定要以教师科研成果为基础的理念,否则容易沦为学生厌恶的"水课"。为此,我们将谨守宁缺毋滥的开课原则,成熟一门开设一门。经过几轮讲授之后,再来修订完善教材……在不断锤炼的过程中,这些课程终有一日会成为"金课""老虎课"。

海洋人文通识教育,不仅是一种从陆地本位向海洋本位转换的历史文明观教育,还是一种精神、胸襟与情怀的世界观教育。从自然科学角度来看,迄今人类已研究过的海洋面积不过 10%;而从人文科学角度来看,我们对海洋人文的挖掘、梳理、研究与学习,也还处于起步阶段。希望这套系列教材,能够帮助我们接近、认识和热爱海洋。

程继红

2016 年 4 月

目　录

第一讲　近代海国游记中的山光水色

山水永远是文学的重镇。人们向外发现了自然，便有了山水诗的勃兴；向内发现了自己的深情，也就有了山水游记的成长。人类认知的深化与情感的丰富，推动着文学前行；文学的不断演进，也得以更为细腻地将这些变化展示出来。因此，同样是山光水色，我们却也不能简单地将之视为山光水色，哪怕终究它们也只是山光水色。处在一个更迭的时代，在国门洞开的那一瞬间，所有见到的山光水色都饱含着丰富意蕴。

一、近代东洋游记中的山水风光

最初东洋游记的著者，似乎严格遵从着诗、文的分工，以文叙事记物，而以诗娱悦情性，因此对山光水色的讴歌，主要用旧体诗的形式展开。不过，这些自然风光毕竟是出自异国他乡，为了消除国内读者的隔膜与茫然，他们又往往在诗歌后面简单地进行诠释或描摹。何如璋（1838—1891）在他的《使东述略》结语中非常清晰地阐述了诗、文的差异：

> 余自八月五日出都，泛渤海，抵吴淞，往返金陵，淹留沪上月馀日。十月杪乘轮东渡，历日本内海、外海，冬至前五日乃至横滨。又迟之一月，始移寓东京行馆。所过海程近万里，舟行十有八日。海陆之所经，耳目之所接，风土政俗，或察焉而未审，或问焉而不详，或考之图籍而不能尽合。就所知大略，系日而记之。偶有所感，间纪之以诗，以志一时踪迹。若得失之林、险夷之迹，与夫天时人事之消息盈虚，非参稽焉、博考焉、目击而身历焉，究难得其要领。宽之岁月，悉心以求，庶几穷原委、洞情伪，条别而详志之，或足

资览者之考镜乎？是固使者之所有事也。①

光绪三年（1877 年）十月至十二月，何如璋身为朝廷大员正式出使日本。他的《使东述略》对日本的风土政俗及维新以来的种种变化，都作了翔实的记录。而其《使东杂咏》七言绝句六十七首，则展示了传统士大夫的个人情怀，抒写了沿途风光及其感受。如第三首：

> 清水洋过黑水洋，罗针向日指扶桑。
> 忽闻舟子欢相语，已见倭山一点苍。

诗后自注："自过花岛后，目之所极，一望无际。水初作浅碧色，渐作蔚蓝，更为黝黑。至二十五日申正，驾长命舟师登桅，遥望少顷，云已见高岛，盖近日本境矣。"②

又如第四十六首：

> 北峰积雪南峰火，烟絮纷纷逐逝波。
> 一样屏颜分冷热，山犹如此奈人何。

诗后有自注，交代其行踪，描绘所见景色："初十日，夜行约三百里。十一日，过骏河境。北岸有山如盍，一白无际，舟人曰富士山，积雪盖终年不消。南岛为火山，黑烟盘盘，闻夜中视之有光，倘《海赋》所谓烛龙者耶？相距仅百里，截然迥殊，亦异观也。"③

因此，对于何如璋而言，这些旧体诗及其注解，实际上承担了游记的功能。值得注意的是，哪怕所描写的是异国风光，他也总是情不自禁地以中土的景色进行比照，如第二十四首：

---

① 何如璋：《使东述略》，《走向世界丛书》（修订本）第三册，岳麓书社，2008，第 108 页。
② 同上书，第 110 页。
③ 同上书，第 122 页。

> 岛屿潆回俨列屏，澄波如镜写真形。
>
> 无端风雨纷离合，读罢山经又水经。

诗后自注云："十一月朔，早行。历长门内海，水波不兴，舟极安稳。南北皆山，古秀不及长崎，而岛屿零星，绵亘不断，极似吴越江行光景。"①

此次出使，张斯桂为副使。张斯桂（1817—1888），字景颜，号鲁生，浙江宁波人。秀才出身，曾任中国近代第一艘机器轮船"宝顺轮"号之管带，后入曾国藩幕府，又受聘福州船政局，担任总巡各厂，兼管洋务学堂。张斯桂将此行沿途所作七律诗四十首，汇为《使东诗录》，光绪十九年（1893年）为王锡祺收入《小方壶斋丛书四集》，后者跋语称"此诗得之传钞，体物浏亮，缘情绮靡，与'杂咏''杂事诗'堪称'三绝'"。不过他的诗歌缺乏自注，游记的味道较淡，如其十四首《望雪山》：

> 将近横滨三百里，雪山高耸出云端；
>
> 群峰积翠中峰白，五月严冬六月寒；
>
> 瑶草琪葩开正遍，琼楼玉宇到应难；
>
> 此身如在罗浮岭，万树梅花一样看。②

这首描写富士山的旧体诗，或许参照何如璋所作，意思才更显豁。

此次出使，黄遵宪为参赞。黄遵宪（1848—1905），字公度，别号人境庐主人、东海公、法时尚任斋主人、水苍雁红馆主人等，广东嘉应人。光绪二年（1876年）顺天乡试举人。光绪八年（1882年）调任驻美国旧金山总领事，光绪十六年（1890年）随薛福成出使英、法、意、比四国，仍任参赞。光绪十七年（1891年）调任新加坡总领事，光绪二十年（1894年）奉调回国，在张之洞幕府主持江宁洋务局。光绪二十二年（1896年），与汪康年在上海办《时务报》。光绪二十三年（1897年）任湖南按察使。著有《人境庐诗草》《黄遵宪集》《日本杂事诗》《己亥杂诗》等。

---

① 何如璋：《使东杂咏》，《走向世界丛书》（修订本）第三册，岳麓书社，2008，第116页。
② 张斯桂：《使东诗录》，《走向世界丛书》（修订本）第三册，岳麓书社，2008，第145页。

任日本参赞期间，黄遵宪以他所感兴趣的日本诸种物事为题材写下一百五十四首七言绝句，并在每一首诗后附上详细的注释，嗣后整理为《日本杂事诗》二卷，于光绪五年（1879 年）交由同文馆在北京以官版形式刊行。其自序有云："余于丁丑之冬，奉使随槎。既居东二年，稍与其士大夫游，读其书，习其事。拟草《日本国志》一书，网罗旧闻，参考新政。辄取其杂事，衍为小注，弗之以诗，即今所行《杂事诗》是也。"①

与何如璋、张斯桂诸诗不同的是，黄遵宪的七言绝句，是其所作《日本国志》之补充，如王韬所序"其间寓劝惩，明美刺，存微旨"。如其写富士山：

拔地摩天独立高，莲峰涌出海东涛；
二千五百年前雪，一白茫茫积未消。

诗后自注云："直立一万三千尺、下跨三州者为富士山，又名莲峰，国中最高山也。峰顶积雪，皓皓凝白，盖终古不化。"② 其《日本国志·地理志》则云："富士山，跨居富士郡及北甲斐都留、八代二郡，国中第一高山也。直立凡一万四千一百七十尺，其状如芙蓉，四面皆同。四时戴雪，浩浩积白，盖终古不化，十三州皆望之。本喷火山，山巅犹有巨洞。在骏东郡须走村，凡五里；在富士郡村山村，凡八里；在甲斐都留郡吉田村，凡十里。"③

又如其诗《山水》：

濯足扶桑海上行，眼中不见大河横；
只应拄杖寻云去，手掣卢敖上太清。

诗后自注云："与富士山并称三山者：加贺白山、越中立山，盖于齐为巨擘

① 黄遵宪：《日本杂事诗》，《走向世界丛书》（修订本）第三册，岳麓书社，2008，第 571 页。
② 同上书，第 612 页。
③ 同上。

焉。水以信浓河为最长，以琵琶湖为最大矣。然国中虽少高山大河，而林水邱壑大有佳处。《使东杂咏》纪沿海光景。几如读郦元《水经》、柳州游记。其中山水名胜之区，闻陆奥之松岛、丹后之天桥立、安艺之宫岛，尤山层云秀，怀灵抱异云。恨蜡屐无缘，未能一游耳。"①《日本国志·地理志》则云："琵琶湖，以形似得名，又有淡海、鸤海之称，亘十一郡，国中第一大湖也。容八百八水，末流入势多川，而注山城。周回七十三里，东西五里，南北十五里。近年湖中设小汽船以通往来。……松岛，属宫城郡，南至千贺浦，北至矶崎，小岛数百，海上散布，悉生青松，奇丽美秀。……天桥立，别名子日岬、白丝滨，加佐郡江尻村之沙洲也。东南横出二十七町四十间，幅三十二间，南端与文殊村相对。苍松一带，蓊蔚如画，与松岛、岩岛共称三胜。其湾称为岩泷湾，深十一仞，而港口至浅，仅通小船而已。……严岛在佐伯郡大野村之东，周回一里三十一町五十九间，有山名弥山。又有七浦，各安神社。山重云沓，怀秀抱丽。"②

近代东洋游记到了王之春（1842—1906）手中，旧体诗与文渐次分离。或者说，在某种程度上，旧体诗只是一种点缀，而叙事之文成为主体。王之春的《东游日记》记录了自光绪五年（1879年）十月十八日由镇江出发，历经长崎、神户、大阪、横滨、东京等地至十一月二十四日返回的行程。其十月二十二日所见为：

> 晴。天晓观日，瞳瞳斜旸谷，浴扶桑，仰射云霞异采，出海渐高，万道金蛇，风回澜紫，不可逼视。观水，初作浅碧色，渐作蔚蓝，较过花脑尤黑。辰后，见远山屹立海中，舟人名曰高岛。近视其旁，群列三五如小星。舟东北行，又经五岛，将近日本境。戌刻，抵长崎港停轮。港势斜趋东南，如游龙蜿蜒，名野母崎，北则群屿星错，大小以六七计。山骨苍蔚，林木深秀，殊可爱玩。③

① 黄遵宪：《日本杂事诗》，第612~613页。
② 同上书，第613页。
③ 王之春：《谈瀛录》，《走向世界丛书》（续编），岳麓书社，2016，第17页。

此文后面有诗两首,分别是《大洋遣兴》:"四顾甚茫然,来程问几千?一舟轻似叶,远水乱浮烟。放眼疑无地,当头只有天。斗牛星在望,何必说张骞。"《过黑水洋》:"万马千军彻夜哗,凭栏一望黑无涯。风推水面排山势,舟撼涛头喷雪花。残月溟蒙天泼墨,重溟深黝客乘槎。好凭云海将胸荡,此后吟诗气自华。"① 这两首诗,与前面的绘景纪行文字,联系显然并不紧密。

又十一月十一日记其观大铜佛,遥望富士山:

> 晴,朗卿邀观大铜佛。马车行二点钟约三十馀里。一路山水清幽,树木丛荫,遥望富士、火焰诸山,历历可辨。富士山即雪山,虽炎夏积雪不消,与火山相对。铜佛身高三十九尺,径广约十六丈有奇。露处平台,翘首跂足,始克望其肩背。近前摩挲,首仅平其膝下。僧云"神功皇后物也,一千八百馀年矣"。昔周世宗毁铜佛铸钱以济民用曰:"使佛真身犹当慈悲割舍。"倘日人仿之,亦可使青蚨飞布,借富穷氓也。日本屋宇、器具,皆精巧细致,而均以小见长,惟此佛巍然独大,故往来东瀛者无不争欲快睹也。②

其文后所赋《富士山》诗,则似乎不是写实了:"撑天形势雪微茫,月照琼楼分外光。似抱冰心行素位,全无灰劫换红羊。千寻玉树经秋冷,五月梅花趁夏凉。不染人间炎热气,白莲世界赏孤芳。"③

当然,《谈瀛录》中也不乏诗文一体,写得玲珑剔透、意气飞扬的,如写其十一月十五日观瀑布:

> 侵晨即上岸,至何仰云处。适梁炜煌亦来自大阪。饭后雇车往观瀑布。初行十馀里,绿槐夹道,翠柳环堤,仿佛春深风景。抵麓下车,缘山迤逦而上,飞桥隐隐,高接烟云。近视则劈分双峡,峭壁崩崖,俯瞰万仞。刳木而凹其中,支以渡水,借水势下趋以激轮,

---

① 王之春:《谈瀛录》,第17~18页。
② 同上书,第36~37页。
③ 同上书,第37页。

轮动而轴转，用以舂米碾麦，殊省人力。近山人家，均引泉为池，水清如镜。瀑布一在山之阴，一在山之阳，故土人以雌雄分之。远闻水声潺潺，万窍怒号，震耳怵心，如飘风疾雨之骤至，寒气砭人肌骨。既抵其处，匹练悬空，如玉龙数条，蜿蜒天际。人烟数十户，三五成村。酒肆茶寮，当炉均以少妇。入室少憩。开窗凭眺，银涛雪浪，泻玉喷珠，取九天银河置之于几席间作玩。时虽葭琯潜飞，而东西异地，即寒燠异时。如吹邹子之律，黍谷业已回春。缓带轻裘，殊有暖意，解衣磅礴。肆中以丹橘进，连啖数枚，味甘而微酸，全橘无子，亦异种也。醍醐灌顶，凉沁心脾。[1]

其《游瀑布山》诗则云："倭国险要推神户，炮台重锁门户固。依山傍水一万家，后市前朝若棋布。南行数里瀑布山，流泉直喷山腰间。玉匣飞出两龙白，终古不息水潺潺。我闻郑公朝夕往来风，又闻雷声初起辨年丰。阅尽山经海国志，未闻瀑亦分雌雄。雄瀑直泻势苍莽，山为之鸣谷为响。白云高拥丈人峰，玉柱倒持仙人掌。雌瀑先隐而后见，苍翠丛中悬白练。一幅疑拖湘妃裙，寒光如抽龙泉剑。在山泉水本来清，阴阳二气妙合成。切莫流到人间成巨浪，终宵撼作不平声。我来此处俗虑空，一声长啸谷生风。忽闻丝竹之声飞到耳，幽人只在此山中。山径萦纡如螺旋，无数亭台耸翼然。檐牙屋角引流泉，千声水碓抖寒烟。人影在山夕阳暮，归时不是来时路。伊谁唤此作可别（倭人呼神户为可别），我却徘徊不忍去。"[2]

而在傅云龙（1840—1901）的《游历日本图经馀纪》中，旧体诗已经不见踪影，对山水的客观介绍也渐渐替代了个人游览时的感受。如记其光绪十三年（1887年）十二月三日至沼津驿，提及富士山：

其地距富士山麓约四十八里，而如咫尺。峰矗万四千一百七十尺，一名不二山，又有白扇倒悬之目，盖象形云。日本地志略谓四时戴雪，每当中国七月，为西纪八月，雪融，三十馀日，游之者众。

---

① 王之春：《谈瀛录》，第40页。
② 同上书，第40~41页。

日本史言孝灵时夜生一山。《庆宏纪闻》言，宝永年间，山地大震，发火焰，生一小山于其山腹，名宝永山。富士山顶大坑，盖火处也，其信然欤。山跨相模、骏河、甲斐三国境，东有足柄、箱根二山，与鹰山对。①

这些材料均来自书籍，而不是他亲身游历所得，或不能称之为游记。

随着社会危机的加深，前来日本考察的官员和学者无不负有沉重的使命，他们步履匆匆，如饥似渴地汲取着维新的成果，不再有悠闲的时光去登临山水。其游记也往往如大事记，逐一记录着他们考察的成果，游记的审美价值为实用功能所替代。如缪荃孙（1844—1919）《日游汇编》中那种雍容之游，似乎极为罕见了：

> 三日戊午　雨。八点钟，到西京，寓柊屋别庄。饭后，偕白河游东山，山下有太极殿，仿东京皇宫为之，颇壮丽。上山至南禅寺，水声潺潺，出夹道石罅。松杉幂房，蔽云霄汉。……循南禅寺而行，历级数十层至悬崖，见涧水一泓，清鉴毛发。过涧行数十武，有巨闸，束水使直下，大声砰訇，白波如帘，喷洒崖际。②

二、近代南洋游记中的山水风光

被钟叔河誉为"中土西来第一人"的斌椿，作为第一批由清政府派遣赴泰西的游历者，在记录自己的行踪与见闻时，似乎也严格遵从诗、文的分界。他所撰写的《乘槎笔记》在其返京后，由总理衙门抄录而进呈御览。杨能格评价其"顾皆据事直陈，不少增饰，非如山经惝恍、齐谐俶诡，有所假而借

---

① 傅云龙：《游历日本图经馀纪》，《走向世界丛书》（修订本）第三册，岳麓书社，2008，第222页。

② 缪荃孙：《日游汇编》，《走向世界丛书》（续编），岳麓书社，2016，第49页。

为之也"。① 董恂赞其"比及为诗，则浑脱浏亮，如瓶之泻春。是何意态雄且杰，而其言明且清欵"！② 如《乘槎笔记》记录其于同治五年（1866 年）二月二十五日在锡兰观卧佛：

　　二十五日　阴，小雨即止。卯初起，雇划子登岸。乘四轮车（迥异车形，御者坐车上高处），沿海滨约七八里。潮激石岸，浪花高丈许，不减曲江之涛。北入山六七里，树林阴翳，景象殊幽，花木多不知名，香如蔷薇。问土人，语不能解。产桂皮，人多货之。路左林内有豹窥人，从者骇视，乃柙以求售者。旋登山，入古刹。卧佛长三丈许。寺宇宽广，设幡幔，前后有番僧四人，无碑碣，或疑是释迦之像。其为何代所建，不可考也。所过茂林修竹，大似山阴道上。至客舍小憩。持象牙玳瑁各器来售者极夥。货宝石、金刚钻者，尽赝耳。③

　　而《海国胜游草》写有《至印度锡兰岛》诗四首："山阴道上记曾经，雪白双鹅戏绿萍；倘遇右军交易去，欣然定与写黄庭。""芭蕉结子碧离离，椰树成林拂翠丝；景物不同须记取，橙黄橘绿仲春时（时橙橘新熟）。""古刹何年岭上修，贝多罗树遍山头；爱闻旃蔔林中味，一笑拈花天际游（山有古寺）。""度世心劳苦海边，不如合眼且安眠（寺中有卧佛）；恒河（印度东北大河）沙数人无尽，说法何能遍大千。"④ 诗与文很好地进行了分工，各自承担了自己的职责。

　　与斌椿同行的同文馆学生张德彝（1847—1918），以观察细腻著称。同样是游历古庙，一路上他与斌椿所注意到的景物大不相同：

　　二十五日乙卯　早阴，细雨一阵。卯正，乘小舟登岸。见南面

---

① 斌椿：《乘槎笔记》，《走向世界丛书》（修订本）第一册，岳麓书社，2008，第 88 页。
② 斌椿：《海国胜游草》，《走向世界丛书》（修订本）第一册，岳麓书社，2008，第 149 页。
③ 斌椿：《乘槎笔记》，第 100 页。
④ 斌椿：《海国胜游草》，第 160 页。

炮台如城，煤积若山。气候四时莫辨，雨露均匀，终年红绿不雕，春光恒驻。多产肉桂、豆蔻之类，宝石、玳瑁、猫眼、珠玉甚多。山鼠大约尺五，毛如猬，土人以其刺作笔管、筐篮、小盒等物。野外虎、豹、象、蛇亦多。土人面黑环眼，拢发无巾，横一月牙木梳。男子赤身，腰围红布长裙。女子亦无裈裤，着小白汗衫，下亦长裙。

乘车行数里，至一园名曰肉桂园。海棠树开榴花，结果如凸字形，浅红色，内空味酸。又者羞草、蕉、橘、艾子等树，并有二树生于一根，中间连一横枝，奇甚，所谓连理枝者，是耶非耶？本地小儿咸以肉桂来售。后至一小山，上有凉亭，四望山水辽曼，林木森秀。又至一古庙，履巉岩而上，见前系三位番像，后有卧佛，法身高大。有黄衣喇嘛十馀众，四壁皆图画番像事迹。①

在斌椿、张德彝游历锡兰的次年，亦即同治六年（1867 年），王韬（1828—1897）也来到了这里。虽然在其海外游记《漫游随录》与《扶桑日记》中，我们经常见到王韬与人诗酒酬唱，但在南洋之行，或许是同行者为西人的缘故，我们很少见到他吟诗。当然，在出海之前，漫游江南的王韬已经写下了不少优美的山水游记，如其十六岁游昆山："遥见落日深处，寺门不掩，山之南，荒祠半圮，疏林一角。时已九月之杪，空山叶满，钟声带秋。"又其十九岁"余应试至金陵，无日不出游，或荡浆湖边，或骑驴山畔"。咸丰四年（1854 年），王韬曾与传教士麦都思、慕威廉同游太湖，登洞庭山，共饮洋酒。太湖一水汪洋，浩瀚无涯，湖中飞鸟成群，盘旋贴水，给他留下深刻印象。后于咸丰八年（1858 年），独自漫游西湖。"先登孤山，揽放鹤亭诸胜。壁间有石刻林和靖小像。此山宛在中央，一苇可杭，昔有梅花三百树，今存无几；然峦石耸秀，岩树笼烟，登之觉心旷神怡，别有所会。苏小小墓在山麓，绕孤山行数百步即是。……临湖一楼，宽敞明洁。瑶天阁中，猊鼎鸭炉，陈设古雅。开窗一望，全湖在目，如卜居此中，可坐享湖山之福。"②

---

① 张德彝：《航海述奇》，《走向世界丛书》（修订本）第一册，岳麓书社，2008，第467页。
② 王韬：《漫游随录》，《走向世界丛书》（修订本）第六册，岳麓书社，2008，第51页、第56页、第63~64页。

这些印迹成为日后海外漫游的重要参照。

　　在与麦都思、慕威廉游历太湖时，王韬同太平军有所接触。回乡探亲时，又或以苏福省儒士黄畹之名呈书太平军将领刘肇钧。书信后为清军缴获，王韬不得已先后避居墨海书馆、英国领事馆，在西人的帮助下，于同治元年乘英国怡和洋行邮船"鲁纳"号前往香港。客居香港期间，王韬协助英国传教士理雅各，将儒家的"四书五经"等翻译成英文，较为系统地将中国文化介绍到海外，引起了西方汉学家的关注。同治六年（1867 年），理雅各因事返回英国，邀请王韬往游泰西。王韬因故未能即行，年底方启程前往欧洲。《漫游随录》记录了他途经南洋时的见闻。如记其游锡兰：

　　　　锡兰在南印度东，南洋中一大岛也，周回千有馀里。自槟榔屿行五日而抵埠，乘小舟以登岸。近岸风涛尤猛，激石翻银，跳珠溅雪，不减广陵八月之潮。沿海滨行数里，至一城，觅寓舍殊宽敞。楼正面海，入夜涛声喧訇枕角。二西人备德、坚吴相约同寓，许之。同乘高车，游历各处。

　　　　登高山诣一古寺，僧寮四五辈，皆偏袒衣黄衫。山门规模，略如中国，佛像庄严，或卧，或坐，或起立。有一僧膜拜诵贝叶经，梵音清朗，约略可辨。布施银钱，却而不受。询以释迦牟尼古迹，则掉首不答。余诵《大悲咒》与听，则合掌耸耳，似有领会。

　　　　……

　　　　入山，一路皆茂林修竹，风景幽静。有小鸟鸣于林间，其声宛转可听。询之土人，亦不知其名。佛祠俱建于山脊，须盘折而上。有一古兰若，据山之阜，颇觉荒寂，佛像剥落，窗槛损坏，树木萧疏，苔藓遍地。至其建置之年，寺中并无碑志，不可得而考也。闻有卧佛长三丈许，几于横塞一屋，旁侍二尊者，法像亦巨。寺在沙地，殿宇狭隘，规制卑陋，不足称也，余故未及往观。①

---

　　①　王韬：《漫游随录》，第 74~75 页。

至于十年后薛福成（1838—1894）游览锡兰，则意在考证，对景物风光较少留意。光绪十七年（1891年）十月，薛福成在伦敦使馆将其从光绪十六年（1890年）正月至光绪十七年（1891年）二月的笔记整理为《出使英法义比四国日记》六卷，其中也写了他游历锡兰进入古庙的场景：

> 开来南庙距岸七英里，余与翻译随员等乘马车往游焉。庙有如来卧像一尊，长二丈外。僧云，百五十年前所塑。又侍者坐佛二尊，其一云系二千四百年前所塑。入庙者，皆脱帽献花为礼。此地当即古之狮子国，为释迦如来佛成道之所，或系涅槃之所，而非释氏生长之地也。巨塔一座，高十馀丈，围四五丈，谓系释氏真身所在，或曰爪也。寺僧约十馀人。经文旁行，皆以贝叶，绳贯而版夹之。余购贝叶经数部，每部或百馀叶，或六七十叶，或二三十叶不等。院内有菩提树，大可逾抱，高三四丈，相传佛氏降生时先栖此树，亦二千数百年前旧物，今人呼之为圣树云。①

三、近代西洋游记中的山水风光

潘飞声（1858—1934）晚年鬻文为生，古文功底深厚。他的《西海纪行卷》记述了其于光绪十三年（1887年）前往德国讲学的旅途见闻与感受，始自是年七月十三日前往香港，经新加坡、锡兰、亚丁、红海口、地中海、意大利、瑞士，至八月二十二日抵达柏林。日人井上哲为序云：

> 天下之名山大川不能久韫终网，凡天作而地藏之，以遗其人。其人或穷足迹以摄鬼神，或镂文辞以饰颜色，如晋之二谢，唐之李杜韩，宋之苏杨是也。然数百年而出一人，数十年而出一人，则中土虽多名山大川，盖发泄尽矣。自欧罗人创地球之说，画方计步，

---

① 薛福成：《出使英法义比四国日记》，《走向世界丛书》（修订本）第八册，岳麓书社，2008，第85页。

运于掌上，五洲九万里可通往来。潘先生兰史拔奇负异，出南洋，泛印度，渡红海、地中海，入罗马之国，登瑞士之山，波臣所宫，鬼母所宅，皆汇行卷，以写幽遐瑰诡之观。而所为诗歌，又浩浩落落，昂首天外，如乘八骏，周览八极。综其挥洒波涛驱使万怪，辄与太白为近，卓乎为五千年狂獠，独开面孔，而域外名山大川，殆亦不能久韫终闷已。先生声教，素为外人所服。今德意志国，迎其讲儒学于柏林。凡泰西之政教号令、风土形势，瞭亮胸臆。时方撰柏林游记，举其雄论宏议为切时之言，足称我亚洲筹海者轨范。然则若先生者，又岂徒以诗人测之哉？①

是书依然采用诗文杂糅的方式，在以古文绘景之后，再以古诗吟唱。如记其于光绪十三年（1887 年）八月二十日的见闻：

> 二十日　巳刻坐火车入瑞士国。过芦干湖，湖长二千三百尺，绕数十峰，中有桑额达岭，高四万二千尺。山半积雪，冷光射眸，不能仰视。又穿大石洞，逾数刻始出。出则寒云阴翳，不见天日，惟闻瀑泉鞿鞳而已。晚渡四连城湖，酉刻抵卢在城客馆。②

文后即附有诗《从芦干湖看山至卢在城湖上》："朝辞郭木湖，匆匆作晨餐。火车天上行，倏忽渡芦干。芦干二千尺，绕湖皆峰峦。山行苦岈崿，水势为郁盘。但见空翠流，化作风雪寒。入山已半日，衣上绿未干。破石入山洞，出洞云漫漫。湿霾瘴草木，天地白一团。其时只八月，重棉尚嫌单。我为下车瞻，倚枕听风湍。渐觉心神怡，不知行路难。山城落日晚，灯市灿可观。且投客邸宿，寄此吟魂安。明明湖上山，招我车中看。"③

王韬《漫游随录》卷二、卷三主要记述现代都市的繁华富庶，对自然山水较少涉及，如其序所言：

---

① 潘飞声：《西海纪行卷》，《走向世界丛书》（续编），岳麓书社，2016，第 89~90 页。
② 同上书，第 107 页。
③ 同上书，第 107~108 页。

自此驱车而过法国，经来昂至巴黎，见夫阛阓之喧阗，都会之繁华，宫阙之壮丽，物玩之奢侈，吁！其盛已。楼台金碧，尽是九重；箫管嗷嘈，奚止十里？皆销金之窟也。所以言欧洲之富者，首推法京。由法渡七十里海峡而至英，虽见见闻闻稍或有异，而大致无殊。英、法名区胜境，悉数之而更仆难终。①

其游记中笔触偶有所至，绘景如画，清新简练，给人留下深刻印象。如对苏格兰北部杜拉山水的描摹：

余既离伦敦，乘车至苏境之杜拉，独处一楼，公馀之暇，时偕二三朋侪，出外游览。车辙所至，辄穷其胜，探幽涉阻，颇尽山水之乐，登临之际，富有篇章。

杜拉在苏格兰之北境，其地万山环合，苍翠万状，冈阜蜿蜒，树木丛茂，于夏为尤宜。时当中国五月下旬，节逾小暑，而气候清和，犹如首夏，早晚尚可着棉衣。地距北极三十度许，每至春杪夏中，彻夜光明，为日舒长，正若小年。

去杜拉十二里许，有圃曰"伦伯灵"，名胜所也。译以华语为"行雷桥"，谓桥下泉声之喧有若雷耳。境既幽邃，候亦凉爽。每至夏日，都人士女，命侪挈侣，联袂往游，藉以遣炎暑而消长日。圃旁客舍数椽，可供游人小憩；或呼酒肴，咄嗟立办。

是圃广袤百顷，就山麓为之结构，径路曲折高下，幽奇可喜；虽稍加人工，而无不出自天然。一涧潆洄，千峰合沓，偶入其中，爽气扑人，尘念俱绝。有飞瀑数处，从高注下，铿訇盈耳。顾声喧境静，仰观俯听，其趣颇永。沿涧傍山而行，约计十数里，行尽处，忽注下汇作一潭以承水。水从石窍中怒喷而出，遥望之作白练一疋，惜不甚长豆耳。水注潭中，跳珠喷雪，声轰晴雷，土人谓之"大

---

① 王韬：《漫游随录》，《走向世界丛书》（修订本）第二册，岳麓书社，2008，第42页。

镬"，以水声若沸也。两旁巨石嶙峋，潭底石齿巉露。须下践潭石，面壁正观，乃尽其妙。盖此山之奇，固以飞瀑著名也。①

真正以欧洲山水为表现对象，而且文笔摇曳、意趣盎然的是黎庶昌（1837—1898）《西洋杂志》中的七篇《西洋游记》。其中第二篇写瑞士景色，极为细腻：

> 是夜经过地茸，法国有名城镇也。地茸以东，渐次坡陀有山。入瑞士境后，山皆峻。时方大雪，积厚一二尺许，逐望弥漫，与翠柏苍松互为掩映。火轮车经山腰行走，俯看两山间低平处，有小溪一道，迤逦曲折，时有冰冻。人家多临水而居，屋皆白板，零星而卑陋，无甚巨村落。十四日巳刻，行至两峰尽处，忽然开朗，有大湖横列于前，清澈可鉴，所谓勒沙得勒湖也。湖东诸山，连绵不断，石骨秀露，层晕分明，绝似倪云林画意。回望两崖上，云气蓊然涌出，旭日射之，皆成黄金色。自是沿湖行，过一巨镇，街市颇觉整齐，亦名勒沙得勒。湖尽处，复有小湖续之，名为必焉纳。②

又其第四篇描写比利牛斯山脉景色，也是写得壮观宏丽，令人神往。

> 十三日七点钟，乘火车西南行。所过沿海一片百馀里间，皆松林也。至忙松，随众下车早饭。一点半钟至被阿尔利兹，亦海濒洗澡处，与日斯巴尼亚（即西班牙）接境。东南一带，大山绵延不断。山以北为法国，山以南为日国，法语谓此山为比尔赖勒，日语谓为比尔赖勒要，英语所称比尔勒司者也。被阿尔利兹两崖环向，略似山东烟台。西崖尽处，巨石高耸，下穿一洞，有铁路贯其中。旁则乱石横列，海潮激射，白浪如堆。又一石门宽丈许，潮头卷入，声

---

① 王韬：《漫游随录》，第117~118页。
② 黎庶昌：《西洋杂志》，《走向世界丛书》（修订本）第六册，岳麓书社，2008，第512~513页。

若雷霆。从桥上观之，浪花如雪如绵，瞬息变幻。崖之阿曲，有更衣公所二，有跳舞厅一，皆游人聚会之所。所住店曰"诺得尔加待尔"，极大客舍也，开轩面海，心旷神怡。①

以上对近代海国游记中山水书写的介绍，虽属浮光掠影，却也让我们感受到了这些游记所共同具有的一些特征。首先，从书写者来看，他们并不是单纯的猎奇者或探险者，奇山异水只是行程中的伴生物，对山光水色的描摹在某种程度上只是一个传统士大夫的习性使然；其次，从书写内容来看，山光水色在近代海国游记中存在着明显的渐次退隐的过程，这应该是由于早期的书写者尚未肩负严峻的历史使命，心态较为从容；最后，从书写方式来看，近代海国游记对山水的描摹也存在着由诗文夹杂最终走向散文化的历程，这一转变显然源于文学观念的巨大突破。

思 考 与 练 习

1. 中国近代海国游记对海外山水的描写，从早期到晚期，从东洋到西洋，在创作心态与表现手法上有无差别？它们与中国古代山水游记又有哪些异同？

2. 将书中所举一片段，用现代文加以改写。

---

① 黎庶昌：《西洋杂志》，第 521 页。

第二讲　近代东洋游记中的异域风情

　　同处于东亚，同处于走向世界的转折中，同样深受汉文化的深刻影响，日本社会风貌的转变无疑是中国近代化的重要参考。从咸丰初年日本开关伊始，近代东洋游记就作为见证者将日本社会的转型以他者的视角记录了下来。这些描述在我们看来，不仅是出游者身处异域的好奇与兴奋，更多是对自身的审视与反思。

一、《日本笔记》中的日本印象

　　中日自古一衣带水，交流却长期多为单向。明朝中叶以后，民间交流虽然渐趋频繁，但国内士大夫依然对日本知之甚少，相关著述如薛俊的《日本考略》、郑若曾的《日本图纂》、李言恭和郝杰的《日本考》等依然源于传闻。清朝中叶，《海国闻见录》的著者陈伦炯和《袖海篇》的著者汪鹏曾随商船抵达长崎，但日本此时业已闭关锁国，两人所见有限。咸丰三年（1853年），日本开关，此后国人纷至沓来，好奇的眼神中不免带有历史惯性所赋予的自信和雍容。

　　咸丰四年（1854年），美国柏利舰队第二次远征日本，迫使日本签订了《日美亲善条约》（即《日本神奈川条约》），打开锁国大门。作为美军翻译的罗森，将所亲历之日记连载于香港《遐迩贯珍》月刊1854年第11期、第12期及1855年第1期，后为人整理成《日本日记》。罗森成为日本开国的见证者，看似偶然，实则有必然的因素。

　　罗森，字向乔，广东南海人。他之所以能够成行，与他同美国传教士卫三畏（S. W. Williams）的熟识有关。当时，日本只对荷兰在长崎通商，精通英语的人很少，懂汉文的官员颇多。美国东印度舰队司令官柏利准将，从香港启程前往日本时，邀请美国传教士卫三畏担任翻译。卫三畏略通日语、荷兰语和汉语，为可靠起见，他又聘请了罗森作为助手。事实上，罗森在交涉中也给卫三畏提供了极大的帮助。在与其夫人的信中，卫三畏曾感叹道："但是现在许多事关重大的问题要我来处理，我只得求助于罗先生。由于两种语言一起使用可以互为补充，我因此避免了不少失误。罗对工作很有热情，与当地人相处得也很融洽，在当地人看来，罗先生是他们见过的最博学的中国人。自从罗为他们的扇子题下优美的诗句以后，他们就更愿意与他切磋中文了。"①

除卫三畏外，罗森同其他传教士也有交往。连载他《日本日记》的香港《遐迩贯珍》月刊，在1854年第11期编辑按语，介绍了罗森出行的背景：

> 《遐迩贯珍》数号，每记花期国与日本相立和约之事。至第十号，则载两国所议定约条之大意。今有一唐人，为余平素知己之友，去年搭花旗火船游至日本，以助立约之事；故将所见所闻，日逐详记，编成一帙，归而授余。兹特著于《贯珍》之中，以广读者之闻见，庶几耳目为之一新。②

《遐迩贯珍》是由英国伦敦布道会所属英华书院所创办的中文时事月刊，于咸丰三年（1853年）在香港出版。从上述按语中，我们不难推断出罗森同其主编传教士麦都思等人颇为熟识。

不过，罗森虽然受聘为通事，但应该还算是一个传统的士大夫，受过很好的传统文化熏陶。在日本下田，有日人明笃询问："子乃中国之士，何归缺舌之门？孟子所谓下乔木而入幽谷者非欤？"罗森赋诗一首给予回答：

> 日本遨游话旧因，不通言语倍伤神。
>
> 雕题未识云中凤，凿齿焉知世上麟。

---

① 卫斐利：《卫三畏生平及书信：一位美国来华传教士的心路历程》，广西师范大学出版社，2004，第136页。

② 钟叔河：《日本开国的见证》，《走向世界丛书》（修订本）第三册，岳麓书社，2008，第11页。

> 璧号连城须遇主，珠称照乘必依人。
>
> 东夷习礼终无侣，南国多才自有真。
>
> 从古英雄犹佩剑，当今豪杰亦埋轮。
>
> 乘风破浪平生愿，万里遥遥若比邻。①

言下颇遭逢不遇之慨。在与日人诗酒酬唱之余，罗森还拿出他所撰写的《南京纪事》《治安策》给对方分享。平山谦二郎回信赞叹："熟读数四，始审中国治乱之由；且知罗向乔之学术淳正，爱君忧国之志流离颠沛未尝忘，亦未尝不捲卷而叹也！"②

　　和传统的士大夫一样，罗森对朝廷大事颇为关注，却并非腐儒。在与日人的笔谈中，对方问道："太平王得志，复衣冠之旧文物乎否？"他回答道："能得志则复。"又问："天道今将属谁？"答曰："未可知也。"③ 从这些对话中，也可以看出他的政治立场已经松动。而在《日本日记》中，他往往能从经贸的角度去看待问题，如其开篇：

> 合众国金山名驾拉宽，近今人多往彼贸易。洋西面辽阔，欲设火船，而石煤不足；必于日本中步之区，添买煤炭，能设火船，便于来往。是故癸丑三月，合众国火船于日本商议通商之事，未遽允依。是年十月二十二，有某友请予同往日本，共议条约。予卜之吉，十二月十五扬帆。④

在日本，他对钱粮数字等也颇为敏感，如记其在下田所见：

> 步至海旁，多见大鲍鱼，是下田之土产也。回于町店买物，则以漆器、瓷器为佳。所拣物品，则书名于物上，记价，然后店人送

---

① 罗森：《日本日记》，《走向世界丛书》（修订本）第三册，岳麓书社，2008，第45页。

② 同上书，第35页。

③ 同上书，第23页。

④ 同上书，第31~32页。

到"御用所",交价于官。官者,海关之吏也,近藤良次主之。御用所即其处之海关也,设官数名,而司买物之事。每洋银一元,作钱一千六百文。其日本则有当百之大钱,亦有纯金一分,亦有纯金"大判",亦有一分银,亦有二铢金。二铢则表金而里银也,世间乃通用,可易当百八枚。一分银可易当百十六枚。四分银可易一"小判"。黄金大判则以分银百馀方,按时价而兑换。①

在签约完毕之后,柏利准将率领舰队返回香港,罗森却同卫三畏乘坐轮船来到浙江宁波。因为宁波当地士绅正与西洋发生纠纷,生丝价格低于广东。于是罗森到镇海县城购买一批生丝,准备到香港贩卖。钟叔河称日本松平康民子爵所藏当时著名画工锹形赤子所画《米利坚人应接之图》中的"清朝人罗森",完全是一副商人的形象。② 但日本某图书馆所藏《亚墨理驾船渡来日记》及幕府官员高川文鉴的《横滨记事》分别称赞说:"罗森又名向乔者,诗文之达者,书法之美笔也。""席末有广东罗森,字向乔者,颇善书画。"③遗憾的是,在本土著述中,我们很难找到对罗森的记述。

罗森《日本日记》的意义,首先在于提供了日本接受《日美亲善条约》前后的一些珍贵细节,如"初事,两国未曾相交,各有猜疑。日本官艇亦有百数泊于远岸,皆是布帆,而军营器械各亦准备,以防人之不仁。次日,有官艇二三只来视火船。艇尾插一蓝白旗,上写'御用'二字。亚人招之上船,以礼待之,与其玩视船上之铁炮、轮机等物,各官喜悦。……次日,其官馈来萝卜一艇、鸡二十头、蛋五百枚、柑数箱、葱数担。亚船受之,而答以物,因而与之酌议通商之事"。④

其次,如实地描述了日人签约时的矛盾心态。一方面,在观念上依然坚持闭关锁国,认为"我祖宗绝交于外邦者,以其利以惑愚夫,究理之奇术以骗顽民。顽民相竞,唯利是趣,唯奇是趣,骎骎乎至于忘忠孝廉耻,而无父

---

① 罗森:《日本日记》,第41页。
② 钟叔河:《日本开国的见证》,第22页。
③ 王晓秋:《近代中日文化交流史人物研究》,昆仑出版社,2015,第3页。
④ 罗森:《日本日记》,第34页。

无君之极也。原夫天道流行，发育万物之妙理，则茫茫堪舆之间，虽冰海夜国人，亦孰非天地之赤子？孰非相爱相友之人？所以圣人一视同仁，不分彼此也。全地球之中，礼让信义以相交焉，则大和流行，天地惠然之心见矣。若夫贸易竞利以交焉，则争狠狱讼所由起，宁不如无焉。是我祖宗所深虑者也"①；另一方面他对新事物又不无好奇，"过日，提督请林大学头于火船宴会。船上彩奏乐，日本官员数十于火船上大宴。……宴罢，于船歌舞，日暮方终。次日，亚国以火轮车、浮浪艇、电理机、日影像、耕农具等物赠其大君。即于横滨之郊筑一圆路，烧试火车，旋转极快，人多称奇。"②

同时，还详细地描写了琉球、横滨、下田、箱馆等地的山水人情、风俗物产。如琉球"自明以来，世封王爵，叨列藩篱。其处土产，不过蔬菜、番薯、菜油、黑糖等类。人民束髻大袖，足穿草履。男女妆饰，头上只插一簪二簪为别"③。在横滨，"见郊外只有龙神古庙，以木为之，内悬镜像，俨若兴云致雨之意。有店烧瓦，其瓦坚实，灰色而厚，不同中国之式。再行二三里，则有人居屋，亦或灰或草结盖屋，外多以纸符贴于门上。女畏见外方之人。"④ 在下田，"见铺屋，或编以茅草，或乘以灰瓦。比邻而居，屋内通连。故曾入门见其人，再入别屋，而亦见其人也。女人过家过巷，男女不分，虽于途间招之亦至。妇人多有裸裎佣工者。稠人广众，男不羞见下体，女看淫画为平常。竟有洗身屋，男女同浴于一室之中，而不嫌避者。每见外方人，男女则趋而争看。双刀人至，则走离两旁。"⑤ 在箱馆，"妇女羞见外方人，深闺屋内，而不出头露面。风俗尚正，人民鲜说淫辞。其处有护国山，山有一寺，画栋雕梁。寺中器皿鲜明，墙悬佛家偶像。寺旁亦坟墓之所。提督遣人于此，绘照日影像，以赠各官。……往游町上。百姓卑躬，敬畏官长。人民肃穆，膝跪路旁。不见一妇人面。铺户多闭。因亚国船初至此，人民不知何故，是先逃于远乡者过半。盖以温语安抚百姓，乃敢还港贸易。街上驴马

① 罗森：《日本日记》，第35页。
② 同上书，第38页。
③ 同上书，第32页。
④ 同上书，第39页。
⑤ 同上书，第40页。

数百，多负食物于远方。"①

罗森的这些记录无疑是极其珍贵的。在其之后，黄遵宪撰写《日本杂事诗》，对早年的淳朴之风不无怀念。其初印本有诗：

> 夕阳红树散鸡豚，荞麦青青又一村；
> 茅屋数家篱犬卧，不知何处有桃源。

诗后自注："初来泊平户时，循塍而行，夕阳红处，麦苗正青。过民家，有马铃薯，欲购之，给予值不受。民风浑朴，如入桃源。又闻长崎妇姑无勃谿声，道有拾遗者必询所主归之。商人所佣客作人，辄令司管钥；他出归，无失者。盛哉此风，所谓人崇礼让，民不盗淫者邪。闻二三十年前，内地多如此。今东京、横滨、神户，民半狡黠异常矣。"②

二、《扶桑游记》中的风土人情

同治九年（1870 年），游历英法三年之久的王韬回到香港，翌年编撰《普法战纪》十四卷，详细介绍了刚刚结束的普法战争的前因后果，预测了今后的国际态势。《普法战纪》传入日本后，影响甚大，不少日本文人学者与之函牍往来，日本《报知新闻》主笔栗本锄云与佐田白茅、龟谷行等并邀请其东渡。中村正直为《扶桑游记》作序云：

> 忆四五年前，余于重野成斋几上始见《普法战纪》。时成斋语余曰："闻此人有东游之意；果然，则吾侪之幸也。"察其意，若缱绻不能已者。其后果本鲍庵过余而论文，酒半，睨余曰："吾既与佐田白茅诸子游梅园，盟于暗香疏影之下，约共招王弢园，子亦不得不与此盟矣！"盖成斋与鲍庵之景慕先生，出于诚意如此。其他如冈天

---

① 罗森：《日本日记》，第 43~44 页。
② 黄遵宪：《日本杂事诗》，第 609 页。

爵、龟谷省轩、寺田士弧等，皆先于先生之未东游，而感召牵引，
亦与有力焉。①

　　王韬亦有访日之意，遂作扶桑之游，于光绪五年（1879 年）四月二十三
日发棹于上海，途经长崎、下关、神户、大阪、横滨而抵达东京，至七月十
五日返回上海，历时一百二十八天。"所至，纪其风土人情、山川景物之状，
意到笔随，读之者如身涉其境"，"凡日常动止以至闻见所及，信手登录"②，
辑为《扶桑游记》三卷，并于光绪五年（1879 年）七月八日在舟中为序寄与
日本，由栗木锄云在东京"报知社"印局标点付印，年底出版上卷，次年五
月出版中卷，九月出版下卷。
　　其时日本正处锐意求新之际，渴望了解世界形势，对"逍遥海外作鹏
游，足遍东西历数洲"的王韬非常景仰，有志之士纷纷主动前来与之交流，
所谓"都下名士，争与先生交。文酒谈宴，山游水嬉，追从如云，极一时
之盛"。王韬与之酬唱聚会，畅论天下大势，为其题诗、题字、作序，留下
大量唱和诗作。因此，《扶桑游记》所记多为人文宴集之游，如王韬自序
所云：

　　余多日东文士交，每相见，笔谈往复，辄夸述其山川之佳丽，
士女之便娟，谓相近若此，曷不一游？又言："至东瀛者，自古罕文
士。先生若往，开其先声，此千载一时也。"聆之跃跃心动，神已飞
于方壶员峤间矣。
　　今春，寺田望南书来，以为千日之醉、百牢之享，敢不惟命是
听。于是东道有人，决然定行计。抵江都之首日，即大会于长酡亭
上，集者廿二人。翌日，我国星使宴余于旗亭，招成斋先生以下诸
同人相见言欢。由此壶觞之会，文字之饮，殆无虚日。余之行也，
饯别于中村楼，会者六十馀人。承诸君子之款待周旋，可谓

_____

① 王韬：《扶桑游记》，《走向世界丛书》（修订本）第三册，岳麓书社，2008，第 389~390 页。
② 同上书，第 388 页。

至矣。①

此外，《扶桑游记》也用大量笔墨描写了王韬此间所观察到的日本风土人情。在长崎，他注意到女子的装束仪态等生活细节：

> 会旁隙地多茶寮。当垆之女，见客至则伛偻折腰；客有赏赉，则伏地作谢；客去，送之门外；客有需鸣掌，则噭声而应。其礼之恭肃，有可取者。寮中茶具，制皆精雅，有如粤之潮州、闽之泉漳。妇女云鬟，多盘旋作髻，如古宫妆，疑是隋唐时遗俗；其式样甚多，阅数日一梳，倩人为之，不能自梳掠也。夜睡多用高枕，如粤东女子；孩提多襁负于背，亦如粤东，大抵皆古法也。乐器多三弦，亦有十三弦者，类皆瞽者抚之。里中女子，率弗能解。②

在大阪，他注意到了日本的居住环境和对植被的精心呵护：

> 十九日　同朱季方、许友琴遍游寺宇。所供多观音像，他如释迦牟尼、三世如来，金碧庄严，仿佛中土。其招提之雄壮，绀宇红墙，迤逦数里，则弗逮也。惟长松矢矫，古木参差，茂绿深苍，迷云翳日，则凡在梵刹，无不如是。一寺有松偃曲如盖，就其势结而为棚，浓阴如幄，借蔽骄阳。有一树于绿叶上生红子，其状若虫。有痘神祠，凡患痘者，率祷于此。而近祠数十步内，所种之树皆变作檞叶，有刺若针，手不能触，亦一异也。日人于种植花木，剪裁培灌，独具慧心。郭橐驼所云，彼盖先得之矣。
>
> 屋宇虽小，入其内，纸窗明净，茵席洁软。庭前必有方池蓄鱼，荇藻缤纷，令人有濠濮间想。池旁杂花小草，借作点缀。屋皆覆木片，有西秦板屋之风。薄壁短垣，盗贼易入，而从未闻有宵小，犹

---

① 王韬：《扶桑游记》，第385~386页。
② 同上书，第394页。

足见风俗之厚也。①

在西京，他感叹日本农民的勤奋与香火的兴盛：

> 二十一日　晨起即同朱季方、许友琴、日人渔一郎往游各寺。车从田塍间行，于时朝暾甫上，宿雨初收，四围树木，苍翠欲滴，不觉心神俱爽。田中麦黄已可刈，豆成荚，菜结子，而有一种紫花，烂然如锦绣铺地。观日人艺植之巧，亦可谓农勤于野矣。
>
> 先游天满宫，后游华顶山智恩寺，殿宇崇闳，禅房深邃，凡数百椽，诚一大兰若也。复绕登山巅，观丛葬处。寺有巨钟，高一丈三尺，周二丈八尺，厚九寸六分，从不撞击，惟法会七日间用之。盖自正月十九日至二十五日，坛场既开，香火极盛，士女如云，斗妍竞美，为法会也。②

在东京，他兴致勃勃地观赏了烟火表演：

> 薄暮，偕小西氏至伊集院兼常寓斋小坐。兼常籍隶鹿儿岛。小西氏特呼二小舟载酒肴，至两国桥观放烟火。时游人如蚁，两岸悬红灯以万计。荡舟来游者，络绎不绝，妇女尤多，玉臂云鬟，目不给赏。或有携妓作艳游者，拨三弦琴，咿哑作响。波光黛色，鬓影衣香，真觉会心不远。瞥见一舟从上流来，粲者三五，中一人娉婷独立，则小万也。须臾，暮色昏黄，万灯齐焰，密于天上繁星，照耀波间，有如白昼。忽有流萤万点，从天下注，则烟火放也。东船西舫，彼此争奇角胜，五花八门，殊令目眩。最奇者，红绿两光能使大地空明，星月异色。余观至亥初，觉凉露已零，单衣渐冷，命舟傍岸，乘车而归。登车甫行，即有微雨，归寓甫坐，雨声大作，

---

① 王韬：《扶桑游记》，第 398~399 页。
② 同上书，第 401 页。

檐溜如注。想烟火此时正当极盛之际，雨师亦太杀风景矣。①

游览日光髻发山，他关注到了当地的习俗和山民的出产：

> 余连日在路劳顿，而颇能作廉颇健饭。惟是日光近乡，向来禁杀放生，艰于肉食。德川氏社屋而后，此禁始解。然欲觅鸡雏，亦不可得，殊嫌无下箸处。
>
> 日光最高峰为男体山，一名髻发山。因其双峰对峙，故有"男体"、"女体"之称。是日天气颇热，赖山中松阴夹道。借蔽骄阳。山中产竹节人参，三韩种也，日光山麓民家多以种参为业。此山所产树木，纹理多坚致。山民多以桐片为小扇，制式精雅，其上滑泽，可写书画。旅馆主人各赠一柄。山中产熊黑猪鹿，而无虎豹。②

令人遗憾的是，王韬的名士习气使他对艺妓颇为留心，日本其他阶层的生活状况及其所发生的变化，在《扶桑游记》中终究没有充分展示出来。

三、其他旅日游记中的异域风情

真正细致观察并全面展示出日本异域风情的是何如璋的《使东杂咏》。他在诗文中生动地描绘了当时日人的衣食住行，如第十首写其住处：

> 板屋萧然半亩无，栽花引水也清娱。
> 客来席地先长跪，瀹茗同围小火炉。

其自注云："东人喜为园亭。贫仅壁立者，亦种花点缀。离地尺许，以板架屋，席其上。客来脱履户外，肃入，跪坐围炉瀹茗，以淡巴菰相饷。"③

---

① 王韬：《扶桑游记》，第469页。
② 同上书，第488页。
③ 何如璋：《使东杂咏》，第112页。

第十一首写长崎女子装束：

> 编贝描螺足白霜，风流也称小蛮装。
> 剃眉涅齿缘何事？道是今朝新嫁娘。

自注："长崎女子，已嫁则剃眉而黑其齿，举国旧俗皆然，殊为可怪。而装束则古秀而文，如观仕女图。"①

第十三首写酒家：

> 小小园亭浅浅池，药栏酒榭影参差。
> 楼中歌宴纷裙屐，坐对浑如读画时。

自注："长崎山中有园，胜地也。背山临溪，翛然无尘俗气。竹架中列小花盆以百十计，皆精雅。园有酒家，别客饮其中，裙屐纷错，亦饶风致。"②

　　无论诗、文，都写得活泼自然、清新可人、饱有情致。值得注意的是，他还敏锐地注意到了日本维新所带来的生活中点点滴滴的变化，如第三十首：

> 极目茅亭海市通，蜃楼层叠构虚空。
> 街衢平广民居隘，半是欧西半土风。

自注："未初到神户口，一名茅渟。海港口南敞，山岭北峙。番楼廛肆，依山附隰约里许。然东人所居皆仄隘。通市以来，气象始为之一变。"③

　　又第六十二首：

> 插绿浑如换旧符，风行习俗遍街衢。

---

① 何如璋：《使东杂咏》，第 112 页。
② 同上书，第 113 页。
③ 同上书，第 117~118 页。

村民未惯更除夕，欲饮屠苏酒懒沽。

诗后解释说："东人都市效习俗，新岁插松竹叶于门，如换桃符。然村野习旧俗，守旧岁，尚不尽然也。"①

相对而言，同样是表现他国习俗，张斯桂的《使东诗录》或只是停留在好奇的层面上。如其《游东京街市》：

细白泥沙一路平，大街十字任纵横；
人无男女皆裙屐，门有留题尽姓名；
矮户碍眉伛偻入，小车代步往来轻；
沿途少妇双跌白，襁负婴儿得得行。②

"馀事作诗人"的黄遵宪，"又以政事之暇，问俗采风，著《日本杂事诗》二卷，都一百五十四首。叙述风土，纪载方言，错综事迹，感慨古今；或一诗但纪一事，或数事合为一诗，皆足以资考证。大抵意主纪事，不在修词，其间寓劝惩，明美刺，存微旨；而采据浩博，搜辑详明，方诸古人，实未多让。……奇搜《山海》以外，事系秦汉而还。仙岛神洲，多编日记；殊方异俗，咸入风谣。举凡胜迹之显湮，人事之变易，物类之美恶，岁时之送迎，亦并纤悉靡遗焉，洵足为巨观矣。"③

其《日本杂事诗》所描绘的内容包括国势、天文、地理、政治、文学、风俗、服饰、技艺、物产等方面，其中卷二对日本社会各阶层的生活习俗进行了细致的刻画。如其《嫁女》：

绛蜡高烧照别离，乌衣换毕出门时；
小时怜母今怜婿，宛转双头绾色丝。

---

① 何如璋：《使东杂咏》，第 127 页。
② 张斯桂：《使东诗录》，第 143 页。
③ 黄遵宪：《日本杂事诗》，第 574~575 页。

诗后自注:"大家嫁女,更衣十三色。先白,最后黑。黑衣毕,则登舆矣。母为结束,盘五彩缕于髻。满堂燃烛,兼设庭燎。盖送死之礼,表不再归也。"①

又如其《丧事》:

> 游部君兼石作公,歌桓护葬习丧容;
>
> 紫衣丹首黄金目,甲作传家善食凶。

诗后自注:"始造石棺者,赐姓曰石作大连公。古有'土部',紫衣带剑,世掌凶仪。又有'游部'者,遇国大丧,必令二人掌殡事。一曰'祢',负刀持戈;一曰'馀比',奉酒食,司秘祝。世袭其职,名'游部君'。古法部省有丧仪司,凡葬具有鼓、角、幡、钲、铙、楯,咸有定式。惟一品及大政大臣,别有方相,黄金四目,以之辟凶云。"②

从上述两例中,我们可以看出,与何如璋、张斯桂相比,黄遵宪更为理智,如同一个冷静的旁观者。他的诗篇在描述这些生活细节时少有情绪波动,哪怕是表现艳冶之事,如《杨花》:

> 回廊曲曲护屏风,香案镂银拍板红;
>
> 衔得杨花入窠里,便夸姹女数钱工。

诗后自注:"设肆卖曲者为'杨花'。所奏曲多男女怨慕之辞,有萨摩、土佐各派,竹本氏一派最盛行。贫家多业此觅食,驱使其母如奴婢。谚有言曰:'生女勿吁嗟,盼汝为杨花。'"③

光绪三十四年(1908年),旅居东京的陈道华满怀惆怅与迷茫,以异乡人的眼光描绘了他两年来在东瀛所见到的点点滴滴。其《日京竹枝词》自叙云:"余年卅五,旅匣东游。瀛岛樱花,瞬看两度。胡卢长柄,都挂竹枝。百点土尘,半囊香屑。归装重检,就草成编。谐曲者流,涉笔游戏。词既无益,

---

① 黄遵宪:《日本杂事诗》,第685~686页。
② 同上书,第690页。
③ 同上书,第705页。

工何可言。海客馀谭，雪泥一梦耳。"①

在这一百首七言绝句中，我们可以看到虽然三十年来日本日新月异，但有些传统依然顽强地保存下来了，如记男女同浴：

> 硝子窗棂掩浴堂，水烟浮起蜜柑香。
> 灯前嬉戏双鸂鶒，偷眼池边鹭一行。

其自注云："日人喜洁。浴池营业者众，名曰汤屋，男女同浴。东京虽悬禁令，然时仍有之。岁除夜，蜜柑浮汤，盖取薰香涤除不祥，以度新年也。蜜柑如橙属，硝子谓玻璃。"②

光绪初年（1875 年），途经长崎前往美国的李圭（1842—1903），听闻这种风俗后，曾大为鄙夷："亦有陋俗不雅观。国中船夫、车夫及工作之徒，多赤下体，仅以白布一条，叠为二寸阔，由脐下兜至尻际，直非笔墨所可形容者。闻士商人中，亦不着裈，惟裹帛幅，女子亦然。而性皆好洁，日必沐浴。男女数十人同浴于室，弗嫌也。街旁巷口置盆桶，亦男女轮浴。国家恐贻笑远人，严申禁令。奈习俗已久，仅能稍改耳。"③

也有许多新风气普遍为人接受，如迎新年：

> 迎年灯桁上门楣，光映松枝与竹枝。
> 海老生鬓人长齿，家家醉倒酒如饴。

其自注云："新年门径插松竹缀纸灯，风景飘扬。海老谓龙虾，悬于当户，盖取鬓长征寿意也。元旦日，饮屠苏酒具有古风。"④

又如婚妆：

---

① 陈道华：《日京竹枝词》，《走向世界丛书》（续编），岳麓书社，2016，第 3 页。
② 同上书，第 8 页。
③ 李圭：《环游地球新录》，《走向世界丛书》（修订本）第六册，岳麓书社，2008，第 320 页。
④ 陈道华：《日京竹枝词》，第 8 页。

> 横町昨夜嫁双娃，乌染眉梢不染牙。
>
> 狮子齿磨人共赠，质如玉洁气如花。

其自注云："旧俗凡女儿既嫁，必剃眉涅齿。维新后一变风气，喜以香粉磨牙，皎白如玉，嘘气如兰，齿磨，谓牙粉，狮子商标者为最佳品。横町，谓小巷。"①

又如僧人可以成家：

> 缁衣飘逸衬袈裟，曾入山门未出家。
>
> 旧日菩提非本愿，故应齐化合欢花。

其自注云："维新后，寺院田产多没入官。明治六年下令僧徒得有室家，惟服必缁衣，严冬亦蒙袈裟。自此庄严佛国都结欢喜缘矣。本愿，寺名，在浅草区。"②

光绪二十九年（1903 年）三月至七月，姚鹏图（1872—1921）去日本大阪参加第五届博览会，写有《扶桑百八吟》，杨寿枬称姚鹏图"采其谣俗，谱以讴吟，隶事皆新，择言尤雅。考山川，志风俗，纪游同赤雅之篇；蒐佚事，撼异闻，载笔仿黄车之录。洵职方之外史而乐府之新声也"③。正如杨寿枬所言，《扶桑百八吟》对日本的风土人情有生动描述，如第五首：

> 此邦水土本清华，位置园林各竞夸。
>
> 帘卷夕阳人倚槛，家家水阁供盆花。

其自注云："日人好位置园林，有东亚瑞士国之称。小屋隙地，亦复水木明瑟。盆景尤精，玲珑有生趣，不以伐木之性为工也。"④

---

① 陈道华：《日京竹枝词》，第 14 页。
② 同上书，第 29 页。
③ 姚鹏图：《扶桑百八吟》，《走向世界丛书》（续编），岳麓书社，2016，第 41 页。
④ 同上书，第 47 页。

又第六首：

> 灵根神代郁崔嵬，瓠落无容亦可哀。
> 此不何尝中绳墨，谁知自是栋梁材。

其自注云："营屋大小皆有定制。中柱率以卷曲老木为之。又好用瘦木或虫蚀者为斋额。均朴雅可观。日人谓上古为神代。木之老者，因谓之神代木。"

又第六十六首：

> 款宾传送淡巴菰，南部煎茶摆矮壶。
> 奇事人间应寡有，家家六月尽围炉。

其自注云："饮茶以小磁壶盛叶，以大铁壶盛水。产茶甚富，焙制亦精，味清腴而易退。壶以南部盛冈产为佳。炉为温水，吸烟而设，虽盛暑不断火。亦呼旱烟为淡巴菰，人人吸之。其器似都门之潮烟袋而短，盛烟无多，就火一吸，即以左手拍去。"[1]

相对而言，陈道华的《日京竹枝词》与姚鹏图的《扶桑百八吟》更多地反映了维新以来社会习俗的变迁。前者如写劝工场：

> 劝工场又鼓轰轰，家室分携压岁钱。
> 妾固手轻郎手早，愿同福引入新年。

其自注云："商场欲畅消积货，以买物至若干金额送券一纸，使拈阄获彩，曰'大福引'。劝工场常见之，新岁尤多。时必鼓吹喧阗，招人游览。闲情夫妇乘兴偕来。手轻谓巧妙。手早谓敏捷。"[2]

后者如写新起的打招呼方式：

---

① 姚鹏图：《扶桑百八吟》，第 72 页。
② 陈道华：《日京竹枝词》，第 8~9 页。

> 别来朋旧最关情，两地相思出谷莺。
>
> 缄札殷勤书殿样，主臣一例尽称名。

其自注云："旧俗多山人，居士之称，人辄数名。维新后遂革此风，皆如西人相呼以名，并不称字矣。殿样二字，皆所以尊人，犹阁下、足下诸称，未知所昉。"①

从罗森的《日本日记》到王韬的《扶桑游记》，再到何如璋的《使东杂咏》、张斯桂的《使东诗录》、黄遵宪的《日本杂事诗》、陈道华的《日京竹枝词》、姚鹏图的《扶桑百八吟》等，我们可以十分清晰地认识近代东洋游记的演进历程。这些游记的变化，毫无疑问是通过所展示的不同社会风情体现出来的，但是我们更应该注意为何要关注这些社会风貌，以及他们是出于何种心态来描述这些异域风情的。

　　1. 从咸丰四年（1854 年）到光绪三十年（1904 年），众多日本游记对东瀛风俗的描绘，在视角与心态上发生了怎样的变化？这些变化是如何产生的？

　　2. 以一部日本游记为例，写一篇读书报告，谈谈其主旨、背景与意义。

---

① 姚鹏图：《扶桑百八吟》，第 85 页。

第三讲 近代南洋游记中的异域风情

对于南洋，学界尚未有统一的界定。我国著名的历史地理学家李长傅认为南洋有广义与狭义之分，广义上包括印度半岛、马来半岛、马来群岛，始自澳大利亚，止于新西兰，东面太平洋诸岛与西面印度，狭义专指马来半岛及马来群岛。在古代文献中，东南亚在元朝以前被称为南海或西南海；明朝仍称之为西南海外，又称之为东西洋，到明末乃至清朝，东南亚常以南洋称之。总之，"南洋"是以中国为中心的一个概念。作为"海上丝绸之路"的重要组成部分，19世纪中叶以来，它更为频繁地出现在国人的口语和文献中。从清朝末年到民国初年，经过官员的报告、文人雅士的游记、归侨的口耳相传，不同地区和不同身份的中国人对南洋有不同的印象：蛮荒之地、遍地黄金之所、椰风蕉雨浪漫之境等，不一而足。

一、一位海员口中的南洋

谢清高（1765—1821）走上环游全球之路，是极其偶然的。他本是广东嘉应州金盘堡人，即今广东梅州人，早年读过一点书，在当时勉强算是一位文化人，因为某种原因成为学徒，跟随海商走南闯北，后来遇到海难而为番船所救，就此成为番船上的一名水手，开启了他的环球之旅。晚年失明，流寓澳门，偶遇同乡杨炳南，谢清高将其平生漫游经历告诉给了杨炳南。后者记录整理，便有了我们今天所见到的《海录》一书。杨炳南在序中说：

> 余乡有谢清高者，少敏异，从贾人走海南，遇风覆其舟，拯于番舶，遂随贩焉。每岁遍历海中诸国，所至辄习其言语，记其岛屿厄塞、风俗物产，十四年而后反粤，自古浮海者所未有也。后盲于

目，不能复治生产，流寓澳门，为通译以自给。嘉庆庚辰春，余与秋田李君游澳门，遇焉。与倾谈西南洋事，甚悉。向来志外国者，得之传闻，证于谢君所见，或合或不合。盖海外荒远，无可征验；而复佐以文人藻缋，宜其华而鲜实矣。谢君言甚朴拙，属余录之，以为平生阅历得借以传，死且不朽。余感其意，遂条记之，名曰《海录》。所述国名，悉操西洋土音，或有音无字，止取近似者名之，不复强附载籍，以失其真云。①

《海录》成书后流传甚广，除杨炳南编著本外，1842 年王蕴香辑印《域外丛书》，1843 年郑光祖辑印《舟车所至》，1849 年潘仕成辑印《海山仙馆丛书》，1897 年王锡祺汇编《小方壶斋舆地丛钞》，都收入了这本书。由于《海录》所记是谢清高亲身见闻，故当时多以为是实录而大加称赞，如林则徐在道光十九年（1839 年）的奏稿中就曾强调说：“《海录》一书系嘉庆二十五年在粤刊行，所载外国事颇为精审。”在近代颇有影响的魏源的《海国图志》，几乎将《海录》的内容全部囊括。《海录》的重刊者，也往往突出它的准确可靠。如吕调阳序云：

　　中国人著书谈海事，远及大卤洋外大西洋，自谢清高始。清高常从贾舶，亲至欧罗巴洲，布路亚、英吉利诸国皆所身历。且意存传信，故所述绝无夸诞。至地本葛留巴诸岛，密尔中国门户，乃其数往来者，则尤加详焉。证以《东西洋考》、《海国闻见录》等书，南溟之道里形势皆历历如画，兹可宝也。读礼之隙，辄补正讹缺，并据旧闻，庶几后有作者益之精核，则我中土人之习海事，未必非自谢清高实开之先也。②

吕调阳说，谢清高曾亲自前往欧洲，并多次往来南洋，对海上道路非常熟悉。考证《东西洋考》等著述，也能充分证明《海录》中的描述是准确可靠的。

---

① 谢清高：《海录》，《走向世界丛书》（续编），岳麓书社，2016，第 7 页。
② 谢清高口述，杨炳南笔录，安京校释：《海录校释》，商务印书馆，2002，第 331 页。

因此他甚至认为，谢清高是熟悉海外情况的中土第一人。谢云龙重刻《海录》
序亦云：

> 海客谈瀛洲，论者以为烟涛微茫，大都学士文人逞其臆说奇谈
> 以欺世，未可援为实据。此《海录》所以少成书，测海者何从征信
> 乎。吾粤滨海之南，操奇赢者，每贸易海外诸国。族兄清高，奇男
> 子也。读书不成，弃而浮海。凡番舶所至，以及荒陬僻岛，靡不周
> 历。其风俗之异同，道里之远近，与夫物产所出，一一熟识于心，
> 垂老始归，盲于目，侨寓澳门，为人通译。同里杨秋衡孝廉适履其
> 地，询向（问）所见闻，乃具述之，其未至者缺焉。性已朴实，语
> 复率真，非奇谈臆说可比，因录以付梓。厥后徐松龛中丞作《瀛环
> 志略》，魏默深刺史作《海国图志》多采其说。①

谢云龙为谢清高的族弟，这里的叙述与杨炳南的描述遥相呼应。

《海录》全书约二万五千字，记录了九十七个国家与地区的风貌，包括越
南、柬埔寨、泰国、孟加拉、新加坡、葡萄牙、法国、荷兰、西班牙、英国、
美国、巴西等，描述了地理位置、物产、居住、交通、服饰、礼仪、民族、
风俗。岳麓书社 2016 年出版的版本，将全书九十七则分为"西南海""南海"
"西北海"三个部分。"西南海"包括中南半岛和印度，计三十六则；"南海"
以南洋群岛为核心，计三十四则；"西北海"包括欧洲、美洲、非洲、大洋洲
等，计二十七则。这些记录长短不一，其中以南洋地区最为详细，或当是谢
清高最为熟识的地方。

"无来由"（马来族）地区的咭兰丹国（今马来西亚吉兰丹州），或许是
全书描述最为翔实的地区。书中首先说，咭兰丹人为马来族，其风俗与太呢
国、宋卡国等略同。宋卡国的婚丧嫁娶与衣食住行，《海录》的描述是：

> 俗不食猪，与回回同。须止留下颔。出入怀短刀自卫。娶妻无

---

① 谢清高口述，杨炳南笔录，安京校释：《海录校释》，第 332 页。

限多寡。将婚，男必少割其势，女必少割其阴。女年十一二即嫁，十三四便能生产。男多赘于女家。俗以生女为喜，以其可以赘婿养老也。若男，则赘于妇家，不获同居矣。其资财则男女各半。凡"无来由"种类皆然。死无棺椁，葬椰树下，以湿为佳，不封土，不墓祭。王传位必以嫡室子，庶子不得立。君臣之分甚严，王虽无道，无敢觊觎者。即宗室子弟，国人无敢轻慢。妇人穿衣裤，男子惟穿短裤，裸其上。有事则用宽幅布数尺，缝两端，袭于右肩，名"沙郎"。民见王及官长，俯而进，至前，蹲踞合掌于额而言，不敢立，王坐受之。见父兄则蹲踞合掌于额，立而言。平等相见，唯合掌于额。①

不吃猪肉，留着长长的胡须，随身总是带着短刀，可以娶妻多人，成人时要行割礼……这些习俗对于一个广东人而言，无疑是极为震撼的。

生活在海岛上的咭兰丹人，在谢清高的眼中都显得极其贫穷，这主要源于他们还处在极度依赖大自然的阶段。他们最擅长的工具是标枪，而标枪不仅可以用来谋生和杀人，还可以用来辨别是非曲直。

土番居埠头者，多以捕鱼为生。每日上午，各操小舟，乘南风出港，下午则乘北风返棹。南风谓之出港风，北风谓之入港风，日日如此，从无变易，是殆天所以养斯民也。其居山中者，或耕种，或樵采，穷困特甚。上无衣，下无裈，唯剥大树皮围其下体。亦无屋宇，穴居野处，或于树上盖小板屋居之。凡土番俱善标枪。标枪者，飞枪也，能杀人于数十步外，出入常以自随，乘便辄行劫杀人。其山多木，易于避匿。故山谷僻处，鲜有行人。有争讼而酋长不能断者，常自请于王，愿互用标枪，死无悔。王亦听之，但酌令理直者先标。中而死，则彼家自以尸归；不中，则听彼反标，顾鲜有不中者。②

①　谢清高：《海录》，第11~12页。
②　同上书，第14页。

酋长以标枪判案，而国王则用油锅来断案：

> 有争讼者，不用呈状；但取蜡烛一对，俯捧而进。王见烛，则问何事？讼者陈诉，王则命"景子"宣所讼者进质。王以片言决其曲直，无敢不遵者。或是非难辨，则令"没水"。没水者，令两造出外，见道路童子，各执一人，至水旁，延番僧诵咒，以一竹竿，令两童各执一端，同没水中。番僧在岸咒之，所执童先浮者则曲，无敢复争。童子父母习惯，亦不以为异也。又其甚者，则有探油锅法。探油锅者，盛油满锅，火而热之。番僧在旁诵咒，取一铁块，长数寸，宽寸馀，厚二三分许，置锅中，令两造探而出之。其理直者，引手入滚油中取出铁块，毫无损伤；否则手如入油锅，即鼎沸伤人，终不能取。非自反无愧者，始虽强词，鲜不临锅而服罪。国有此法，故讼者无大倔强，而君民俱奉佛甚虔也。①

这种简单粗暴的管理方式是建立在国王等领导者具有极高权威的基础上的。《海录》陈述了咭兰丹国当时的政治架构与王位承袭："王薨，或子继，或弟及，虽有遗命，然必待天意之所归，而后即安。故嗣王虽即位，若天心不属，民不奉命，而兄弟叔侄中有为民所戴者，则让之而退处其下。不然，虽居尊位，而号令亦不行也。"② 而国王与国人的联欢，也让我们联想到了部落的生活方式："国有大庆，王先示令择地为场。至期，于场中饮酒演戏，国人各以土物贡献。王受其仪，于场中赐之饮食。四方来观之，华夷杂沓，奸赌无禁，越月而后散。凡进献及馈贺，其仪物皆以铜盘盛之，使者戴于首而行。"③

海岛特殊的地理环境自然会带来不一样的生活方式和社会习俗，如书中记述了用温泉疗疾："地多瘴疠，中华人至此，必入浴溪中，以小木桶舀水，

---

① 谢清高：《海录》，第 13 页。
② 同上书，第 13~14 页。
③ 同上书，第 14 页。

自顶淋之，多至数十桶，俟顶上热气腾出，然后止，日二三次，不浴则疾发。居久则可少减，然亦必日澡洗，即土番亦然。或婴疾，察其伤于风热者，多淋水即瘳，无庸药石。凡南洋诸国皆然。"[①]

　　虽然南洋的自然环境、生活方式与中土截然不同，但在审视或描述南洋的风貌时，《海录》一书自觉或不自觉地以中土为参照，依然以我们的传统文化与思维方式去理解。如描述万丹国"国南临大海，海中有山，层峦叠嶂，崒兀崚嶒，时有火焰，引风飘忽，入夏尤盛，俗呼为火焰山。盖南方秉离火之精，是山又居其极，故火气蒸郁，乘时发露焉"[②]，南洋群岛活火山喷发频繁，这是谢清高所感受到的，但他对这一现象的解释却使用了阴阳五行之说。

二、一个地理学者眼中的南洋

　　与粗通文墨的谢清高不同，邹代钧（1854—1908）受过良好的教育，学问渊博，著述等身。邹代钧出生于湖南新化的一个舆地学世家，他的曾祖母吴瑚珊是著名舆地学家吴兰柴之女，他的祖父邹汉勋是魏源《海国图志》中列国地图的绘制者，他的叔父邹世诒参与编纂了《大清一统舆图》。邹代钧自幼爱读舆地之书，二十岁时即汇辑校刊了其祖父邹汉勋的遗著，此后在地理学方面多有建树。光绪十七年（1891年），他受湖广总督张之洞之请主持编纂《湖北全省地图》，光绪二十年（1894年）任湖北译书局总海国地图编辑员，光绪二十二年（1896年）创办"译图公会"。光绪二十八年（1902年），经管学大臣张百熙奏请，邹代钧入京任编书局总纂兼学务处提调官，次年任《钦定书经图说》纂修兼校对官。此外，邹代钧还著有《光绪湖北地纪》二十四卷、《京师大学堂中国地理讲义》六卷、《直隶水道记》二卷、《中国海岸记》四卷、《会城道里记》二卷、《中俄界记》三卷、《蒙古地记》二卷、《日本地记》四卷、《西域沿革考》二卷、《西图译略》十二卷、《英国大地志》十卷等。

---

①　谢清高：《海录》，第14~15页。
②　同上书，第34页。

邹代钧在地理学方面所取得的卓越成就，固然与他的家学渊源有关，却也离不开他的海外游学经历。光绪十二年（1886 年），经两江总督曾国荃推荐，邹代钧充任刘瑞芬随员，跟从出使英俄等国，研究欧洲测图学，带回欧美诸国各种地理图册书籍，创造了"中国舆地尺"。其一行二十人乘船由上海出发，经东海、南海而穿越马六甲海峡，进入印度洋，绕行亚丁湾、红海，入地中海，抵达法国马赛后改乘火车，又乘渡轮至英国伦敦。他的《西征纪程》四卷，记述了此次出游海外的见闻，对沿途经过的国家和地区的天度（经纬度）、地势、疆域、山川、海洋、历史、风俗、物产、时事等有详细的观察和描述。

是书开端交代出行缘由："光绪十一年秋，天子命太常寺卿、贵池刘公瑞芬出使英吉利、俄罗斯两国，所以修好也。曾威毅伯荐余随行，于是有西征之纪。"① 或是书题名为"西征"，故所记止于英国而未涉及俄国。卷一自光绪十一年（1885 年）正月十二日登上法国轮船，至二十日经过越南顺化等地，对沿海各地的历史与地理有详细考证；卷二自二十二日至三月初二，记其从西贡经暹罗、马来半岛、新加坡过马六甲海峡、吉隆坡、苏门答腊而抵达印度洋，往往结合历史文献叙述所经的变迁与当前局势；卷三自三月初三至三月十四日，记其舟行阿拉伯海、亚丁湾、红海、苏伊士运河、地中海等，对波斯、阿拉伯帝国、土耳其、阿富汗、埃及等国的地理历史有清晰的描述；卷四自三月十五日至二十五日，记其在希腊、意大利、法国、英国等地的见闻感受。最后，邹代钧总结了他的行程："自上海至伦敦，计海道二万九千四百四十里，陆程二千四百八十里，共三万一千九百二十里。历时凡四十一昼夜，中间停轮寄寓凡十一昼夜，盖行三十昼夜云。"②

身为地理学家，邹代钧对南洋各地的具体位置十分敏感，并将它们作为考察的重点。《西征纪程》首先从测绘学的角度出发来详细描述这些海岛，如：

日中，舟人测日躔高弧，又校求时差，知所至为赤道北四度二

① 邹代钧：《西征纪程》，《走向世界丛书》（续编），岳麓书社，2016，第 5 页。
② 同上书，第 178 页。

十九分，京师偏西十一度。自西贡至此，行三百四十四海里。测处
西至马来隔丁加罗南六十里之彻拉丁河口约四百里，东至大那突拿
岛之北嘴约五百五十里，南至安南巴群岛约二百四十里。

安南巴群岛，在赤道北三度，京师偏西十度。数十岛罗列海面，
几二百里。大者约方十里，小者仅拳石。①

其次，作为传统学者，考察海岛的演变历程，尤其是考察它们与中土的
渊源，也是邹代钧的学术本能，如述新加坡：

新嘉坡，旧本柔佛国南海中小岛。柔佛仅见于《明史》，盖亦占
顿逊之地。颜斯综《南洋蠡测》云："新嘉坡有华人坟，墓碑载梁朝
年号，及宋代'淳熙'。"是华人之旅居此者，实始六朝。嘉庆二十
四年，英吉利人以新嘉坡为南洋西北门户，因入赀于柔佛以购之，
立廛肆，开船埠，减货税，以招商旅。西、南两洋之估船麕集，渐
成阛阓。然其时仅为印度通南洋必由之路，泰西船东来者，率绕道
于阿非利加洲之好望角，经印度洋之南，入苏门答剌岛与噶留巴岛
间之巽他峡（《唐书·地理志·海道》："所谓海峡，南北百里，北
岸则罗越国，南岸则佛逝国。"即指此峡），即分诣各处，不必尽至
新嘉坡也。自同治中法兰西人沟通红海、地中海之水道，于是泰西
商船多北由新嘉坡，不复迂道于巽他峡，而新嘉坡之陇断遂为西南
洋第一。②

邹代钧博览群书，不仅对历代地志谙熟于心，而且对近代地理著作也十
分熟悉。在介绍南洋诸岛时，他往往广征博引，将古往今来的相关论述一一
道来。如述马来半岛：

马来隔者，暹罗、缅甸两国南斗入海中之峡也（峡地三面环水，

---

① 邹代钧：《西征纪程》，第49页。
② 同上书，第52页。

如登莱类者，西人名为班宁苏拉）。以马来隔种人居之，故以名峡。南北长二千八百里，东西广处仅六百里。《梁书》："顿逊国在海崎上，地方千里，城去海十里。有五王并羁，属扶南。"《通典》："顿逊国，梁时闻焉。在海崎上，北去扶南可三千里。"前人谓顿逊，即满剌加等国，则《梁书》、《通典》所谓海崎，即指马来隔峡。今峡北纬十度以北之地，东为暹罗境，西为英吉利缅甸境。迤南部落以十数。曰赤仔，在赤道北九度（约四十一分），京师偏西十七度（约二十二分），东至海约三十里。曰六昆，在赤仔东南四五百里，东至海二三十里，东南百里许有海港，南通宋脮脝；宋脮脝，《海录》作宋卡，在六昆东南约四百里，东北临海口，为估舶聚集之处；口内西北为汇，北通六昆东南之港，汇东之地名为坦塔兰岛。曰巴坦尼，即《海录》之大呢，在宋脮脝东南约百里，北临海，其东百里许有嘴，曰巴坦尼嘴，东与烂泥尾相距约七八百里，为暹罗湾口。曰吉兰丹，在巴坦尼东南二三百里，临吉兰丹河，东北至海口约二十里。曰丁加罗，在吉兰丹之东南约三百里；其北二百里，有市镇曰特林干鲁，人民颇繁阜。①

从上述描述中我们不难看出，相比于谢清高的《海录》对南洋日常生活细节的生动描绘，邹代钧的《西征纪程》更为理性，更擅长从学术视野进行归纳总结与反思。虽然邹代钧也注意到了南洋普通百姓生活贫窭，饔飧不继，但《西征纪程》往往也是点到即止，没有详细的描摹，如其对锡兰的记述：

> 辰刻，船抵锡兰岛之科隆坡，泊焉。自昨午至此，行三百一十四海里。旋与同人登岸，驰循海塘数里，至博物院。院为英人所置，多禽兽水族之类。又至佛寺，多贮贝叶经，皆梵文。寺僧贪利，争以经求售。道旁有树，结实如馒头，土人啖之充饥。土人有剃发如僧者，有剃发结辫如华人者，状类贫苦。群小儿走车旁鼓臂乞钱，

---

① 邹代钧：《西征纪程》，第49~50页。

而西人所居则华美。薄暮，始归船。①

　　邹代钧观察到科隆坡生活阶层分化严重，西方人在这里生活优越，当地土著与华人挣扎在贫困线上，但他没有进行具体描绘，只是提及西人居所华美而街上多有乞讨的小孩。《西征纪程》中也有对小孩游戏细节的生动描绘，不过邹代钧依然是从学者的眼光出发。如他看见南洋小孩精通水性的场面，立刻联想到了苏轼所写的《日喻》以及其中所阐发的道理：

　　　　俄见群儿乘刳木小舟，环轮船仰呼，若有所求者。舟人以小银钱掷水中，群儿随钱入水，取钱出，无或遗。苏长公《赠吴彦律序》云："南方多没人，日与水居也。七岁而能涉，十岁而能浮，十五而能没矣。"今群儿玩水若鱼鳖，殆所谓没人者欤?②

　　《西征纪程》也有对南洋热带风情的描述，但在邹代钧眼中，这些域外的风景都是他科学研究的对象，如他对新加坡槟榔和椰树的观察：

　　　　道旁多槟榔、椰树。槟榔树高五六丈，直干无旁枝，叶附干生，大如扇。其实作房，从心中出，一房数百实，如鸡子，有壳，肉满壳中，色正白。土人咀之，口流赤沫如血。椰树高数丈，亦无枝条，叶在其末，如束蒲。实大如瓠，系树头，如挂物也，外皮如胡桃核，里有肤，肤理坚密，白如雪，厚半寸，嚼之，味略似胡桃。肤中里汁升馀，清如水，甘美如勃荠，饮之愈渴，名为椰浆。取肤与汁使尽，外皮如匏，中作饮器。《吴都赋》谓"槟榔无柯，椰叶无阴"，信然。③

　　总之，从《西征纪程》对南洋的描述中，我们见到了一位精通测绘学的

---

① 邹代钧：《西征纪程》，第 78 页。
② 同上书，第 54 页。
③ 同上。

邹代钧，一位饱读诗书、学识渊博的邹代钧，一位具有科学家气质的冷静、理智的邹代钧。

三、两位外交人员眼中的南洋

斌椿可谓晚清第一批走出国门的外交人员，其诗自谓"愧闻异域咸称说，中土西来第一人"，不为虚言。他出身于汉军正白旗，曾任山西襄陵知县。同治三年（1864年），他应英国人赫德所请，到总理各国事务衙门所属总税务司办理文案，开始接触近代西方文化。同治五年（1866年），朝廷拟派官员至西洋探访虚实，六十三岁的斌椿欣然前往。恭亲王奕䜣有奏章说明了斌椿出使的背景："查自各国换约以来，洋人往来中国，于各省一切情形日臻熟悉；而外国情形，中国未能周知，于办理交涉事件，终虞隔膜。臣等久拟奏请派员前往各国，探其利弊，以期稍识端倪，借资筹计……"

同治五年（1866年）正月二十一日，斌椿父子率同文馆学生三人离开北京，二月由上海经香港、安南、新加坡而抵达锡兰，三月由亚丁湾过埃及而抵达法国，此后一路游历英国、荷兰、丹麦、瑞典、俄国、比利时，然后由法国沿路返回，十月顺利回到北京。斌椿所著的《乘槎笔记》详细地记录了此次海外游历的见闻。李善兰为之序云："郎中斌君友松，少壮宦游，足迹半天下。一旦奉命往欧罗巴访览政教风俗，遂得游数万里之外。所历十馀国，皆开辟以来，中国之人从未有至者。各国君臣，无不殷勤延接，宴会无虚日。宫庭园囿，皆特备车骑，令纵驰览。斌君之游福，可谓大矣。于是斌君凡身之所至，目之所见，排日记之。既恭录进呈，又刻以行世，令读其书者，亦若身至之而目见之也。然则斌君非独一人游，率天下之人而共游之也。"①

斌椿能文能诗，《乘槎笔记》对南洋的山川形势、风土人情描述尤为细腻生动，令人印象深刻。如书中记述他们于同治五年（1866年）二月十八日抵达新加坡后所见到的小孩嬉戏水中的情形，较之于邹代钧的考索，无疑更为具体形象：

---

① 斌椿：《乘槎笔记》，第87页。

十八日　卯刻向西行，辰刻至新嘉坡，巳初泊舟。计行六百八十四里。登岸，买车作竟日游。英国炮台在其麓，周历一过，形势雄壮。午间，坐客舍洋楼，颇闳整，饮茶小憩。晚，归。

查新嘉坡古名息力，与麻六甲旧皆番部，属暹罗，今则咸称为新嘉坡。小船刳木为之，锐其两端。小儿鼓棹啁啾，客皆以银钱掷海中，则群跃没入，少顷握钱出。盖洋艘至，必以此为戏。故儿童见舟，皆拍手笑乐，如拾韩嫣弹丸也。车制与安南小异，御者亦皆麻六甲人，肌黑如漆，唇红如血，首缠红花布则皆同。十馀里至市廛，屋宇稠密，仿洋制，极高敞壮丽。市肆百货皆集，咸中华闽广人也。

归舟，有顶帽补服来谒者，都司职衔，闽人陈鸿勋，贸易居此。云此间较本乡易于谋生，故近年中土人有七八万之多，不惮险远也。山多虎，每出觅人食，且有渡水者。猿猴小者不盈尺。珍禽尤夥，五色俱备。舟人购畜者，以数百计，大可悦目。（有售西国金银钱者，各种皆布地上，舟人多以番银交易。）①

这里对新加坡街市、车夫及珍禽的描绘，亦历历在目，使人一睹而难忘。

此次随斌椿出行的学员中，有一位名叫张德彝的，也用日记记录了他的见闻。张德彝（1847—1918），原名德明，字在初，出生于北京东城区柏林寺旁龙王庙胡同，汉军镶黄旗人，祖籍福建，入关世居北京。早年入塾，学费每给于舅氏。同治元年（1862 年）京师同文馆成立，于八旗中招收学员并提供膏火银两，张德彝成为首批十名学员之一。学习三年后，经大考被保奏为八品官。同治五年（1866 年），总理衙门奏准斌椿及其子率三名同文馆学员德明（张德彝）、凤仪和彦慧，首访西方。《航海述奇》即为张德彝所著此次出国之日记，贵荣序有云：

---

① 斌椿：《乘槎笔记》，第98~99页。

翻译官德君在初，性颖悟，喜读书，目下数行，过辄不忘。左、国、史、汉，下逮庄、骚，无不毕览。尤工书，有道劲气。为人沉毅寡言，持躬恂谨，粥粥若无能，乡先生以奇器目之。丙寅春，奉皇帝诏，出使西洋。分庭抗礼，不辱君命；采风问俗，以贡天室。凡舟车所不至，人力所不通之区，罔不穷岩搜干，悉心采访。所谓乘长风破万里浪者，非其人欤！未逾年，海外归帆，蒙皇帝温旨嘉奖，是时年方十有七也。昨以《航海述奇》一函惠赠，薰沐展阅，如读异书。其述疆域之险阻也，有如地舆志；其述川谷之高浚也，有如《山海经》；其述飞潜动植之瑰异也，有如庶物疏；其述性情嗜好语言之不同也，有如风土记。上下古今数千年，东西南朔数万里，挟卷以游，瞭如指掌，诚为宇宙间之一奇观也。古人云："太上立德，其次立功，其次立言。"若斯者，足以不朽。①

《航海述奇》起自同治五年（1866年）正月二十日，终止于同治五年（1866年）九月十八日，记录其游历安南、暹罗、印度、阿拉伯、埃及、法国、英国、比利时、荷兰、丹麦、瑞典、芬兰、俄国、普鲁士等亚欧十余国之见闻等。此次游历首先改变了作者的天下观念，如自序所言，"明膺命随使游历泰西各国，遨游十万里，遍历十六国，经三洲数岛、五海一洋。所闻见之语言文字、风土人情、草木山川、虫鱼鸟兽、奇奇怪怪，述之而若故，骇人听闻者，不知凡几。"② 故正文之前，他专门撰写《地球说》及地图加以说明。卷一始于同治五年（1866年）正月二十日而止于三月二十日，记述他由北京出发，至天津乘坐英国"行如飞"轮船抵达上海，换乘法国轮船"拉不当内"至香港，又换乘法国轮船"岗白鹤士"，经安南、暹罗、锡兰抵达埃及，再由火车至亚历山大港，乘坐法国轮船"塞达"抵达法国马赛，其间对一路所乘交通工具、所经地区风俗描述颇为详尽。如对新加坡的描写，较之于斌椿所记则更为细腻，极富有生活气息。

---

① 张德彝：《航海述奇》，第437~438页。
② 同上书，第440页。

十八日戊申　晴。辰正抵新嘉坡，地系暹罗国界也，现属于英。
其地华人贸易者，以六七万计。天气酷热，地多山冈，又有洋人建
造楼房。本地屋宇极陋，土人面极黑，深目而高鼻，妆饰服色不一。
有剃秃者，缠头者。男子以蓝白红黄四色涂面，有自额前画至准头
一线者，有涂在眉间者，人之贵贱即以此分。耳坠双环，女子七孔。
饰以白点，手十指戴环，足大指戴一金环。男女皆赤身跣足，腰围
红白洋布一幅，一头搭于肩上。珍禽异兽，为中土所罕有。①

　　对于新加坡土人，斌椿的《乘槎笔记》只是简单地介绍说其"肌黑如漆，
唇红如血，首缠红花布"，张德彝在这里对土人的面貌、装饰、服色、耳环等
一一进行了描述；对街上的车马与建筑，斌椿只是用"小异""壮丽"进行
概述，张德彝也极尽铺陈之能事，唯恐描绘不够细致：

　　　是日上岸，乘马车亦如安南者，四轮一马，四面玻璃窗。御者
黑身，腰围红布，面涂蓝点，耳有小环。车行六七里，见高山开辟，
路途平坦，街市与房屋皆似安南。至一法国旅店名"大萝卜"，入内
上楼，前有厂厅，卷帘四望，见百花争艳，群鸟呼晴。左右洋楼林
立，前临大海，舳舻艇艘，萃集其处。是日天朗气清，薰风徐拂，
波澜不惊，神怡心旷，宠辱顿忘，把酒临风，为之一快。②

　　总之，张德彝此行为斌椿随从，但其《航海述奇》较《乘槎笔记》更为
翔实，描写更为具体，虽不离随见随录范畴，但偶有总结与反思，对沿途华
人的生活与汉学西传的状况尤为关注。
　　在近代海外游记中，南洋往往只是海外旅行的中转站。无论是作为海员
的谢清高，还是作为学者的邹代钧，以及肩负特殊使命的斌椿、张德彝，都
是将西方作为最终的目的地或阐述的中心。不过当他们途经南洋而前往英法
时，南洋杂糅的状况依然给他们带来了巨大的冲击，一方面，中土文化在南

---

① 张德彝：《航海述奇》，第463~464页。
② 同上书，第464页。

洋的印迹历历在目，令他们感到亲切；另一方面，西人来势汹汹，对当地的
影响越来越大，这又不能不令他们感慨万分。

　　1. 从十九世纪初到十九世纪末，众多游记对南洋地区风俗的描
绘，在视角与心态上产生了怎样的改变？这些变化是如何产生的？
　　2. 结合相关资料及时代背景，讨论近代南洋游记的意义及特色。

第四讲　近代西洋游记中的异域风情

第一次鸦片战争之后，走出国门与西方进行交流已是必然之事，但对于初期前往异国他乡的官员及随从而言，西洋之行如同九死一生的千里流放。钱钟书曾在《汉译第一首英语诗〈人生颂〉及有关二三事》一文中引用了张祖翼的回忆，描述了出使者的惶恐心态："郭嵩焘使英伦，求随员十余人，无有应者。岂若后来一公使奉命后，荐条多至千余哉！邵友濂随崇厚使俄国（光绪四年），同年饯于广和居，蒋绥珊户部向之垂泪，皆以此宴无异易水之送荆轲也。"但他们终究迈出了走向世界的一小步，而正是这一小步使他们眼界大开，纷纷以各自的方式记录了刚刚睁开眼时所见到的一切。

一、钱德培眼中的德国社会

钱德培（1843—1904），字琴斋，号闰生，浙江山阴人。光绪三年（1877年），他通过出洋人员考试，派为德国随员。同年十月十八日从上海出发，经香港、新加坡、埃及等地，十一月二十七日抵达意大利那不勒海口，十二月初四日抵达德国，在欧洲生活七年，后因身体原因离开欧洲，于光绪十年（1884年）十月初九日回到上海。后又出任驻意、日、奥等国参赞，回国襄办北洋武备学堂，创办江南陆师学堂、江西武备学堂，任江南陆师学堂第一任总办，编有《江南陆师学堂武备课程》《江南学堂课艺》等。

《欧游随笔》两卷是钱德培旅欧的见闻与随感，是书为随后所录，并非逐日记事，形式颇为灵活，内容也较为繁富，涉及欧洲政治经济制度、军事设备、风俗文化等方面，且多有反思。作为外交人员的钱德培探求学习西方先进的政治经济制度的同时，也十分关注西方的风俗礼仪，有不少章节记载了西方特别是德国的节庆婚丧、舞会宴席、成人之礼等。其时"王宫各部大臣家，每宴客以千计，少亦数百，局面广阔"，这是欧洲奢靡之风盛行的一个见证，《欧游随笔》详细描述了西方圣诞节邀客欢聚、互赠礼物的场景：

> 各家以松树置庭中，遍悬彩件，灯烛、金丝、红线之类，桌上陈设亲友所贻礼物，邀客聚饮。有诸客各出一物，以纸包固，编号拈阄，对号取物者；有主人独备物件，分送号票拈取者；有备物分送，不用拈阄者。其物无所不备，大约文墨、针黹具为多。松树则设至除夕日为止。
>
> 西国过年，亲友均须馈赠，父子、兄弟、夫妇之亲亦如之。其物或平日自制，或临时购来。未送之前，不使之知。往往一物一件，即可为礼。送时在西十二月廿五日。①

西方十分重视宴会，宴会上往往有繁琐的礼节，包括入席、座次、用餐以及男女的人数等。钱德培的《欧游随笔》也有极其详尽的介绍：

> 西俗宴会，就席须订女客同坐，亦有主人书花片代为派定，则无须自行面请。就席俯首为礼，以右臂举起，请其以左手相携至饭厅入座。凡女客多于男客，则陪客者帮同主人带领女客。就坐后，不妨再请一客，俾逾数之女不致闲立以待。故讲究请客者，必配定男女数适相符。此系指筵宴而言，所谓"的奈"者是也。若大茶会、大跳舞会，人在数百以上者，则往往无坐位。所有椅杌只可尽女客坐。男客取酒、菜、糖果等送至所携之女客处，再行自取。大半站立就食者。饭毕，仍携臂送至客厅，点头为礼。②

钱德培还注意到西方的婚嫁习俗大有不同，英、德之间差异显著。

---

① 钱德培：《欧游随笔》，《走向世界丛书》（续编），岳麓书社，2016，第31页。
② 同上书，第43页。

英人婚嫁，父母不必预闻。倘他国人男女相爱，父母不允者，可至英国报官成婚。然回至本国，父母仍不以夫妇目之也。倘父母于本国告发，例应离异，然无人为也。德俗则男女相爱，父母已经允许者，虽未成婚，亦可任其相携出门，不甚防闲。既成婚之后，或因事故亦易于离退，倘欲复合，只须两愿，仍可请官断合也。西洋国小，而行路又速，一日之程，风俗即大有异同。欲齐而一之，非我中国统辖地球不可。①

除了风俗人情之外，钱德培充分意识到现代科技对西人的生活方式产生了巨大影响，如火车作为西方当时最重要的交通工具，发展极为迅速。钱德培不仅细致地观察了各国的火车，还有意识地进行了比较：

火轮车以德国为最精洁。英、法之头等轮车，仅能及德国之二等。德国头等车近年新造者，尤为佳妙，窗以双层玻璃为之，使寒气不透。火炉以烫气通之，灯以煤气为之，车后并有大小便处。睡车则有盥沐之自来水，挂镜、唾盂，无一不备。值车者，并备酒水加非，可随时购饮。至于铺垫，则以红绒，糊壁则以花段。二等车亦用灰色绒作垫，以漆布糊壁，各车均有黏贴之章程，亦甚详备。该车所行之铁道，绘图悬挂，来往时刻，停车分数，悉载清单。此皆各国有所不能及也。②

钱德培的这些观察与比较，不是为了满足好奇心，而是希望就此给自己的国家提供一条最优的借鉴路线。正因为看到科技对西方发展的巨大推动作用，钱德培深刻地认识到中国不能闭关独守，必须学习西方的科技："德国开风气较迟，故林木尚茂密，民风亦朴俭。我中国当此强邻四逼，必不能闭关独守。"如果中国一味闭关锁国，在世界的竞争舞台上不仅会越来越落后，而且还会成为他国觊觎与掠夺的对象："天生万物，虽有用之不竭、取之不尽之

---

① 钱德培：《欧游随笔》，第72~73页。
② 同上书，第73页。

妙，然过于发泄，亦恐无以为继。盖化育之理，非可以年月待。西人竞尚机器，取之太速。造物者，不能催促其气候相随而成。所以欧西各处，矿产日绌，尝垂涎于东方。"由此钱德培指出，要尽快用西方的"坚船利炮"和"化电声光"武装中国，"电报、铁路、开矿、制造，自不容缓。苟能次第举行，不让人先，仍使天生之物，不速竭其源，则人所无者，我独有，人所不足者，我有馀，富强之势，莫可与京，行见统一地球，尽归藩服，亦事之所必有者也。"①

《欧游随笔》中，最有趣味的莫过于中医和西医之间的比较。钱德培在欧洲期间，曾遭受病痛折磨，既看过中医，也使用过西医方式来治疗。在亲身体会过两种不同的治疗方式后，他意识到两者各自的优劣。钱德培在书中指出，西医在人体解剖方面"可谓殚精竭虑，无微不晓"，如柏林的一个脏腑院（即医学标本室），那里的各种人体器官，各种病症之貌，各种医治之法，分门别类陈列，让人叹为观止。不过西医讲究解制学（划割之医），对人身之内的五脏、血管之类"虽细如毫末，亦可纤悉毕晓"，却无法通过脉搏的跳动去诊治病患，"切脉只论迟速，其馀不知也；施方只治一病，其馀不顾也"，"真所谓头痛医头，脚痛医脚。既无釜底抽薪之法，亦无急则治标之为"②。中医虽能通过脉搏的强弱变化知道所患何病，但要是让他们像西医那样，直接针对某一个部位诊治，那也是非常困难的。所以钱德培提出了要中西合璧，"西医虽考究，仍须兼学中国脉理，以全其道。中医理法太奥，不妨兼学西医之法，以切实佐课虚之功，不必各执一是，务存畛域之见。"③ 也就是说，学西医的懂一点望闻问切的脉理之学，学中医的懂一点西医的解剖之学，不必非得将中医、西医区分得那么清楚，这样也许真的能"仁寿同登，岂不美哉"。在一百多年前就能有这样的见解，既不是抱残守缺，一味地认定中医就是最好的，也没有全盘否定，而是看到了中医与西医之间的异同和可以相互促进的途经，不能不说眼界非常开阔。

总之，钱德培对西方风土人情的观察，对他们社会风貌的描述，都是以

① 钱德培：《欧游随笔》，第73页。
② 同上书，第83页、第63页。
③ 同上书，第83页。

中国本土文化为基点，都是以"他者"的眼光来审视的，其目的则在于正视两者的差异，并希望由此认识这些差异产生的根源，如其曾详细比较中外的礼仪风俗：

> 中外礼仪风俗之相同者，不一而足。步兵遇长官，仆役见主人，均站立道旁，垂手以俟其过。婢媪亦然。冠婚丧礼，均以帖版分致亲友。讣文则亦合家具名。长老之于卑幼，则以名称，馀皆以姓称。衣冠不整不见客，谒访必由阍人通报。因丧不宴会作乐，丧服者辞宴。长官亲友自他处来往者，赴站迎送，酬酢有仪，庆吊有文，服饰有制，尊卑有别。凡此大概皆礼之相同者也。①

这里强调中外礼仪之相同者在于尊卑有别，即在迎来送往、婚丧嫁娶时以种种礼节将等级展示出来，又如：

> 至于年节，则家家以松柏置庭中，陈设果饼，点燃烛炬。其应时之年糕，曰非非而枯亨，译言椒糕。无论贫富，必买食之。每年四五月间之佳节，曰阿司退而非司脱，则各家遍插菖蒲，并树枝之类。又以蛋式之糖食之，亦犹中国之午节也。夏令邀亲友酾金聚饮，或乘舟车出郭游嬉，即中国之消夏会也。又有画友或各项技艺之人，扮作戏出之古人故事，赴乡迎演，日以继夜，灯火烛天，即中国之迎神赛会。至于点灯结彩，施放焰火，于其君后诞日，或于园圃中无故特设，藉以获利者，更仆难数。凡此一切，则皆风俗之相同者也。②

这里强调日常娱乐与平素节庆之时中外风俗的相通处。值得注意的是，钱德培以中国固有的春节、端午节、消夏会、迎神赛会等一一比附西方的各种节日，或有牵强之处，却给人亲切之感。又如：

---

① 钱德培：《欧游随笔》，第83页。
② 同上书，第83~84页。

至于妇人衣服尚艳丽，首饰尚珍宝，貌尚美，足尚小，大抵人性之好恶，则又两间之内，所不能不同者耳。①

在当时极力夸饰两种文化差异的潮流中，钱德培却能一反流俗，始终强调中西的相通之处，颇为难得。

二、张德彝眼中的法国社会

张德彝见证了巴黎公社起义，这既是偶然也是必然。他是一个关心外界事物、随时注意作出记录的有心人。张德彝与当时出使的其他人不同，他懂外语，又曾多次出国，比较了解西方的政情和社会。因此，当他有心观察和记录外国的情况时，他就能够找到门径和方法。所以当革命的火光还未照亮工人的双眸时，张德彝却敏锐地嗅到法国空气中的紧张，以一个见证者的身份，写下了一部巴黎公社的目击记——《三述奇》，此书后称《随使法国记》。如其对 1871 年 3 月 18 日巴黎公社起义的描述：

闻是日会堂公议，出示逐散巴里（巴黎）各乡民勇（指巴黎人民组织的国民自卫军）；又各营地派兵四万，携带火器，前往北卫、比述梦、苇莱暨纲马山下四路，拟取回大炮四百馀门，因此四处皆系乡勇看守。官兵到时，乡勇阻其前进。将军出令施放火器，众兵抗而不遵，倒戈相向。将军无法，暂令收兵，叛勇犹追逐不已，枪毙官兵数十人。武官被擒二员，一名腊公塔（勒康特），一名雷猛多（克列芒·托马），亦皆以枪毙之。戌正，叛勇下山，欲来巴里。一路民勇争斗，终夜喧阗。彝飞禀星使，请仍在波耳多暂驻数日；俟军务稍定，再禀移入法都。②

---

① 钱德培：《欧游随笔》，第 84 页。
② 张德彝：《随使法国记》，《走向世界丛书》（修订本）第二册，岳麓书社，2008，第 415 页。

记录下巴黎公社起义的张德彝，并不理解革命的缘由和意义。他只是以其细腻的笔触记录相关事实，而读者却可从字里行间窥见那些凛凛生气的英雄们，领略公社战士面对屠刀视死如归的英雄本色，如《焚后巴黎记》刻画得最出色的部分：

> （四月）初五日……见有兵万馀人，随行鼓乐而归，虽列队而步伐不齐，更有持面包饮红酒者。其被获叛勇二万馀人，女皆载以大车，男皆携手而行，有俯而泣者，有仰而笑者，蓬头垢面，情殊可怜。
>
> （四月）初六日……入夜北望，烈焰飞腾，炮声不绝。盖巴里虽克，而"红头"仍据城外炮台数座，故火器犹不时施放也。
>
> （四月十五日）申初，又由楼下解叛勇一千二百馀人，中有女子二行，虽衣履残破，面带灰尘，其雄伟之气，溢于眉宇。
>
> （四月十六日）晚，又解过叛勇二千五百馀人，有吸烟者，有唱曲者，盖虽被擒，以示无忧惧也。可知天下风气，大抵相同。
>
> （四月十九日）未正，由楼下解去叛勇一千八百人。妇女有百馀名，虽被赭衣，而气象轩昂，无一毫袅娜态。①

法国巴黎革命一度如火如荼，但持续的时间并不是很长。在革命被无情镇压之后，伤痕尚未抚平，社会又进入原来的轨道。社会上层的生活似乎毫无影响，他们又开始过上了锦衣玉食的日子，凡尔赛的富贵人家每日必游街，出门玩乐。

> 西俗，富贵人家，每日申酉之间，必乘车出游一次。或走街衢，或入园囿，流水游龙，裙屐济济。中等人家，亦必男女三五成群，闲游于市，皆须联袂并行，不得参差前后。故朝朝午后，男女络绎不绝于途也。又定例，每日妇女必须街游。苟男子拦阻，妇女可以

① 张德彝：《随使法国记》，第448~454页。

控官，乃判将该男监禁若干日，以昭儆戒云。①

至于穷人，也依然处于穷苦状态，生活没有丝毫改观。"见迩来法邦各处，亦有卖马肉、狗肉者。甚至下等人不靧面，不整容，衣服蓝褛，多生虮蚤，更有以唾沫和烟而吸者。女子则首如飞蓬，小儿则坐于涂炭。如是则洋人之笑华人不洁者，其亦未之深思耶？闻近日'红头'固守巴里，兵难进攻。入夜阴云密布，细雨蒙蒙。"② 在波尔多，张德彝曾到旅馆对面人家小坐，见到了从巴黎逃出的难民。房东的儿子原在巴黎从军，已有四个月没有寄回家信，房东太太讲到儿子，便忍不住伤心哭泣。这样的情景，在他平时接触的达官贵人中是见不到的。后来在波尔多见到巴黎难民向中国官员求乞，联想到北京的乞丐向洋人讨钱的情形，张德彝不禁感慨万千。

战争之外，张德彝还用其生动细腻的笔触描绘了法国街衢的市井生活景象。如他曾在法国街上见到磨剪刀的情形，与中国大不相同：

> 二十六日丙辰　晴。见街市亦有磨刀剪者。所用如中土琢磨玉器之具，系一木架上横铁轴，中一圆石如轮，周约三尺，厚逾二寸，左右有绳，下连二板。磨匠坐于架后，脚踏二板，石自转而磨厉以须矣。③

市井街衢中法人交往问候的礼节，使他倍感新奇：

> 西俗，每日自晨至夕，男女往来，联袂骈裳，不绝于道。两人相遇，男子以脱帽为礼，亦有但举右手向耳际一扬而不脱帽者，大率偶然简略之意。至若互相握手，则较为亲近。妇女亦然，惟不脱帽不举手，间有答以鞠躬为礼者。④

---

① 张德彝：《随使法国记》，第 474 页。
② 同上书，第 421 页。
③ 同上书，第 438 页。
④ 同上书，第 457 页。

小孩的出生洗礼，也使他颇为惊异：

> 申初回寓，复同刘辅臣街游。步至巴鲁街，见大礼拜堂内男女
> 老幼跪而默诵者十数人。旁立一少妇，怀抱婴孩，系本日所生者。
> 甫生未逾一日，即抱出户，风气之不同，于此可见。妇旁一童，着
> 乌衣，举烛长逾四尺。中立神甫，年近三旬，与之看经解义；后将
> 圣水涤于儿头，以棉拭之，拭毕登记于簿，少妇深谢而去。此初生
> 入教之礼也。①

其他如法人日常的衣食住行，也都成为张德彝观察的对象。他注意到法
人把戴眼镜作为一种时尚，而非实际的需要："不论男女老幼之双眸短视者，
皆公然高悬眼镜，街行遇人，不有摘去之礼。"② 他更注意到法国人的衣着服
饰中蕴藏着独属的浪漫，一把折扇、一顶帽子都是风情。

> 西俗，男子虽当酷暑，不挥扇，不裸体，不着纱罗，不换凉帽。
> 妇女用扇不拘时候，夏固因热摇以生风，冬季于赴茶会跳舞会等而
> 仍用。所用皆折扇，其旧式甚巨，今则长不及尺，造以绫绸、象牙，
> 绘以五彩；至蕉叶、翅羽，则不尚焉。又，除俄国因地近北极外，
> 他国男子，虽值严寒，不畏霜雪，不披絮，不着皮衣，不换戴暖帽。
> 妇女则不然，虽夏日骤凉，亦可拥裘也。③
> 西国男女，不论冬夏，出门皆戴帽，入室即脱去。惟妇女赴
> 白昼茶会不脱。男子虽入酒肆、茅房，亦必脱去露顶，乃礼也。
> 男女帽制亦殊。男帽造以毡绒，色惟黑紫与灰。女冠造以绸缎，
> 色则五彩。妇女不簪鲜花，其缀于帽上者，皆布造，色极鲜美，
> 与真毕肖。间有饰以假果者，如樱桃、地椹、李子等，亦皆精

---

① 张德彝：《随使法国记》，第 450~451 页。
② 同上书，第 457 页。
③ 同上书，第 429~430 页。

巧，色相宛然。①

当然，有时候法人的浪漫也会让张德彝很不适应。如："阴雨，午后雨止。见楼下经过一车，内坐一男一女。正驰骋间，女扶男腿，男捧女腮，大笑亲吻，殊向〔不〕雅相，亦风俗使然也。"② 男女当众亲昵的行为，显然是来自大清的张德彝无法接受的。不过对于文化上的差异，张德彝还是能以冷静的眼光去对待，如对法国的婚嫁习俗，他只是理智地叙述与国内的差异，并没有大肆斥责：

> 西国女子之嫁也，二十二岁以前，父母可以主之。逾此则不待父母之命，不须媒妁之言，但彼此说合，便可成双。惟法俗较他国稍严，乃不独财产须同，三代更当相等。如是，致有男子四五旬尚未娶者。然男女私交，不为例禁。因而奸生之子女最多，乃专设有收养之处，名之曰育婴堂。不惟养育，兼以教读。至十四岁，便可自食，或成一业，或作雇工，以及充当兵勇。未及十四岁之前，皆视奸生之父之力若何，每岁贴银若干，为之等差，违则奸妇即可控官追究。
>
> 又，西俗女子不改原配。如甲女已字与乙，聘后乙外出不归，亦无音耗，女可暂嫁与丙。后俟乙回，则将所生子女遗之丙，仍嫁乙以终之。③

从这些惊诧的叙述中，我们甚至可以感受到张德彝的丝丝赞许与向往。可见传统的家庭伦理道德，在新思潮的冲击下已渐露颓废之势。而最为我们所关注的，则是张德彝对健康的生活方式抱着明确的肯定态度，由此也可窥见张德彝眼光之敏锐。如他注意到法人颇为讲究卫生：

---

① 张德彝：《随使法国记》，第 432~433 页。
② 同上书，第 433 页。
③ 同上书，第 473 页、第 525 页。

外洋彩帛，除呢毡、羽毛、麻布外，其馀绸缎纱绫，色皆不久必变，且多轻薄如纸。按，西俗不用他人使过之茶酒具，恐其亵渎。然名为谦和，实则不喜己粘他人之唇也。①

西人喜净，早晚饮食之际，男女以及童稚，入座必先更衣、漱口、浴面。饮食不得有声，唾馀必盛以器。男女寝必有衣，长与身齐，缝以白布，有袖无襟，从首套下。②

他注意到法人在日常生活中颇为尊重女性：

西俗女重于男。因女不吸烟，故凡遇妇女在座，男子不吸，以昭敬重。而妇女有故示体恤者，乃于晚餐后先出饭厅，以听男子自便。③

不过张德彝并没有站在洋人的立场上，对传统的文化与生活世俗全盘否定。他只是注意到两种文化习俗的差异以及所引起的摩擦，如："遇华人之服白长衫者，必发狂笑，盖以为误着寝衣出户也。又，见华人之露顶出行者，俱以仆役目之。缘西俗仆役非因主遣外出，或未经告假，私自远行，皆不得冠。"又如："西俗，房中布巾，每日更新换旧，可谓洁矣。然用时不分上下，拭面揩身，并及下体，皆此一巾，船中亦然。又醮面澡身，皆以凉水，解渴亦以凉水。故华人在洋船，饮用滚水热水，皆不易也。"④ 对于法人的傲慢，张德彝在这里还是有所批评的。

三、张祖翼眼中的伦敦风情

光绪十四年（1888年），徐士恺的《观自得斋丛书》刊行，其"别集"

---

① 张德彝：《随使法国记》，第474页。
② 同上书，第438~439页。
③ 同上书，第438页。
④ 同上书，第439页、第498页。

最后一卷为署名"局中门外汉"的张祖翼所写的《伦敦竹枝词》。其跋曰：

> 国初尤展成，始有外国竹枝词之作。其时海禁未开，但知求之
> 故籍，故多扣槃扪籥之谈。自大瀛通道，闻见日新。近有为海外吟
> 者，颇能叙述彼都风土，顾尚略焉弗详也。
>
> 今年春，观自得斋主人出示局中门外汉所为《伦敦竹枝词》，其
> 诗多至百首，一诗一事。自国政以逮民俗，罔不形诸歌咏。有时杂
> 以英语，雅鲁娵隅，诙谐入妙。虽持论间涉愤激，然如医院火政，
> 亦未尝没其立法之美，殆所谓憎而知其善者欤？
>
> 属将以此诗授梓，为识数语于后。光绪戊子二月橤甫跋。[1]

这里的"扣槃扪籥"，来自苏轼的《日喻》，大意是纸上谈兵。从跋语
中，我们可以肯定《伦敦竹枝词》所写为作者耳闻目睹，亦即作者在光绪年
间到过伦敦。此后《小方壶斋舆地丛钞》再补编第十一帙第十册，将《伦敦
竹枝词》的自注摘录出来汇辑在一起，命名为《伦敦风土记》。1933 年 4 月，
朱自清在《论语》报第十五期发表了《伦敦竹枝词》一文，开篇说"'春节'
时逛厂甸，在书摊上买到《伦敦竹枝词》一小本，署'局中门外汉戏草'，
'观自得斋'刻。惭愧自己太陋，简直没遇见过这两个名字，只好待考"，文
中对《伦敦竹枝词》的一些诗篇进行了赏析。1982 年，钱钟书将其 33 年前
用英文所写的《汉译第一首英语诗〈人生颂〉及有关二三事》，用中文改写
后发表在《国外文学》第 1 期上。文章讲到斌椿的《海国胜游草》时，曾经
评价说它"颇可上承高锡恩《夷闺词》，下启张祖翼《伦敦竹枝词》"。近年
来有学者经过详细考证，确认《伦敦竹枝词》的作者就是张祖翼。

张祖翼（1849—1917），字逖先，号磊盦，因寓居无锡，又号梁溪坐观老
人，安徽桐城人。与汪子渊、吴昌硕、高邕之并称为"上海四书家"。《桐城
县志》"张氏人物志"有简介说："张祖翼，字逖先，号磊庵，清代人。精金
石考证及碑版之学，工篆隶行楷。偶画兰竹，亦有韵致。著有《磊庵宁游题

---

① 张祖翼：《伦敦竹枝词》，《走向世界丛书》（续编），岳麓书社，2016，第 31 页。

跋》《张文祥刺马案》《伦敦风土记》。"其书画之钤印"逖先海外归来之书",
也可作为他早年游历海外的证据。《伦敦竹枝词》的第一首诗,也充分表达了
一位海外游子的思乡情怀:

> 手把花枝唱竹枝,竹枝新谱夜郎词。
> 故人万里如相忆,夜夜中华梦到时。①

诗人说他虽然身处海外,却无时无刻不在思念故土。这里的"夜郎"一
词,或许有自嘲之意,但却感受到了一丝凄楚。诗集中的倒数第二首诗更为
清晰地展示了他的立场,可以视为他组诗的总述:

> 堪笑今人爱出洋,出洋最易变心肠。
> 未知防海筹边策,且效高冠短褐装。②

诗人注意到出洋之人越来越多,游历海外逐渐成为一种风气。但许多人
来到国外之后,就忘却了他们千辛万苦来到异国他乡的初衷,忘记了他们所
肩负的寻求经世济民之道的使命,反而一味地崇洋媚外,最终不免东施效颦。
在内容上进行全面总结与说明的,是组诗的最后一首:

> 辎轩不采外邦诗,异域风谣创自兹。
> 莫怪气粗言语杂,吟成百首竹枝词。

其自注云:"竹枝词百首,皆就伦敦一处风景言之,他国不与焉,采风者于此
可见欧门之一斑矣。至词之俚鄙,事之猥琐,知不免方家之匿笑也。光绪甲
申秋九月,局中门外汉自识。"③ 诗人自述他这一百首诗全部都是在描写伦敦
的风土人情,试图通过这些细节的描绘使读者对欧洲的生活状况有所了解。

---

① 张祖翼:《伦敦竹枝词》,第 3 页。
② 同上书,第 30 页。
③ 同上书。

其所谓"词之俚鄙",应该是指诗中夹杂了许多音译,而所谓"事之猥琐"则当指诗歌所描写的许多人、事、场景颇为繁琐俚俗。如描写女子的穿着打扮:

> 云肩赤膊罩狐皮,冬夏衣分黑白宜。
> 更有长裙拖丈许,分明区别密随司。

其自注云:"英人谓'出嫁者'曰'密随司','未嫁者'曰'密司'。凡妇女赴茶会、跳舞会,肉袒之外,必有一披肩,或皮或棉,各异其制。入门至更衣所,则解之。妇女长裙曳地,有拖至七八尺者,密司则否。至夏日,则一色纯白,望之如丧服然。"① 在传统文人看来,将"密随司"这样的音译文字直接阑入诗中,确实称得上"俚鄙",至于描写女子的香肩、长裙与披肩之类,似乎也算得上"猥琐"。不过今天看来,诗歌的价值正在于此。又如写女子靓装丽服,招摇过市:

> 细腰突乳耸高臀,黑漆皮靴八寸新。
> 双马大车轻绢伞,招摇驰过软红尘。

其诗自注云:"缚腰如束笋,两乳凸胸前,股后缚软竹架,将后幅衬起高尺许,以为美观。富家出游,必乘双马车。女子持日照伞,男则否。"② 诗人调侃的语气,展露了他对这些异国风情颇不以为然的态度。不过,有时候诗人还是不由自主地流露出艳羡的语气,如写伦敦风行的茶会:

> 银烛高烧万盏明,重楼结彩百花新。
> 怪他娇小如花女,袒臂呈胸作上宾。

其诗自注云:"泰西茶会,为家国之盛举。大会发柬请客至一二千人,小会亦数十人。会之大者,层楼皆以彩绸为壁,衣为幛幔,五色鲜花数千百盆堆如

---

① 张祖翼:《伦敦竹枝词》,第29页。
② 同上书,第9页。

山。自大门以至层楼，皆以锦毹贴地。楼之上层，为众客相会之所。客至，女坐男立，其俗然也。楼之下层，设食具如冰乳、加非、点心、各种洋酒，以长案罗列之。不设坐位，男女下楼就案自取，立而啖之。无主人奉敬礼，盖主人立楼头迎宾，宾之至者，鱼贯而入，雁行而进，主人无暇寒暄，亦无暇酬酢，惟痴立一握手而已。上下燃白烛数千支，谓烛为恭敬，有大事不以电灯煤气为贵也。凡延客有妻女者，必并延之。其俗朝会筵宴大典，皆有妇人，谓阴阳一体，不容偏废也。妇女来者，皆脱帽解上衣，袒两臂，胸乳毕露。胸前悬鲜花一帚，妇人则更曳长裙于后，长丈许。妇人之有爵者，发上加笄，如中国所用之翠围。然数千人此来彼往，真如山阴道上应接不暇矣。奇观哉。"①

《伦敦竹枝词》所歌咏的场景，往往来自诗人的耳闻目睹，来自伦敦的日常生活，所以写得极为生动，清新可喜，正如朱自清所说："其诗所记都是亲见亲闻，与尤个《外国竹枝词》等类作品只是纸上谈兵不同，所以真切有味。诗中所说的情形大体上还和现在的伦敦相仿佛；曾到伦敦或将到伦敦的人看这本书一定觉着更好玩儿。"诗人或许抱有猎奇的心态，其所见之物、所见之景往往都因好奇而成为诗歌的素材，因此，我们看到了"白帽白衣花遍体，戏园酒馆伴鸳鸯"的婚礼场面，看到了"银烛高烧万盏明，重楼结彩百花新"的茶会盛况，看到了"弹筝挟瑟聚华堂，一片清歌韵绕梁"的音乐会，看到了"紫丝步障满园林，罗列珍奇色色新"的慈善义卖，看到了"短衣脱帽谒朝中，无复山呼但鞠躬"的英国君臣礼仪，看到了"国政全凭议院施""党分公保相攻击"的英政制度，还看到了不同于中国的"自家原有终身计，何必高堂作主张"的自主婚姻制度。这些现象对于初出国门的诗人而言无疑都是新奇的，也不断颠覆着他的固有观念。

但是，这组《伦敦竹枝词》没有仅仅停留在"好玩"的层面上。诗人对伦敦科技发展所带来的生活方式的变化有生动的描述，如地铁：

　　　　十丈宽衢百尺楼，并无城郭巩金瓯。

---

① 张祖翼：《伦敦竹枝词》，第6~7页。

但知地上繁花甚，更有飞车地底游。

诗后自注云："泰西诸国皆无城，英亦如之。通衢之下皆镂空，砌成瓮洞，下置铁轨而行火车。"① 一座城市没有高大的城墙，进入其中，所见是宽阔的大街与盛开的鲜花，以及在地底飞驰的火车，这些令生活在马车时代的诗人眼界大开的同时，恐怕还会引起他的反思。他看到了这些科技进步给人们的生活带来的巨大便利，同时也注意到工业革命所造成的环境污染：

黄雾迷漫杂黑烟，满城难得见青天。

最怜九月重阳后，一直昏昏到过年。

诗人自注云："伦敦居民四百万户，家家烧煤，烟筒如林。一交冬，令闭塞不通，烟凝不散，日色无光，白昼如晦，不足为异。"②

他不太接受女性成为一个国家的元首，所谓"五十年前一美人，居然在位号魁阴。教堂高坐称朝贺，赢得编氓跪嗥经"，但对女王所受到的夹道欢呼又不无向往：

健儿负弩为前驱，八马朱轮被绣襦。

夷狄不知尊体统，万民夹道尽欢呼。

诗人自注云："英女主由宫至礼拜堂，前驱马队数百人，鼓吹百馀人，又有步队数百人。女主乘八马车，雕鞍锦鞯，身佩八宝斜带，头一冠如毗卢，然皆嵌以珍珠钻石，云是当年加冕时印度王所进者。前引亲王大臣皆乘马，复有四马大车数辆，载其太子夫妇及孙、男女人等。道旁隙地皆支彩障，设坐位而卖之。位之美者，人需英金十磅，方得坐。男女观者不下数百万人。辇路所经，妇孺皆脱帽欢呼，声闻数十里，无复有肃静回避气象。女主坐车中，

---

① 张祖翼：《伦敦竹枝词》，第 3 页。
② 同上。

沿途左右顾之，亦觉应接不暇焉。"①

　　总之，正如他描写青年男女把臂漫游而无法分辨其是否为合法夫妻："把臂搂腰两并肩，双双踏月画桥边。孰邪孰正浑难辨，愿作鸳鸯不羡仙"（每日申酉以后，或礼拜日，男女相携出游，或踏月街头，或纳凉树下，莫不把臂交颈，妮妮私语，不辨其为眷属为狭邪也）,② 对于伦敦所见到的异国风情，诗人似乎也有一种惘然的情绪。

　　十九世纪后期，前往欧洲的国人甚多，他们所写下的游记在当时也曾产生过巨大影响。刚刚走出国门来到欧洲的国人用异样的眼光审视这新奇的世界，举凡风土民俗、生活状态、社会体制、经济技术等无不呈现在他们的游记之中。而其中最值得我们关注的，或许应该是那些异国风情的描述，虽然这些描述是对历史最表层的拓印，但也正因为是驻留在表层，所以才显得尤为温情，至今读来依然充满了活力。

思 考 与 练 习

　　1. 近代西洋游记众多，这里所选择的《欧游随笔》《随使法国记》及《伦敦竹枝词》在刻画西洋风情方面各自有哪些特点？这些特点与著者的经历又存在着怎样的联系？

　　2. 以一部西洋游记为例，写一篇读书报告，谈谈其主旨、背景与意义。

_____

① 张祖翼：《伦敦竹枝词》，第4页。
② 同上书，第8页。

第五讲　近代美洲游记中的异域风情

　　一个国家或民族的形象构筑，通常要经历漫长的阶段。在这个建构过程中，文学的渠道会比官方的渠道产生更大、更持久的影响力。那些早期的文学作品尤其是游记，在充满细节的陈述中往往会提供一个较为固定的认知视角或框架，从而为后来者树立基本模型。近代美洲游记固然充斥着大都市的靓丽景观，但具有差异性的风土人情依然是描写的重要内容，它们与繁荣的物质景观共同构筑了鲜活且完整的美国印象。

一、近代美洲游记中的美国掠影

　　道光年间由谢清高口述、杨炳南笔录的《海录》，应该是清朝描述美国社会状况的最早的一部游记。在这部书中，美国还直译为"咩哩干国"。《海录》首先介绍了美国与英国的密切渊源，特别指出它就是广东人通常所说的花旗国："咩哩干国，在嘆咭利西。由散爹里西少北行约二月，由嘆咭利西行约旬日可到，亦海中孤岛也。疆域稍狭，原为嘆咭利所分封，今自为一国。风俗与嘆咭利同，即来广东之花旗也。"① 不过书中将美国视为一个疆域狭小的海中孤岛，说明作者之美国印象或出自传闻。其次，《海录》详述了他所知道的美国特产，即金、银、铜、铁、锡、铅、白铁、玻璃、沙藤、洋参、鼻烟、牙兰米洋酒、哆啰绒、羽纱、哔叽。这里的罗列较为庞杂，与我们今天的感受有较大差异。再次，《海录》简单概述了美国的风土人情，即"自大西洋至咩哩干，统谓之大西洋，多尚奇技淫巧，以海舶贸易为生。自王至于庶

---

① 谢清高：《海录》，第 51~52 页。

人，无二妻者。山多奇禽怪兽，莫知其名，而无虎豹麋鹿。"① 最后，《海录》称赞美国航运业发达，详细介绍了由美来华的航线。林则徐曾赞扬《海录》"所载外国事颇为精审"，但书中对美国的描述还只能算是粗略。

谢清高是一位海员，即使他曾抵达过美国，从上述信息来看，可能也只是在港口附近滞留。林𬭩是一位教师，虽然在美国生活了一年多时间，但对美国的了解也不能算深入。在高楼大厦、火车轮船、电报大炮等近代工业文明成果之外，林𬭩对美国政教风俗最深刻的印象就是国民的和谐相处："浑浑则老少安怀，嬉嬉而男女混杂（男女出入，携手同行）。田园为重，农夫乐岁兴歌；山海之珍，商贾应墟载市（每七日为安息期，则官民罢业）。博古院明灯幻影，彩焕云霄（有一院集天下珍奇，任人游玩，楼上悬灯，运用机括，变幻可观）；巧驿传密事急邮，支联脉络。"② 而让他乐在其中的，则是男女在日常生活中亲近自然的状态："瓜田纳履，世复何疑；李下整冠，人无旁论（归舟之出海，主事者每抱客妇在怀，丑态难状，恬不为怪）。春风入座，一言联静好之机；宋玉东墙，百礼防范围之制（予恒与洋女并肩把臂于月下花前，未尝及乱）。"③

李圭是一位海关税务人员，光绪二年（1876 年），他们一行共携带了七百二十箱、价值二十万元的物品去美国费城参加"1876 年美国纪念建国百年展"。作为税务人员，他充分理解"联交谊、奖人材、广物产、通有无"的重要性，因此对博览会上的各种产品包括蒸汽机、机关枪炮、织布机、望远镜、显微镜、手表、打字机等都非常关注。在机器院中，他注意到美国展品居十之八，"美国地大人稀，凡一切动作，莫不恃机器以代人力。故其讲求之力，制造之精，他国皆不逮焉"④。他所游览的，也是当时最有影响力的大都市，因此书中所展示的美国形象，也多是繁华与富庶，人们的生活也颇闲暇舒适，如费城："树木丛茂，河水湾环，亭台池榭，布置得法。为官民游憩之所。设巡捕百馀人司巡察。其中酒楼、饭馆、客寓、车栈俱备。午后，马车络绎不

① 谢清高：《海录》，第 52 页。
② 林𬭩：《西海纪游草》，《走向世界丛书》（修订本）第一册，岳麓书社，2008，第 36 页。
③ 同上书，第 39 页。
④ 李圭：《环游地球新录》，第 223 页。

绝。游人多富室贵家，女多于男。或席地闲谈，或倚栏远眺，或驰马，或击球，或乘小轮船，或划一叶舟，无不舒啸倘佯，随兴所止，经费出自公家。"① 又如哈佛，在他眼中无疑是一方乐土："地土极佳，人少疾病，街道洁净。贸易不大，书馆甚多，著名制造厂亦夥。居民约四万人，风俗纯正，无巨富亦无极贫。"② 纽约则是 "屋由三层高至七八层，壮丽无比。行人车马，填塞街巷，彻夜不绝。河内帆樯林立，一望无际。铁路、电线如脉络，无不贯通"③。至于美国居民，更是给李圭留下了热情好客的良好印象，"盖国家既务敦好笃谊，广识见、励材能，则吾侪岂敢歧视。是其待客之尽美尽善，正以仰体国家，欲赞助攸久无疆之庆，原非市交游、广声誉者所可比并。"④ 在大都市之外，李圭也描述了他在旅途中所见到的异域风情。如在火车上，"见荒山野牛成群，毛色黄黑，头毛若猬，奔走甚捷。野羊大如驴，亦夥；"⑤ 在西部小车站，他见到了印第安人：

戌刻，经细呢地方，停车二刻。见野狗小仅如鼠，本山所产，土人以鸟笼蓄之。又见一种人，披发赤皮，五官若华人，穿蓝色短衣、红裤。女穿花布长衣或红衣。有背负其子者，子生始数月，以绳布束紧，直立藤篓中。篓长而细，与其子身适合，反缚于背，啼哭不顾也。语言啁啾，赤足奔跳若狂。或奔至车内踞坐，对人嬉笑，管车者亦无奈彼何。视轮车将行，哄然去矣。询即红皮土番，散居内山，共九十馀万人。洋人呼为"因颠"。美国以此等人究系地主，不可欺凌，宜加恩待之。每年由官按名赏给绒毯一条，衣裤一副。其性不畏死，善用箭，以渔猎为生，常有杀害官兵事。故所住之处，派兵驻守弹压焉。⑥

① 李圭：《环游地球新录》，第 242 页。
② 同上书，第 263 页。
③ 同上书，第 269 页。
④ 同上书，第 310 页。
⑤ 同上书，第 331 页。
⑥ 同上书，第 331~332 页。

虽然李圭极力粉饰，但土著生存之艰难亦可想见。

作为外交官，志刚初抵纽约所感受到的也是一派欣欣向荣的景象，所谓"街市喧阗，楼宇高整。家有安居乐业之风，人无游手好闲之俗，新国之气象犹存"。他赞赏美国不用避讳，连总统都可以直呼其名，以为这是推行古道，"西国不讳名，故美国总统领专逊之名，国人皆通呼之。……西国不讳，亦犹行古之道欤"；称颂华盛顿"功成名遂，身退而不为功名富贵所囿，固一世之雄也哉"；欣赏美国以宴会方式进行沟通，"泰西各国，以公会为豪举。所以结宾主之欢，而通上下之情也。纽约官绅，不远千里，来请赴会"；肯定美国人好沐浴，并把它作为治病的方式之一，"西人沐浴，非仅以之洁皮肤、解燥热，凡外感风寒、内郁温热、停滞饮食，皆以沐浴之法治之"；甚至将耶稣比作墨子，以为其教有和美之意，"西教近于墨氏者，诚有磨顶放踵以利天下之势"；盛赞美国的高官有鲁仲连之风，"联邦有高士，好为人排难解纷。……美事成，恶事化，而不居成功。辄高蹈远行，有鲁仲连之风"；感叹西人探索自然的科学精神，"西人有候无占，不以日月之高远，牵合人事也"。[①]

随志刚来到美国的张德彝，曾在旧金山去看乔装黑人所进行的表演，颇不以为然，"晚，乘车行里许往看假黑人戏。黑人出于南阿美里加，服与北方同，惟面黑如漆，齿白如银。此系土人乔装，排列九名于台，曳胡筘，弹八角鼓，歌调新奇。坐卧跳舞，形同沐猴，语杂诙谐，殊觉可哂"。而见到名人所题写的古文字画便觉幽雅可观。在前往纽约海船上，有十三四岁的少男少女夜会，"众人虽知，殊不置意，盖他国风俗使然也"，又"据同舟西人云，外邦有贱男贵女之说。男子待妻最优，迎娶以后，行坐不离，一切禀承，不敢自擅。育子女后，所有保抱携持皆其夫躬任之，若乳母焉。盖男子自二十岁后，即与其父析产，另树门墙，自寻匹配。而女子情窦初开，即求燕婉，更数人而始定情，一则财产相称，一则情意相符。故娶妻求完璞，实戛戛其难之。乾卑坤尊，亦地气使然也"，这都使他深感诧异；见一华夏人来美国传教，他气愤填膺，呵斥对方见利忘义，忘却祖宗；他到美国一居民家避雨，

---

① 志刚：《初使泰西记》，《走向世界丛书》（修订本）第一册，岳麓书社，2008，第268~288页。

见少妇在打雷时向天主祈求保佑，便否定了西人所说的雷电是自然现象，"明尝闻泰西人云：'雷电皆系电气所致，毫无神灵。'今见少妇如此，则西人亦未尝不畏雷击也，雷则仍有灵矣"；他对美国女子不安于闺中而深感忧虑，"合众女子少闺阁之气，不论已嫁未嫁，事事干预阃外，荡检逾闲，恐不免焉。甚至少年妇女听其孤身寄外，并可随相识男子远游万里，为之父母者亦不少责。不为雌伏而效雄飞，是雌而雄者也"；西方夫妻地位的颠倒，更使其惶恐而茫然，"盖外国风俗，妻禁其夫，不令一夕宿于外，而妻终夜街游，其夫莫之敢问"；他将飞吻视为放荡，"每日寝兴与父母接唇为礼，遇戚友则以手抚口代之。有等不肖男女，猝遇于途，相距甚远，则彼此自啜左手背，或啜右手五指头。啜毕，持放左手心，向彼吹去，含笑而罢，洵流荡之极者也"①。

当然，张德彝也肯定了美国的一些良好风气，如对任何事物都会去探求原理与真相，哪怕是人的躯体，"已初，郎福澜约看凌昆遇害之园，今改为集理馆，内储男女全体筋骨以及腑脏，以备医生考证。并阵亡兵勇肢体，藏以木柜，罩以玻璃。于此见西人无事不详求其理矣"；又如爱好清洁卫生，社会秩序井然，"合众街道整齐洁净，道途无歌唱者，无嘲骂者，无拾遗者，无争斗者，无乞丐，少偷儿，大小闾巷皆设男女净房，违者罚无赦。"②

二、近代美洲游记中的美国认知

与同治年间旅美者相比，光绪元年（1875 年）以后的旅美者不再沉湎于走马观花式的感慨，而往往能够深入到美国社会之中，理性分析其优劣，并与中华传统文化进行认真比较。首任驻美公使陈兰彬注意到了美国教派斗争之惨烈，"当一千八百六十二年，摩门教党与摩利士教党于此争杀（摩利士初亦摩门教，后欲自为教主，故启兵端），相持三日，将摩利士党人杀尽，获其男妇三百馀人，充作苦工，建第宅，广阔数十里，可容数千人，后美廷派兵

① 张德彝：《欧美环游记》，《走向世界丛书》（修订本）第一册，岳麓书社，2008，第 642~676 页。
② 同上书，第 673~674 页。

前往提放，始得此三百馀人释出;"① 见到了西部开发中印第安人逐渐被赶出家园，"以后东南一望千馀里，皆荒郊坦野，人烟绝少，旧为胭甸野人游猎之所。当一千八百六十九年火车初开之时，野人不服，屡出杀掠，所杀白人、华人以千计，野人死亦不少。后美廷发兵以威服之，近又设边吏以镇守之，该野人遂移徙深山之中，离此约五百迈。间亦有出至附近山谷打猎者，但须托熟番先求边吏允准始可，否即杀而勿论。途中所见野人，红面如脂，发黑若漆，男女俱穿耳留发，不束身，体粗壮，五官亦整，见人辄笑而讨食。又见男妇两人，面抹黄土，各骑白马，身衣兽皮，手持羽扇，头戴皮冠，脑后两带下垂至腰，俱插羽毛，询之土人，云此系熟番头人（途中所见俱熟番）。又云：生番远处深山，草木镠辖，无路可通，间有互市，非熟番不能到（亦无人晓其言语也);"② 看到了美国治安问题严重，"去年九月十八号有火车过此，为匪党十二人蒙面行劫，计劫去该公司银六万五千元、金表二个，另客人银一千三百元，后悬赏万元，拿获三人，治以西法，尚不能追足原赃;"③ 认识到美国由于地广人稀，而商业、制造业格外发达，"美国除各属部肥瘠不等外，各邦地多沃壤，树艺皆宜，迤东一带尤擅上腴，惟土广人稀，稍稍垦治，粟麦之利已足以沾溉别洲，故其人不甚务农。攻矿畜牧之外，商贾最为本务，贸易之大，东则布士顿，西则旧金山，南则纽阿连，而纽约及非柱地非阿更为货殖名区。其制造各局，所在皆有。"④

张荫桓（1837—1900），字樵野，广东南海人。光绪十年（1884年），他入总理各国事务衙门行走，次年奉命出使美国、秘鲁、西班牙。此时的美国，排华浪潮越来越严重，华工生存越来越艰难，他带着严肃的政治使命而去，对美国社会的考察也更为深入。其《三洲日记》屠寄序言有云：

广谷大川异制，民居其间异俗，况乎政教不及，风气固殊？彼千祀无元，不置闰月；七日参礼，共事祆神。部族显立朋党之名，

---

① 陈兰彬：《使美纪略》,《走向世界丛书》(续编),岳麓书社, 2016, 第19页。
② 同上书, 第22~23页。
③ 同上书, 第23页。
④ 同上书, 第52页。

婚姻靡待媒妁之约。举国逐末，工数金银之钱；生民大本，翻后未耜之教。此其所蔽也。若乃假立名王，得共和之政体；议事自下，沿樊尼之旧风。陈若鱼鳞，加有节制；法如乌杖，不立杀刑。至于绵蕞之间，亦复略可观采。宫廷赞谒，鞠躬而不顿颡；道路逢迎，免冠而行握手。出则杖策，居不裸裎，食舍箸而持割刀，衣袒裼而短右袂。此皆礼失在野，习用近华。不特五帝名官，宜访于郯子；六条作教，不绝于朝鲜而已。是可通俗。①

他意识到中美在文化上存在着极大的差异。这些差异贯穿在日常交往中，如称谓多有不同，"西俗伯叔与母舅、姨母同一称谓，与所生同产也；伯叔母、姑夫、姨夫同一称谓，内外亲不别也；从兄弟姊妹与中表同一称谓，中表可为婚配，推而至于从兄弟姊妹。异矣；"② 如度量衡大相径庭，"西俗权货物以十二两为一磅，屯积衡重千七百斤为一吨，其称珍珠、钻石用等子，略如中国。而微细尺则软皮为之，其度较中国差二寸；"③ 如节令亦颇为悬殊，"西俗以腊、正、二月为冬，三、四、五月为春，六、七、八月为夏，九、十、十一月为秋，亦具四时之气；"④ 如教育观念不同，"美各部书佣，男女并用，其工资由考取递升，不尽请托。视部务繁简，多或二千馀人，少亦千数百人，女工可以谋食。其俗无虑男女，六岁以上不向学读书，即责其父母；"⑤ 如政治理念不同，政府官员常成为讽刺漫画的对象，"美国画报列牛、马、鸡、犬诸状而面目则作人形，神理逼肖。其庞然大物、骈角细毛者，今总统企俚扶轮也；小犊相依、睒目张口者，外部大臣巴夏也；蹲踞于前、猎猎欲晋者，两举总统未成之咘哇也；俊耳高腕、倜傥权奇，一圉人牵之以出，则将举总统之劳近也；其他鹰、兔皆作人面，识者悉能辨认。民政从宽甚于处士横议，然所周旋者视此图，能勿慨伤哉？"⑥

① 张荫桓：《三洲日记》（上册），《走向世界丛书》（续编），岳麓书社，2016，第9~10页。
② 同上书，第32页。
③ 同上书，第37页。
④ 同上书，第140页。
⑤ 同上书，第32页。
⑥ 同上书，第106页。

比张荫桓晚十一年抵达美国的伍廷芳，态度更为冷静与理智。他既没有一味地讴歌美国社会的种种便利，也没有对美国取得的巨大成就视而不见。他充分肯定了美国土地肥沃，物产丰富，"土地肥渥，五谷丰植，麦产既多，果类尤夥。所谓膏腴之壤、天富之区也，"[1] 也注意到了共和制度的进步意义，"华盛顿有国民议会焉，合两院而组成之，于以通过议案，而取决于总统。总统许可而签字焉，则议案即为法律，而为国民所公遵。民权主义之精意，以国民为全国之主宰，"[2] 但同时他也清晰地认识到了选举制所存在的弊端：

> 盖当狂热之时，一若选举以外，不复有他事业者。此虽美国人民政治心之发展，然废时失业，其弊亦甚。不独工人废弛其职业，即商业经营，亦于以阻滞，而因之减少工业之用途。一言以蔽之，当其选举之时，全国陷于恐慌之地位，工商各业无不受其损害者。华盛顿少年某，婚娶有期矣，以选举而中止，语余云："选举事忙，不暇婚娶，须待事定为之。"选举时之匆忙，观此可知矣。[3]

即使对服饰这种生活琐事，伍廷芳也试图客观分析其优劣。他提出服装要满足四个方面的需要，即保暖、舒适、得体、美观，但美国当前的服装却背道而驰："避寒燠为第一义，求安适为第二义，合仪式为第三义，形美观为第四义。今美人之服式，其果合于以上诸义耶？"认为美服有四大问题，不避寒燠，不求安适，不合仪式，形体不美。不仅难以保暖，"全身所被厚薄不匀，时俗所尚，上部恒若裸体，即有所服，其薄已甚，微风乍起，或天气骤更，苟非体质健全，足抵御外界之危险者，鲜有不以缺乏衣服之故而感冒寒疾，"而且充满危险，"女郎名马利倍蕾，为某电机师之女，年十六岁，肄业于汉孙中学。当暴风起时，适在校外场上，狂飙卷地，吹衣裙作雨伞形，因举入空际，离地约二十尺，始行下坠，受伤甚重，半小时

---

① 伍廷芳：《美国视察记》，《走向世界丛书》（续编），岳麓书社，2016，第16页。
② 同上书，第23页。
③ 同上书，第25页。

后，即行毙命云"①，对女性的健康也极为不利，"以束腰之腰围言之，束缚腰支，气逼不舒，宁特去安适之义甚远，且至不便。简言之，实不殊为永久之桎梏，而戕害身体之健康……因束腰过紧而致孕妇于死亡者，是则尤束腰直接之害矣"②。至于所谓的寡妇服饰，在他看来尤为可笑，"寡妇之冠，为女流所常服。处女得而冠之，已嫁之妇其夫尚存者，亦得而冠之，了不以为骇怪。冠式之大，径可三尺（此为数年前旧式。冠式时行更改，现时所行之式，亦殊可笑)。"③

　　近代美洲游记中对美国所存在的社会问题进行深入分析的，当属梁启超。一方面，他盛赞美国的强大，"今欲语其庞大其壮丽其繁盛，则目眩于视察，耳疲于听闻，口吃于演述，手穷于摹写，吾亦不知从何处说起；"④ 另一方面，他对美国的重大痼疾如贫富悬殊表达出了深深忧虑，"杜诗云：'朱门酒肉臭，路有冻死骨。荣枯咫尺异，惆怅难再述。'吾于纽约亲见之矣。据社会主义家所统计，美国全国之总财产，其十分之七属于彼二十万之富人所有；其十分之三属于此七千九百八十万之贫民所有。故美国之富人则诚富矣，而所谓富族阶级，不过居总人口四百分之一。譬之有百金于此，四百人分之；其人得七十元，所馀三十元，以分诸三百九十九人，每人不能满一角，但七分有奇耳，岂不异哉，岂不异哉！此等现象，凡各文明国罔不如是，而大都会为尤甚。纽约、伦敦，其最著者也。财产分配之不均，至于此极。"⑤

三、近代美洲游记中的拉美风情

　　志刚沿美国西海岸南行，曾经停泊在墨西哥海口，感觉仿佛来到了广东东部，"至末西格国阿拉嘎伯勒勾海口停泊。曲折而入，地暖山秀。土产果树若芭蕉、曼果、椰子、波罗蜜、橘、柚等类，颇似粤东风味。"⑥ 后来他途经

①　伍廷芳：《美国视察记》，第 80 页。
②　同上书，第 80~81 页。
③　同上书，第 7 页。
④　梁启超：《新大陆游记》，《走向世界丛书》（修订本）第十册，岳麓书社，2008，第 438 页。
⑤　同上书，第 462~463 页。
⑥　志刚：《初使泰西记》，第 266 页。

巴拿马，当地的棕榈、椰子、芒果及黑人都给他留下了深刻的印象：

> 所产蕉本合抱，叶箬拔复下垂约二、三丈馀。铁树径尺许。棕榈亦高一、二丈，其荫轮囷。椰树孤干二、三丈，枝叶如翎毛，攒于树杪，风动树摇，则巨拂拂空。椰子青时，其中有浆，味酢如酒。凿孔吸之，亦能醉人。曼果如梨，色赤，面质而味酸。蕉蕊嫩黄累累，其甘如饴。野草离离，修竹猗猗，青藤蔓生，紫杉林立。
>
> 居人率皆阿非里嘎黑人，肤黑如釜底。男则匹布缠腰而骑于裆。女无袴履，仅着无袖花布直裰。犹有首戴木盘，向过客卖瓜，摇摆而来者。所居之室多寮棚，或结团蕉。①

在张德彝笔下，墨西哥土著黑如印度，服饰如泰西，风物似锡兰。"入一山口，群岛竞秀，万壑争流。少刻，住船于阿拉嘎白拉沟，地系墨西哥国之南西界。土人黑如印度，相传为吕宋遗种，服色与泰西人同。天气蒸炎，土脉肥沃，四壁苍山，亭亭峭立。芭蕉艾橘，景似锡兰。或云其地果品极多而美，如波罗蜜、西瓜、橘橙等，味甚甘，异邦之人食之弗良。土人惰而不耕，刻木为舟，炙牛为食。幸山中出金银，借以安居乐业。"② 至于巴拿马，鸟兽、花卉、瓜果都大红翠绿鲜紫嫩黄，充满着热带的风情，"深山细水，丛竹密林；遍地苍苔，时防泥滑。树叶大小，飞鸟黑白，鲜花粉紫，瓜果红黄，所能识者百无几种，"但居民生活条件颇为恶劣，"房皆竹作间架，叶代陶瓦，矮小鄙陋，逊于西贡多矣。人则面目肥大，扁鼻大骨，黑黄不一。男女老幼，望之如鬼，骇然可畏。所食者，只山蔬牛肉而已。"上岸后，"人多如市，路途泥泞，臭气触人，不可向迩。"③

光绪十四年（1888 年）五月十一日，张荫桓抵达秘鲁。他笔下的秘鲁，虽然具有强烈的异域风情，但总让他感觉同中华风物有千丝万缕的联系，如："秘鲁杂花，最重山茶、栀子，非如美洲知有玫瑰而已。贵无常

---

① 志刚：《初使泰西记》，第 267 页。
② 张德彝：《欧美环游记》，第 648 页。
③ 同上书，第 650 页。

品，南北花旗易地不皆然也。昨在秘绅家见一五彩宣窑瓷坛，上大下杀，其盖上连一碗，储水以验蒸气者，疑为前明卤水坛，不解何时流至外国，惜坛口补绽，非完物。"① 又如："市买出售人鱼干，头、面、眼、耳、鼻、口、齿、发皆具，两臂屈伏，十指有甲，胸前肋骨棱棱，宛如骷髅，下半则鳞甲尾翅，依然鱼也。索五十金，湘浦疑为伪造。吉祥谓曾见诸沪上茶馆，似吾华亦自有之，价昂可不购矣。"② 秘鲁人喜欢养狗，认为猫头鹰是神鸟，"秘俗亦喜豢狗，然遇野狗辄击毙于路，又不检拾，夜则有鸟群啄静尽。此鸟夜集昼散，遇街衢屋瓦有秽必啄之使尽，工于逐臭者也。华人目为红头鸟，秘人则曰神鸟，谓上帝使之临凡净秽者，异哉，然去来无踪，亦别一种类。"③ 古巴社会矛盾日益尖锐，与西班牙的冲突在所难免，"古巴出口货物以烟卷为大宗，环球称最，蔗糖亦极销流，若无萝卜糖，则生意尤盛。然现在货车挽运仍昼夜不停，意其土人必富，而乃穷困不堪，且多盗贼，推原其故，则日（此指西班牙）廷横征暴敛害之也。古巴土人仇视日（此指西班牙）官，时思叛乱。"④

同年十二月七日，傅云龙也来到了秘鲁。他对秘鲁最深刻的印象，似乎就是终年少雨，而物价甚低："其部林地农地皆藉安地师山一脉之水，而摆达一埠无可饮者，亦引自内地。赤日黄沙，草无一碧，沿海童如薙如，过此诸埠比比然也，终年无雨而潮咸不莩。然山之东霖雨靡休，未可概从此例。摆达岁泊别国轮船二百数十，其输入载数凡十八万布些有奇。鸡子五十枚才值银一角，抑何廉耶！果品或如黄李丝缠，扁核味酸且涩，或如甜瓜，煮食去核，橙桃蕉实之类，并详《图经》。舟客所携有松鼠、有果子狸，又有禽，酷似鹦鹉而小四之三，喙不红而黑，呼之为北野哥司。"⑤

光绪十七年（1891 年）初，崔国因出使秘鲁等地，二月十六日途经巴拿马时不仅感受到了赤道地区的炎热，还见到已经开凿了三分之一的运河："巴

① 张荫桓：《三洲日记》（下册），《走向世界丛书》（续编），岳麓书社，2016，第 402 页。
② 同上书，第 407 页。
③ 同上书，第 400~401 页。
④ 同上书，第 464 页。
⑤ 傅云龙：《游历美加等国图经馀纪》，《走向世界丛书》（续编），岳麓书社，2016，第 92~93 页。

拿马、个郎地逼赤道，天气四时皆炎热如溽暑。寒带之人至此，极不相宜。树木丛杂，芭蕉满山，四时不凋，故开花而成实。黄橘、青梨、波罗各果，遍山均是。尚有不知名者。土人肌理黑黝，形状粗浊，自成风俗。非有铁路、火车，不易经其地也。火车行三时，虽途中屡停，以便上下之客；然计程途曲折，亦二三百里。开河机器，沿途布置，废而不用。闻已费银三千万两，工程只三之一。经费已竭，故遂停也。"①

　　二月二十日，崔国因由秘鲁返回美国，途经古巴，见到了海面上的飞鱼。"舟至古巴岛口岸外，海面有似小鸟而结队纷飞者，因以为凫、鹭之类。船主曰：'此飞鱼也。'以远镜视之，不甚明白。嗣有飞于近船者，始知为鱼。其飞离水不逾丈，长不逾尺，望之如蜻蜓，盖四翼也。舟人获其一，以药水制之不朽，随以相赠。即而视之，则前翅生于胁，而较他鱼为倍长；后翅稍短，然他鱼亦不能如此长也。宜其能飞。"②

　　近代美洲游记中，对古巴描述最为详尽的是谭乾初的《古巴杂记》。光绪五年（1879 年），晚清政府在古巴设置总领事馆，谭乾初担任英文翻译。光绪十三年（1887 年），《古巴杂记》刊行，张荫桓在序言中盛赞谭乾初将"岛中风俗人情撷其要领汇为笔记，诚有心人也"③。此书记录了古巴当地的特产，"地土丰腴，不须肥料而能生产，尤奇者甘蔗一业，一种可留数载或十余载；"④ 描述了居民所遭受的众多课税，"惟税课太重，国例偏苛，无人不征，无物不征，无事不征，无艺不征（征人在行街纸，征物在出入口税，征事在券单，征艺在领牌。）。"⑤ 同时谭乾初还生动地描述了古巴在西班牙影响下所形成的一些风俗习惯，如斗牛、斗鸡等：

　　　　岛俗有斗牛、斗鸡、斗人等事。斗牛者，人与牛斗，其场以木板为之，形如圆月，内设客位十馀层，每层数十位，以便观者，中设圆围，令牛斗于其内。号筒一响，斗牛者或骑或步，分队而出，

① 崔国因：《出使美日秘国日记》，《走向世界丛书》（续编），岳麓书社，2016，第 277 页。
② 同上书，第 279 页。
③ 谭乾初：《古巴杂记》，《走向世界丛书》（续编），岳麓书社，2016，第 78 页。
④ 同上书，第 86 页。
⑤ 同上。

骑者长矛甲靴，步者花衣红帕，所骑之马，以布蔽目，使临敌不退，步者引牛以帕，牛见帕则逐，骑者持枪以刺之（牛常被刺跳场外，观者多为所伤），盖骑者以马为护身符，步者以帕为活命计，牛则自顾其身，人则自顾其命，惟马则茫无所见，任人驱策，牛角一起，则马肠迸出，马命休矣，每斗一牛，往往毙四五马，每毙一马，则观者拍掌欢呼，马伤愈多，人心愈快。约一角钟之久，杀牛者方出，右手持剑，左手持帕，向牛脑迎面刺去，牛则迎刃而倒，观者或拍掌助兴，或掷帽以颂其奏技之巧，或赏以钱物，以为天下未有如此之神技，未有如此之乐事也者。夫以杀生而取乐，虐孰甚焉！①

文中将斗牛的血雨腥风、观众的如痴如狂，描绘得栩栩如生。又如古巴人对茶会的重视，也是深受西班牙的影响。他们将茶会视为重要的社交方式，视为亲友联络感情的重要场所，视为青年男女交友联谊的重要渠道，"该岛风俗，喜交游，乐宴会，各家每礼拜辄一为茶会以延亲友，男女迭为宾主，少长咸集，或曰借以聚会相择为婚。凡为茶会，约夜间八点钟起，夜半始散，大茶会则彻宵达旦。赴会者男则整齐修洁，高帽黑衣，女则胸背半露，蜂腰长裙。堂上灯色辉煌，铺置整丽，设长筵陈酒果，随意就筵前饮食，座有洋琴，或弹或唱，或跳舞，各得其乐，主人或自歌弹，或演杂剧以娱宾。"②

《汉书·艺文志》说，"古有采诗之官，王者所以观风俗，知得失，自考正也"。近代游记的这些作者，其实也正承担着古代采诗之官的重任，他们以手中的笔详细地记录了各自在异国他乡所见到的风土人情，不仅将这些材料作为了解那些国家和民族的重要渠道，同时也将它们作为洞鉴自身的一面铜镜，通过对这些风土人情的观察分析来进行自我反省。

---

① 谭乾初：《古巴杂记》，第100~101页。
② 同上书，第98页。

1. 以一部美洲游记为例，写一篇读书报告，谈谈其主旨、背景与意义。

2. 结合时代背景，谈一谈拉丁美洲风俗变迁的影响因素。

第六讲　近代东洋游记中的公共空间

近代东洋游记涉及当时东洋人日常生产生活的主要空间，包括公园、寺庙、山川等名胜古迹，包括广场、街道、居民区、酒楼等街衢市貌，也包括学校、图书馆、警察局、通讯局等文化教育和保障场所。公共空间是游记中不可或缺的重要部分，不仅涵盖了当时社会生活的方方面面，更是展示了不同时代背景下日本在文化教育、商业贸易、市井街道、社会保障等方面的概况，为国人认识日本提供了全新的视角。

一、近代东洋游记中的名胜古迹

近代赴往东洋的学者们，无论是带着政治任务赴往东洋、前往日本一览名胜，还是考察日本的生产生活，其游记中必然都包含着日本名胜古迹的相关记载，但不同的访者对眼前的风景名胜有不同的心境，其游记中所记录和描写的侧重面也各有不同。

何如璋初到日本时，各大城市的游观场所还只有些名胜古迹，如长崎孔子庙、大阪丰臣旧垒、天满宫、楠公神社等处。何如璋注重对日本基本情况的介绍，在游历名胜古迹时并没有把笔触着重放在名胜和景物的外观，而着重于古迹所包含的人物、事件的相关描述。如游历大阪丰臣秀吉遗址时，便在描写中讲述了丰臣秀吉的人物事迹：

> 城小而坚，石濠深阔，镇兵驻之，丰臣秀吉遗址也。秀吉奋迹人奴，袭织田之业，称雄东海。课列藩，筑城以自固。乃暮齿骄盈，不自量度，欲抗衡上国。暴十馀万之师，西争高丽，卒为明兵所扼，力绌势穷，国为之敝。身殁未久，遂覆其宗。兵犹火也，不戢自焚，

秀吉之谓乎！①

又如游历凑川楠公神社时，在记录中对楠正成的身份、事迹、忠心均做了交代：

> 楠公名正成，元明之际，日本后醍醐帝愤足利专横，命正成率兵致伐，战于凑川，兵败身殉。子欲从，勉以讨贼。后醍醐南奔吉野，足利入京，拥立光明，遂分南北。其子正行等举族勤王，支持南朝残局者，殆五十年。日本人谈义烈者，必以楠公为称首。明治初修营祠社，加神号以表其忠，知所务矣。②

《使东杂咏》第四十一首也肯定了楠公的赤诚忠心：

> 间关一旅熠樱井，仗义楠公节独高。
> 欲问南朝兴废迹，凑川东去咽灵涛。

诗后自注："神户西南曰凑川，旧有樱井驿。后醍醐南徙时，其臣楠正成殉节处也。明治初于此立神社，以表其忠。"③

此外，何如璋也拜访了西京故宫、西京第一楼等处，虽记载只有寥寥几笔，但也是异国人眼中的东洋风致。览西京故宫时，不着重对华丽庄严的宫殿外观进行描述，而是对王宫落叶满阶的环境和时过境迁的景象进行描写：

> 随下山，诣日王旧宫。守吏导入，观所谓紫宸殿者。殿屏图三代汉唐名臣，各为之赞。中土流风远矣哉！循殿西行，转数折，过曲廊，涉后园。落叶满阶，鸣禽在树，水喧石罅，泠泠然如闻琴筑

---

① 何如璋：《使东述略》，第 95 页。
② 同上书，第 97 页。
③ 同上书，第 121 页。

声。静对片时，尘虑俱息，几不知游迹之在王宫也。①

《使东杂咏》第三十五首也因其荒芜而有感：

> 剩水残山旧国都，前王宫阙半荒芜。
> 司阍老吏头垂白，犹记当年辇道无？

诗后自注："初六日，乘火车往西京游览故宫，大阪府知事先以电信告守者。已至，老吏导入。有曰紫宸殿者颇庄严，其他稍杀，俱渐颓废矣。"②

何如璋也曾登上"西京第一楼"览全城之貌：

> 楼据山巅，俯瞰全城，历历在目。西京以山为城，无门郭雉堞之制。周环数十里，气象殊狭。贺茂川萦带之，山水清丽。民俗文柔，喜服饰，约饮馔。其质朴不及九州，视大阪之浮靡，则远过之。③

《使东杂咏》第三十八首也有对西京第一楼的相关记载：

> 乘兴来登第一楼，楼前烟景接天收。
> 东屏叡岭南襟海，俯瞰关西十六州。

诗后自注："华顶山有'第一楼'，西京最高处也。登而望之，全城在目。西京地势稍狭，南连大阪，襟内海；其西则山阴、山阳二道，所谓关西十六州也。"④

傅云龙游历东洋期间也曾去往楠公祠，但对楠公祠的记录仅有"楠正成

---

① 何如璋：《使东述略》，第97页。
② 同上书，第119页。
③ 同上书，第96页。
④ 同上书，第120页。

者，殉难明初，墓在祠侧"短短几字而已；对上野公园、东照宫、小西湖、浅草公园和琵琶湖的记录也都是寥寥数笔。但傅云龙所感兴趣之处在于汉文古籍、金石文物、唐人写经，他对该方面的记录不厌其详。傅云龙于光绪十四年（1888 年）至京都，其向导半井真澄恰好管理京都各寺文物，在其引导下傅云龙参观了智恩院、东大寺等多所著名寺院的文物古藏。此次所见不仅有各种古经钞、古字画，还见到了许多珍贵的古籍。如傅云龙游智恩院看空海手迹时所记：

其写经墨迹，若《空海请经目录表》，大同元年书，当唐元和元年丙戌。若《真言付法传》，宏仁十二年书，当唐长庆元年辛丑。与夫《风信帖》之类，皆学晋唐书法。东京大藏省石印，半出于此。又有《灌顶经》七卷为一轴，《郁迦经》一轴，《华严经》四卷为一轴。又有天长四年，即唐太和元年丁未《十喻诗跋》一轴，《华严经》一轴，《瑜祇经偈》一轴，皆空海书。又有小野篁书《般若心经》一轴。又元奘所译《显无边佛土功德经》一轴，无书人名。又有唐吏部尚书唐临撰《冥报记》三卷，卷各一轴，二行书，一楷书也。①

何如璋也曾游天满宫，但对其记载仅阅丽外观而已；傅云龙虽与何如璋同年前往东洋游历，但他笔下的天满宫却尽是经文古籍之貌：

其宫建于天历元年，当唐开运四年，去今九百四十三年。祀赠大政大臣菅原道真，著有《菅家文章》二卷，其裔宗渊为辑《北野稿草》十卷。其宫司田中尚房撰《北野神社由来记》。出视《妙法莲华经》八卷，为一轴，道真笔也，其纸硬黄，其格金丝，其书金。有藏书库，然古本鲜善者。其庭卧数黑石牛，形质不恶，而皆非古。惟一铜牛，有文五行，一行曰"文政二年己卯九月吉日"，二行曰

---

① 傅云龙：《游历日本图经馀纪》，第 232 页。

"京三条釜座住",三行曰"近藤播磨掾",四行曰"御铸物师",五行曰"藤原政门作"。①

游大德寺,傅云龙专注于观赏宋徽宗画鸭、仇英《汉宫春晓图》,对大德寺的描写仅年份介绍而已:"寻游大德寺,在爱宕郡东紫竹大门村龙宝山,建于元应元年,为元延祐六年,去今五百六十四年。书画罗列,而宋徽宗鸭图,明仇英汉宫春晓图(喜星以八分书王建宫词百首于后),其卓卓者。"②

在何如璋、傅云龙之后,又有王韬周游日本名胜古迹:神户游千鸟瀑、京都登华顶山、东京上野赏樱花、访楠公庙、游浅草寺。虽很多景点前人均已有所记载,但王韬对所览的风景名胜的记载又较前人不同,他更侧重对风景名胜本身的描写与记载,身临其境,有感而发。如京都登华顶山所记载:

> 华顶,山名,在粟田口村,属爱宕郡。春日樱花烂熳,骚人最爱赏玩。山中有耕云庵故址,南有圆山,潸然出清泉,曰吉水。近山多佛刹,南禅寺、青莲院皆在左右。今智恩教院,古属延历寺。承安四年,释源空自黑谷出,居洛东吉水,盛说专修念佛及圆顿菩萨大戒,所谓吉水院又称大谷寺者是也,尔后遂以源空为开祖。寺中多藏古书轴,历代有高僧祔塔,宜其规模之宏壮,迥不同于他梵刹也。③

又如往东京游浅草寺所记载:

> 此寺创于推古天皇三十六年,大化中,僧胜海再加营构。寺中供奉观音,香火极盛。寺左右鬻物售茗者,不下数十所,而写真者尤夥——写真即西法影像。寺旁有蜡人院,肌肤色泽、须发神态,与生者无不逼肖,可夺鬼工。近寺有一园,树木蓊郁,花竹纷绮,

---

① 傅云龙:《游历日本图经馀纪》,第234页。
② 同上书,第235页。
③ 王韬:《扶桑游记》,第402页。

乃植物屋，六三郎之别业。①

　　王韬笔下名胜古迹的另一个特殊之处，在于女性形象的反复出现。外出赏玩时，或有女子陪伴同游，或在游玩处召集几名艺妓助兴，增添游览时的趣味。如往神户游千鸟瀑时，他曾对酒楼司茗女子进行描写：

　　浴罢，乘车登山观瀑布，土人谓之"布引"，亦呼曰"泷"。有高下两处，高者为雄，下者为雌，瀑布尤宏壮。近瀑处多茶寮酒楼，有观音小庙，结构尤雅。司茗皆绮龄玉貌女子。静坐对瀑，听潺湲訇激之声，顿觉万念俱空，一尘不着。真妙境也，盛夏中可憩此逭暑。按《志》，其地曰凑山，有泉曰凑川，千鸟瀑布所在。温泉故墟，即在凑川之侧。雄瀑高十五丈八尺，雌瀑高七丈三尺馀。②

　　又如往东京上野赏樱花时，也曾对艺妓进行描写：

　　飞鸟山距京十许里，山水清淑，风景明媚，为近京名胜所。王子稻荷社在其东，故有王子村之称。其地多樱花，春时满山烂漫，游人颇盛。山前后尤多枫树，秋晚着霜，绚然如锦。酒楼曰"扇亭"，正当一山之胜。亭中宜雨宜晴，面水而背山。水始出山，潇潇作瀑布声，支枕听之，音颇恬适。近处有泷野川，风景亦佳。招二艺妓来，一曰小稻，一曰小今。小稻绮龄玉貌，绰约宜人；小今暮齿衰容，情甚可悯。酒楼女子曰阿稚，亦复宛转如人意。离东京仅十里，而艺妓衣装质朴，意志亦诚实，殊有田舍风，是亦可异。③

　　此外，王韬还曾探访藩侯旧垒、源赖政墓、熊泽蕃山冢等古迹，虽路途曲折，野草丛生，仍有迹可循。故侯宫殿虽早已废为田圃，惟有石基仅存，

---

① 王韬：《扶桑游记》，第 446 页。
② 同上书，第 397 页。
③ 同上书，第 449 页。

不由得使人发出"沧桑更易，人事变迁"的感叹。乘竹兜游遍严华瀑、汤湖瀑、龙头瀑、含满瀑等诸多瀑布，凡有瀑布处，足迹无不至，并对各瀑布特有之景物与宏大气势进行详细描写。东洋名胜古迹之盛壮令人赞叹，傅云龙曾感慨"山中胜景，非笔墨所能及。或谓'万壑争流、千岩竞秀'二语，可移以品题，然恐未足以概之也"。

二、近代东洋游记中的市容街衢

东洋游记中的市容街衢，往往是东洋留给游者的最初印象。街衢所展现的东人日常生活与风俗习惯，市容所展现的东洋各个城市的经济发展、民众日常贸易，这些记载都是走进 19 世纪末东洋人民生活交流最基本、最真实、最贴切的方面。

游记中有很多学者对东洋各地的街衢进行了概括描写，以异国人的眼光展现了东洋的第一印象。罗森在下田游街市时曾记载当时东人的居住条件与习惯：

> 见铺屋，或编以茅草，或乘以灰瓦。比邻而居，屋内通连。故曾入门见其人，再入别屋，而亦见其人也。女人过家过巷，男女不分，虽于途间招之亦至。……竟有洗身屋，男女同浴于一室之中，而不嫌避者。每见外方人，男女则趋而争看。双刀人至，则走离两旁。①

何如璋也在游记中记载东人的居所与日常生活：

> 俗好洁，街衢均砌以石，时时扫涤。民居多架木为之，开四面窗，铺地以板，上加莞席，不设几案。客至席坐，围小炉瀹茗，以纸卷淡巴菰相饷。室虽小，必留隙地栽花种竹，引水养鱼，间以山

---

① 罗森：《日本日记》，第 40 页。

石点缀之，颇有幽趣。男女均宽衣博袖，足蹑木屐。顷改西制，在
上者毡服革履，民不尽从也。①

《使东诗录》四十首从轮船启程出洋写起，经行嵊泗列岛、绿水洋、黑水
洋、冲绳、长崎、横滨等地也有感述，而于驻留东京时感怀最夥，对所见之
街市也有详细记录。如游长崎街市所见：

> 袯除官道净无暇，白石平铺衬白沙；
> 画舰低敲金屈戍，歌楼近接玉钩斜；
> 街横十字车轮滑，路阔三弓屐齿哗；
> 一阵腥风吹入市，担头盈尺卖龙虾。

游东京街市所见：

> 细白泥沙一路平，大街十字任纵横；
> 人无男女皆裙屐，门有留题尽姓名；
> 矮户碍眉伛偻入，小车代步往来轻；
> 沿途少妇双趺白，襁负婴儿得得行。②

张斯桂保存了士大夫出洋时内心活动的若干镜头，此外对学校、幼儿园、
酒店、蔬菜店、男女装束等也多有详细描述，颇富生活气息。如《大安买》
写减价贱卖：

> 损之又损价真廉，主客休嫌厚利添；
> 试向通都频估直，谁云声价重金兼。

《小间物》写杂货铺：

① 何如璋：《使东述略》，第 91~92 页。
② 张斯桂：《使东诗录》，第 143 页。

> 家常薄物广收罗，斗室经营笑语和；
>
> 莫讶生涯微末甚，金钱积少也成多。

《大间屋》写批发：

> 巨贾云屯百货赊，锱铢计校漫相猜；
>
> 此间不许零星买，落墨都从大处来。①

另外，张斯桂对扬弓店、弹击所、发镞处、仕立处的描写，也反映了当时日人真实的生活面貌。

李筱圃作为靠商业关系自费赴东洋的游者，没有相应的公务在身，其游览观光场所多是街衢酒楼、集市商贸。虽是如此，但也能从他的记载中看到日本的变化。何如璋初到日本时，各大城市的游观场所还只是些名胜古迹，如长崎孔子庙、西京第一楼、天满宫、楠公庙等处。但此时李筱圃却在西京和横滨都参加了博览会，虽关于博览会的描述仅寥寥几笔，但足以见博览会场"行人肩摩"的热闹场面。又有晚游花市之场面："市设大路两旁，长约一里，灯烛辉煌，百花争丽，多有不识其名者。时当中历四月杪，夏菊盛开；闻至深秋，菊花尤甚。"②

光绪五年（1879 年）春，王韬访问日本。其访问日本的时间，正好处于何如璋担任驻日大使的任期，两人曾多次在日本相聚交流。在旅行的一百多天里，他广泛接触了日本各界人士。但作为非官方的清末文人骚客，王韬记录了更多社会底层的景观，包括日本传统艺妓的生活方式。如王韬在西洋酒楼中对所见艺妓之描写：

> 继至一西洋酒楼，楼中皆女子供趋走之役。询其名，曰金玲。
> 呼二艺妓来。一年仅十四五龄许，雏发覆额，憨态可掬。顾其装束

---

① 张斯桂：《使东诗录》，第 152 页。
② 李筱圃：《日本纪游》，《走向世界丛书》（修订本）第三册，岳麓书社，2008，第 178 页。

殊可骇人，唇涂朱，项傅粉，赤者太赤，白者太白，骤见不觉目眩。携三弦琴来，以牙板拨之，声韵悠扬。歌多咿哑之音，声呜呜然，有类于哭。两歌既阕，一则起而翩跹作舞。日本女子无不广袖长裾，腰束锦带，带馀则垂于背。衣多织花卉禽虫，绮错绣交。其舞之进退疾徐，亦饶有古法。凡客至，必有妓侍饮，名曰艺妓；但能为当筵之奏，不能为房中之曲。闻日本士夫家，有婚嫁则呼之，会亲戚则呼之，盖如唐宋间营妓、官妓，又如今京师之梨园子弟也。①

也有茶寮中对所见当垆少女的记载：

　　当垆之女，见客至则伛偻折腰；客有赏赉，则伏地作谢；客去，送之门外；客有需鸣掌，则噇声而应。其礼之恭肃，有可取者。寮中茶具，制皆精雅，有如粤之潮州、闽之泉漳。妇女云鬟，多盘旋作髻，如古宫妆，疑是隋唐时遗俗；其式样甚多，阅数日一梳，倩人为之，不能自梳掠也。②

王韬在《扶桑游记》中对艺妓、司茗女子、当垆少女的记录描绘不在少数，无论喝酒品茶、出行赏景、看戏娱乐，总是能在生活中见到这些女子的影子。虽后世对《扶桑游记》的评价褒贬不一，但游记中对女子的描写记录也可以作为一个独特的切入点，这对考察当时日本社会风貌、民情风俗、市貌往来等方面具有一定价值。王韬曾在大阪出行中描绘她们的风姿：

　　一至黄昏，明灯万点，弦管之声如沸；各妓列坐，以便人择肥瘠、辨妍媸焉。须臾，游人渐众，近窥远望，或目击意指，或评鸾品凤。间有如洛神出水、天女坠空，仪态整齐，不可逼视，则名妓下楼邀客也。按此风如粤东、扬州皆如是。③

---

① 王韬：《扶桑游记》，第393~394页。
② 同上书，第394页。
③ 同上书，第398页。

也曾在游玩西京时亲眼目睹她们的舞韵：

> 时帷幕下垂，灯火千万盏，皎同白昼。乐作幕启，则正面坐女
> 子十六人，以八为行，盖舞妓也。两旁各坐十人，皆手操三弦琴，
> 盖歌妓也。歌声一作，舞者双袂飘然齐举，两足抑扬，进退疾徐，
> 无不有度；二八对列，或合或分，或东或西。约一时许始毕。①

又曾在横滨看到她们"反身至地，以口衔杯"的独特表演：

> 阿玉雏鬟最擅名，腰肢轻亚艺尤精；弓身贴地衔杯起，羊侃家
> 中尚数卿。（艺妓玉姬，绮龄玉貌，于工歌舞之外，能反身至地，以
> 口衔杯而起，洵艺妓中之巨擘也。）②

黄遵宪的《日本杂事诗》和《日本国志》较前人游记更为详密，虽不是
专门侧重对市容街衢的记载，但其中对东洋市容、料理店、扬弓店、博览会
和劝工场的记录都更为详细。在前人笔下，对博览会和劝工厂的描写只是寥
寥几笔，或交代前去游玩，未有翔实记录。对劝工场的记载，李筱圃仅交代
了"游劝工场"这件事，却未提及内容；黄庆澄曾游劝工场，并对其描述：
"场内左旋右转，纡曲往复，沿路铺设百物，平价估卖，肃有定规，执其业者
男女各半。"③ 对博览会的记载，李筱圃在西京和横滨都游玩了博览会，仅有
"行人肩摩，不能立足而出"的概括，对博览会内的物品未进行描写；王韬曾
游玩长崎博览会、大阪博览会和西京博览会，也仅有"奇巧瑰异之物，几于
不可名识"寥寥数语。而黄遵宪《博览会》诗云：

> 左陈履宪右冠模，夏屋纷罗万象图；

---

① 王韬：《扶桑游记》，第 400 页。
② 同上书，第 432 页。
③ 黄庆澄：《东游日记》，《走向世界丛书》（修订本）第三册，岳麓书社，2008，第 325 页。

> 聚族同谋轮匦秘，不过依样画葫芦。

其自注云："博览会或以时（如曰某年某会），或以地（如曰东京会、西京会），或以物（如丝会、茶会、棉花会），皆随宜开设。至劝工场，则所在而有。五洲万国之物，自非天然之品，皆模形列价，以纵人摹拟。日本最善仿造，形似而用便，艺精而价廉。西人论商务者，咸妒其能，畏其攘夺云。"①

三、近代东洋游记中的文教保障

近代东洋游记中多次提及学校、博物院等文教空间，并且在明治维新前后，日本在其学校方面也进行了相应的改革，各阶段、各类别的学校随处可见。此外，公共保障空间也在游记中频繁出现，虽各游记侧重点有所不同，但都曾提及警察局、消防局、病院等为大众提供管理和保障的空间，是近代东洋公共空间中必不可缺的部分。

日本明治维新，改革纷纭。何如璋曾记录日本对其学校方面的改革情形："都内所设，曰师范，曰开成，曰理法，曰测算，曰海军，曰陆军，曰矿山，曰技艺，曰农，曰商，曰光，曰化，曰各国语，曰女师范，分门别户，节目繁多。全国大学区七，中小之区以万数，学生百数十万人。"② 傅云龙在日本游历考察时，其考察范围涉及人文、地理、军事、教育等各个方面，曾访问了盲哑院、高等女学校、画学校、寻常师范学校和女学校。在游盲哑院时，傅云龙对盲哑院学生数、教学科目及教学方法进行了记录：

> 又游盲哑院，在樱木町，立于明治十一年，当光绪四年。其男女生，盲四十三，哑五十八。其学修身、读书、算术、地理、史学、物理、体操皆同。所异者，盲生识字以厚纸凸其字，画天地图，辄

---

① 黄遵宪：《日本杂事诗》，第 769~770 页。
② 何如璋：《使东述略》，第 105 页。

判高低，珠算削子之半，习书借木为规，指南针缺针尖处，手试之
而识。①

游高等女学校时，傅云龙对其所学科目和器具均一一列举：

> 又有高等女学校，在上京区第二十一组驹之町，立于明治五年，
> 当同治十一年。其生：普通学科百七十八，缝纫科百三十八，缀锦
> 科二，毛丝科十八，洋服科百七，凡四百四十三。其学不外汉文、
> 国语、英语、伦理、地理、数学、史学、理学、家事、图画、音乐、
> 体操。按体操为学校通例，木器四：曰球铃，曰球棍，曰拿环，曰
> 当拔耳（长尺馀，日本无定名，此袭英语），而女独无当拔耳，适见
> 体操铃、棍二法。②

高等女学校中将汉文和英语作为其所习科目，颇有向外学习与文化交流
的痕迹。又游女学校，聘英国人作为教师："始明治十五年，当光绪八年。其
生二百四十二。其学英语，以英妇人为师。其课程本科亦期四年，而手艺科
则期三年。"③

傅云龙曾访问东京大学，对其所学科目、学校官职、学习年限和教学仪
器设备等方面都进行了详细记录。东京大学科目大略分文科、理科、法科、
医科、工科；其官而言，敕任者曰总长、曰评议，奏任者曰书记官，判任者
曰书记；又有分科，奏任者曰长，曰教头，曰教授，曰助教授，曰舍监，又
有判任者曰书记。年课有程，三年卒业，授博士。仪器设备均来自各国，制
自德意志、美利加居多。

黄庆澄游历日本时重视日本的政治、文化教育等方面的内容。作为当
时精通算学的赴日使者，他先后访问了长崎寻常师范学校、东文学堂和锦
城学校，并对这三所学校的教学器具、教学设施和课程设置等方面进行了

---

① 傅云龙：《游历日本图经馀纪》，第 236 页。
② 同上书，第 236~237 页。
③ 同上书，第 244 页。

详细记录。黄庆澄对长崎寻常师范学校教学科目和几何教具进行了翔实描写：

> 内有习华文者，习东文者，习英、法、德文者，习国史者，习外事者，习算学者，习化学者，习光热等学者，习制造者，习乐者，习画者，习作字者。种种书籍器具，听学徒取用。学堂外有应接所，有会议所，有养病所，有沐浴所，房舍焕烂，规制井井。
>
> 山田君又导观化学器具、物理器具（即光热等学器具）、几何形体器具。案几何形体器具最便于学算之用，庆澄向习几何时，即闻西人有此器，无处觅购。现得全阅一过，为之一快。①

中日立约之初，中、东文字往来多有隔阂，遂设立东文学堂。其学堂内有监督官一人，中、东教习各一人，学徒五六人。锦城学校作为一所中等学校，其所学有十三科：伦理，国语及汉文，洋文，地理，历史，数学，博物，物理学，化学，习字，图画，唱歌，体操。其不同之处在于，锦城学校还设讲武之区，洋枪罗列、诸童爬跳，其中等学校已显露出学习西方的趋势。

王韬游历日本除了游览风景名胜外，还深入考察了明治维新后中国文化在日本的影响与发展情况，如《扶桑游记》中记录了东京孔庙改为图书馆一事：

> 旧幕盛时，事孔圣礼极为隆盛。每岁春、秋二丁释菜，三百藩侯皆有献供。所奏乐器，金石咸备。维新以来，专尚西学，此事遂废。后就庙中开书籍馆，广蓄书史，日本、中华、泰西三国之书毕具，许内外士子入而纵观。开馆至今，就读者日多，迄来日至三百馀人，名迹得保不朽。惟开馆日浅，所蓄中土书籍仅九万三百四十五册，西洋书籍仅一万四千六百七十册。此外尚有"浅草文库"，藏

---

① 黄庆澄：《东游日记》，第326页。

书颇多珍本。

圣庙本在上野，今废为公园，宽文十年乃移于此。宽政十年土木盛兴，焕然一新。维新后仍行祭孔子礼，明治五年乃立书籍馆。①

除图书馆外，李筱圃在《日本纪游》中记录了日本不同地区的博物馆以及其展览情况，他先后访问了长崎博物院、东京博物院以及上野博物院，其所展之物种类繁多，给大众的文化教育提供了广阔的空间。长崎博物院分数所，各所所展物品均有所区分：

> 第一所瓷器为多，皆日本自造，大盘径四尺馀，瓶高八尺，绘画雕刻，亦颇可观，价亦不贵。第二、三、四所，各物杂陈，如矿产、石料、农器、乐器、衣冠、盔甲。各样禽鸟之皮毛，中实以棉，嵌以假眼，活泼如生，云系英国人送来者，上海格致书院内亦有此多种。所设字画，则有宋徽宗白鹰，赵子昂马，海刚峰、史阁部字。他如中国笔墨、东洋漆器、布帛、丝绵，分类而设。更有古衣冠二尺高坐身神像二十馀，亦置两行架上，至此如入古刹然。②

东京博物院共有四处，不同种类的物品也分别置于不同院所，如天生植物类、动物类、兽类、鳞介类、石类、工艺类、机器等。

除了学校、博物院、图书馆等文化教育空间外，社会基础保障与管理部门也是公共空间的重要部分，为大众提供帮助、维持社会秩序稳定、保障人民日常生活。黄庆澄在《东游日记》中记载了长崎县署、裁判所、控诉院和警察署，为人们生活中所遇的困难提供了解决途径。长崎县署"署内设风雨表，遇大风雨，高竖一红球，先期示众，使知趋避"；裁判所专门解决居民日常的口角纠纷；控诉院权力较裁判所高一等，"凡遇讼事，裁判所不能决者，控之控诉院。控诉院再不能决，则直控之司法省矣；"警察署"有分有总，即沪上租界中所谓巡捕房也。沿街派捕役逻察，专稽居民行旅

---

① 王韬：《扶桑游记》，第 455 页。
② 李筱圃：《日本纪游》，第 164 页。

利病及善后各事"。①

　　黄遵宪还在《日本杂事诗》中提及了消防局和病院，为大众日常生活提供保障。如第四十七首《消防局》所云：

<blockquote>
照海红光烛四围，弥天白雨挟龙飞；
才惊警枕钟声到，已报驰车救火归。
</blockquote>

诗后自注："常患火灾。近用西法，设消防局，专司救火。火作，即敲钟传警，以钟声点数定街道方向。车如游龙，毂击驰集。有革条以引汲，有木梯以振难。此外则陈奋者、负罂者、毁墙者，皆一呼四集，顷刻毕事。"②

　　又如第五十首《病院》所云：

<blockquote>
维摩丈室洁无尘，药鼎茶瓯布置匀；
刳肺剖心窥脏象，终输扁鹊见垣人。
</blockquote>

诗后自注："官府所属，皆有病院，以养病者。花木竹石，陈列雅洁，萃医于中以调治之，甚善法也。不治之疾，往往送大医院，剖验其受病之源，亦西法。《日本国志·工艺志》：维新之后，别设医学馆：东京大学，医学与法、理、文三学并尊。……后进晚出，咸以西医为依归矣。"③

　　近代东洋游记中所记载的内容大多围绕社会的公共空间展开，公共空间不仅仅是一个地理概念，它还是一个能够进入人们生活、展示人们生活、相互交流的广阔空间，也是一个涵盖了人文、地理、文化、政治、经济的宏大集合。游记中所呈现的风景名胜、市容街道与文教保障场所，其规模不大，却涵盖了社会的各方面，共同展现了近代日本的基本面貌。

---

①　黄庆澄：《东游日记》，第 324 页。
②　黄遵宪：《日本杂事诗》，第 636 页。
③　同上书，第 638 页。

1. 中国近代海国游记对公共空间的描写，与访问名胜古迹的游者在描写的侧重点和创作心态上有何不同？

2. 王韬作为非官方的清末文人骚客，其笔下对当时社会生活的描绘有何特点？如何理解这种特点？

第七讲　近代东洋游记中的公共交通

随着工业革命的完成，西方列强逐渐把侵略扩张的矛头指向了亚洲地区。19 世纪 50 年代前后，中国先后经历了两次鸦片战争，此时，日本浦贺港也被美军闯入，中、日两国闭关锁国的大门相继被打开，均面临着严重的民族危机。但在公共交通方面，日本在明治维新时逐渐开始了铁路的建设，随后，日本公共交通由铁路连通得更为密切，公共交通方式也日趋多样化。

一、开国之初以火轮车称奇

中国国土辽阔，人民众多，物产蕃庶，早就在孤立海中的日本岛民心中形成了深刻印象，日本早在公元 57 年便派使者前往中国。隋唐时期，日本在开始建立中央集权封建国家的过程中更是把中国作为效仿的对象，此时，日本已经有了直航中国的交通，后有大批日本人来唐学习。明清时期，中国人赴日本经商、旅游，但却没有主动了解和吸收日本文化。中、日虽一衣带水，中国却对日本知之甚少。

在花旗火船到来之前，日本和中国一样紧锁国门，幕府曾先后发布 5 次锁国令。自 16 世纪中叶起，西欧列强纷纷到日本传教、贸易。德川幕府为禁止宗教传播、巩固体制，遂开始向锁国政策转变。锁国令持续了二百余年，直至花旗火船的到来，日本得以开港通商。罗森参加的是柏利舰队的第二次日本之行，此次舰队"共合火船、兵船九只"，《日本日记》有云："（癸丑）十月二十二，有某友请予同往日本，共议条约。予卜之吉，十二月十五（按即 1854 年 1 月 17 日）扬帆。"舰队途中曾在琉球停留，1854 年 2 月 21 日再入江户湾，泊于横滨。但对于前来的舰队与锁国政策，日本幕府仍保密戒严，如罗森《日本日记》所载："初事，两国未曾相交，各有猜疑。日本官艇亦有百数泊于远岸，皆是布帆，而军营器械各亦准备，以防人之不仁。"①

唐人搭花旗火船游至日本，以助立约之事，罗森作为此事的参与者和见证者，将其载于《遐迩贯珍》中。《日本日记》开篇也申明了此行之背景：

> 合众国金山名驾拉宽，近今人多往彼贸易。洋西面辽阔，欲设火船，而石煤不足；必于日本中步之区，添买煤炭，能设火船，便于来往。是故癸丑三月，合众国火船于日本商议通商之事，未遽允依。是年十月二十二，有某友（美国传教士卫廉士）请予同往日本，共议条约。予卜之吉，十二月十五扬帆。②

此行以美军"预设火船，而石煤不足"为由请求日本开港通商，于三月二十五日相议条约，则允准箱馆（在北海道，今称函馆）、下田（横滨东南）二港以为亚国取给薪水、食料、石炭之处。由是两国和好，各释猜疑。遂设火船宴会，赠"新奇"之礼：

> 宴罢，于船歌舞，日暮方终。次日，亚国以火轮车、浮浪艇、电理机、日影像、耕农具等物赠其大君。即于横滨之郊筑一圆路，烧试火车，旋转极快，人多称奇。电理机是以铜线通于远处，能以此之音信立刻传达于彼，其应如响。日影像以镜向日绘照成像，毋庸笔描，历久不变。浮浪艇内有风箱，或风坏船，即以此能浮生保命。耕农具是亚国奇巧耕具，未劳而获者。大君得收各物，亦以漆器、瓷器、绸绉等物还礼。③

长期处于锁国中的日本普通民众适应了此种生活，罗森在游玩时曾发现妇女畏见外人之状。至横滨时，"女畏见外方之人，予横滨只见一妇人而已"；至箱馆时，"妇女羞见外方人，深闺屋内，而不出头露面"。虽然他们起初对

---

① 罗森：《日本日记》，第34页。
② 同上书，第31~32页。
③ 同上书，第38页。

此次"开放"毫无准备，但经安抚后便已适应。如《遐迩贯珍》所载"火船"开至箱馆之形："百姓卑躬，敬畏官长。人民肃穆，膝跪路旁。不见一妇人面。铺户多闭。因亚国船初至此，人民不知何故，是先逃于远乡者过半。盖以温语安抚百姓，乃敢还港贸易。"又如"火船"初至下田之状："亚国官兵排列队伍，历游各町，男女人民观者如堵。"①

对于罗森的到来，他们却一开始就将其当作"同文同种"的客人表示欢迎。《日本日记》记载了时人强烈的慕华风尚，如"予见其官装饰，则阔衣大袖，腰佩双刀，束发，剃去脑信一方，足穿草履，以锦裤外套至腰。不同言语，与其笔谈，其亦叙邂逅相遇，景仰中国文物之邦云。予问其名，则曰山本文之助，曰堀达之助，曰合原操藏，曰名村五八郎，乃是日本之官也，因而各叙寒暄。"②又有日本人前来请予录扇："日本人民自从葡萄牙滋事，立法拒之，至今二百馀年，未曾得见外方人面，故多酷爱中国文字诗词。予或到公馆，每每多人请予录扇。一月之间，从其所请，不下五百馀柄。"③

1854 年，日本人见识了美国人带来的火车模型、电话机、照相机，而后日本利用这些近代工业文明的"奇术"迅速崛起、富强。尤其是公共交通方面的翔实记录，所涉篇幅虽不多，其价值却很大。

二、明治维新之后铁路渐伸

明治维新后，日本开始从各方面学习西方，自上而下全面推行现代化，其显著变化也引发更多的中国人赴日游玩考察。何如璋、黄遵宪、王之春、李筱圃、傅云龙、黄庆澄等人在游记中都曾对日本铁路建设、交通工具、海军港口等方面有较为翔实的记录。他们的游记，都或多或少地反映了日本在公共交通方面的现代化进程，呈现铁路渐伸渐拓的面貌。

《使东述略》是何如璋于光绪三年（1877 年）出使日本两个月间的见闻感受，也客观展现了日本明治维新后的变化。1854 年，罗森见证了花旗火船

---

① 罗森：《日本日记》，第 43~45 页。
② 同上书，第 34 页。
③ 同上书，第 38 页。

的到来与日本的开放，那时对美军所赠的火车模型，日本人前所未见、称怪称奇。但十年后，何如璋前往日本所见却已是"东京距横滨七十里，有铁道，往返殊捷"的场面。短短十年间，日本的交通建设发生了巨大的变化，《使东述略》与《使东杂咏》中均有所呈现。《使东述略》记载了其参观兵舰所见："登其舟，军练而法严，船坚而炮利，兵丁工匠各执其役，器械时时修治。虽闲暇，如临大敌，无乱次者，无嬉游者，无不奉令上岸者。"① 此外，又如何如璋《使东杂咏》第三十二首：

> 气吐长虹响疾雷，金堤矢直铁轮回。
> 云山过眼逾奔马，百里川原一响来。

诗后自注："初五日往游大阪。大阪距神户六十中里，铁道火轮四刻即至。烟云竹树，过眼如飞。车走渡桥时，声如雷霆，不能通语。上下车处皆有房，为客憩止之所。"②

又如第五十三首：

> 倒海排山道始通，铁桥千丈又横空。
> 经营毕竟穷人力，漫诩飞行意匠工。

诗后自注："二十日赴东京，计程七十里，凿山填海，以通铁道。中途阻水，架木桥里许。近听西人言，易以铁，费三十馀万金，工亦劳矣。"③

黄遵宪任日本参赞时，深感国人故步自封，对日本了解甚少，"以余观日本士夫，类能读中国之书，考中国之事。而中国士夫好谈古义，足己自封，于外事不屑措意。无论泰西，即日本与我仅隔一衣带水，击柝相闻，朝发可以昔至，亦视之若海外三神山，可望而不可即，若邹衍之谈九州，一似六合

---

① 何如璋：《使东述略》，第 99 页。
② 何如璋：《使东杂咏》，第 118 页。
③ 同上书，第 124 页。

之外荒诞不足论议者，可不谓狭隘欤？"① 为改变这种认识上的狭隘与偏差，他学习日文，收集日本资料，与日本士大夫交游往来，于光绪五年（1879年）着手撰写《日本国志》，在驻美旧金山总领事任满后，又谢绝他职，闭门编撰，于光绪十三年（1887年）完成此书。《日本国志》共四十卷，涉及日本的天文（历法、纪年）、地理、国统（历史）、邻交、礼俗、学术等各方面，并对日本的发展变化有深刻的观察和分析。如《日本国志·职官志》中对日本铁道费用的考察与分析：

> 余尝考日本铁道建筑之费用与夫岁入之利息，而知中国铁道并可获大利。日本西京、大坂间之道，其造创之费，数倍于寻常，然综计今日之息，每百圆犹可得七圆有奇。若准以美国铁路之价，每中国一里需费不过万圆，以日本乘客之数、运货之数、每岁支用之数计之，每百圆竟可获利三十馀圆。而中国工役价值之贱，货物转输之多，又胜于日本，则其利更不可胜计。即使召募洋债，岁息八厘，以三百万圆建三百里之道计，每岁还利以外，可完本银十分之二五，不及数年，本利俱清。而数百里之铁道，竟能以赢馀得之。数年之后，又将赢款，以扩充他道。华民见利，争趋经营恐后。如是数十年，铁道交遍于国中，可计日待也。②

日本正式吞并琉球之后，直接威胁东部海疆，引发国内的忧虑，遂派王之春赴日考察，将此行所见载于《谈瀛录》。是书于光绪六年（1880年）由上洋文艺斋刊行，原为三卷，卷一、卷二为《东游日记》，卷三为《东洋琐记》，另有四卷本，则是将《东洋琐记》拆分为上、下两卷。王之春此行在日本多乘坐火车，也能窥见铁路交通之便捷。如坐火车往游大阪时记载：

> 大阪府距神户七十里，昨晚仰云以电信约之来，遂于早饭后同

---

① 黄遵宪：《日本国志》，《走向世界丛书》（续编），岳麓书社，2016，第22页。
② 同上书，第529~530页。

坐火车往游大阪。烟云屋树，过眼如飞，约行四刻即至。①

乘火车往游东京时记载：

> 乘火车往游东京，计程七十里。凿山填海以通铁路，中途阻水，架木桥里许，公费金钱五十馀万，工亦颇劳。②

何如璋在日本驻留三年，于光绪六年（1880 年）被召回。就在何如璋使日最后一年的暮春时节，原来在江西做官、后来在上海"隐于市"的李筱圃到日本旅游。虽然李筱圃到日本的时间只比何如璋晚了三年，但在短短的三年中，日本在公共交通方面又有了一些变化。《日本游记》中记录了此时火轮车日间载人、夜间运货的情况：

> 神户之内，中国程七十里为大阪府治，由大阪一百三十里至西京，俱有海汊，火轮车可通。本埠贸易不大，皆转运至大阪销售。火轮车日间载人，夜间运货。

同时也详细地描绘了乘坐神户至大阪火车时的新奇之感：

> 计程七十里，行半个时辰。若非中间搭客、卸客停顿四次，两刻功夫便到矣。车价自神户至大阪，上等客每人一元，中等六角，下等三角。车皆一式，但坐位宽挤不同。余往返皆坐中等车，人极寥寥，可以躺卧。下等则并股挨肩，人数恒满。车式约长一丈，宽高各六尺馀，四面玻璃窗可以开闭。头车安火炉机器，后拖十馀车。车皆四轮，顺铁条轨道而行。轮路之旁如有人站立，车过时骤然视之，面目模糊，不辨老少，可为速矣。③

---

① 王之春：《谈瀛录》，第 20 页。
② 同上书，第 23 页。
③ 李筱圃：《日本纪游》，第 165~166 页。

他享受火车、轮船所带来的便利，却又沉醉在大清帝国旧日的辉煌之中不愿醒来：

　　　　日本自维新政出，百事更张，一切效法西洋，改岁历，易冠裳，甚欲废六经而不用。遗老逸民尚多敦古以崇汉学，痴堂盖逸民之贤者，爰拈四绝以贻之。①

　　光绪十三年（1887 年），清廷选派十二使节出使东西洋考察，总理各国事务衙门通过考试录取了二十八名随员，诗题为《海防边防论》《通商口岸记》《铁道论》《记自明代以来与西洋交涉大略》。时为兵部郎中的傅云龙以第一名考出，并于是年八月十七日自京城出发，九月二十七日由上海启程前往日本，九月二十九日抵达长崎，十月十一日抵达东京，光绪十四年（1888 年）四月十九日离开横滨前往美国，五月五日抵达旧金山，八月十六日抵达蒙特利尔，十一月三日抵达古巴，十二月七日抵达秘鲁，光绪十五年（1889 年）三月十九日回到纽约，四月十二日由旧金山返回日本，九月十一日由东京回国，至十月二十八日回京，历时二十六个月，游历十一个国家。傅氏将沿途收集的海外各国地理、历史、政治、风俗、特产等资料及所勘察、绘制的各种地图表格，编纂为《游历各国图经》八十六卷、《游历各国图经馀纪》十五卷。
　　傅云龙到日本，已是李筱圃之后七年，何如璋之后十年，日本的交通建设又有了新的进展。在何如璋、李筱圃到访时，日本的铁路建设虽已开始，但通车的路线少，仅有神户至大阪、横滨至东京这两条路线；但傅云龙此次东游却已见到了日本神户、长崎铁路渐通渐拓的场景，并在《游历各国图经馀纪》中记载了日本铁路建设的巨大变化。如："游横滨学校，去来铁道，皆趁快车。是夜为西纪除夕"；"据云县境铁道已成百二十里，将成之轨百五里"；"闻山阳铁道会社议修铁道，由兵库至神户冈山两县之冈山，广岛县之

_____

① 李筱圃：《日本纪游》，第 177 页。

广岛，山口县之赤间关，欲鸠银五百五十万圆"。其间也描写了铁路渐引而伸的景象："又里馀（日本五町十间），有铁路隧道穿山三十〔千〕尺有奇。过奥津桥，桥北有新铁路桥四百尺。据彼人云，铁轨渐引而申，鸠工三载矣，明年由国津府而达西京，后有游者，无斯纡阻。"①

在《图经·日本车表》中，傅云龙也自述其在日本所见铁路工程进展之快：

> 云龙于光绪十四年冬，游其西京，乘人力车行风雪中，而铁轨断续见崖略耳。今则神户、长崎，渐通渐拓。②

光绪十九年（1893 年）五月初四日至七月初四日，受安徽巡抚沈秉成和驻日公使汪凤藻资助，黄庆澄（1863—1904）游历日本，参观长崎、神户、横滨、东京、京都、奈良等地，所遇中外士大夫无虑七八十人，回国后将其观感与会谈、讨论，辑为《东游日记》。黄庆澄此次游历，已在傅云龙来后六年，李筱圃之后十三年，何如璋来后十六年，距罗森上次的东洋之行已经过了整整四十年。四十年前，罗森记载日本人初见火轮车模型"旋转极快，人多称奇"；四十年后，黄庆澄在日本却见到了初具规模的铁路网：

> 日本铁路由东京起，东北达青森湾，计四百五十四哩五十四锁；西达神户，计三百七十六哩三十一锁；由神户达三原，计百四十一哩二十五锁；又由门司关西南达熊本，计百二十一哩三十一锁。其间未成者，惟由三原达门司关之百数十哩。据日人云，五年内必能造就，使全国联络矣（此以干路言，其支路尚多，不能备列）。③

他还记载了日本铁路制造、经营的规则与此时的火车票价与货物携带标准：

---

① 傅云龙：《游历日本图经馀纪》，第 218~227 页。
② 同上书，第 75 页。
③ 黄庆澄：《东游日记》，第 331 页。

日本铁路有官办，有商办。凡商办者，官为之一律保护；惟国家有事则减其值，以供徭役；且俟行之二十五年后，政府有将铁路买入之权。日廷谋政，往往以小利啖其下，然后上占其大利，不独铁路一端也，闻泰西国政亦然。

日本有官地，有民地。全国地段，民占其二，官占其一。凡商办铁路要用官地者，准以平价估买；官办铁路要用民地者，亦如之。

由横滨抵东京火车价，上等客六角，中等四角，下等二角。上客许携行李百磅，中客许携六十磅，下客许携三十磅，馀均照例另给运价。闻初兴铁路时，仅有上、下二等，嗣以上客过少，下客又过杂，乃特设中等车，行人便之。搭客有金玉珠宝及契券者，须报明另给车值。倘有失落，照例赔偿，但赔银不得过五十元。①

明治维新以后，日本在铁路交通方面学习泰西变化显著。1872 年，日本建成了第一条铁路后，其铁路交通渐通渐拓，整个铁路交通体系已初具规模；而中国于 1876 年建成的吴淞铁路却被守旧派视为"奇技淫巧"，将其强制拆毁，直到 1889 年清政府才将修筑铁路定为国策，这与日本形成了鲜明对照。

三、甲午战争之后交通多样

中日甲午战争后，日本公共交通呈现出多样并存的特点。江户时代的人力车依然存在，铁路交通更加完备便捷，汽车、电车等新的公共交通方式逐渐兴起。中日甲午战争之后游记的著者多是考察东洋商务、农务与学务，虽未直接描写公共交通的变化，但也能从其日常的交往、考察与游玩中窥见日本公共交通的多样化。

光绪二十七年（1901 年），罗振玉（1866—1940）奉命赴日"视察学务"，偕湖北两湖书院监院刘洪烈，湖北自强学堂汉教习陈毅、胡钧、田吴炤、左全孝、陈问咸等人，于十一月初四日启程赴日，初六日抵达长崎，初

---

① 黄庆澄：《东游日记》，第 331~332 页。

九日至东京，光绪二十八年（1902 年）元月初三日由东京至西京，元月八日由大阪至神户，元月十二日返抵上海。此两月间之见闻，为其录为《扶桑两月记》。罗振玉此行虽是视察学务，却也关注到了交通对民众的重要性：

> 日本文明之机关，最显著者有三：曰铁路也，邮政也，电线电话也。此三事为交通最大机关，而文明由是启焉。故开民智以便交通为第一义，我国若三十年前即开铁路，何至今日尚否塞如是乎？在旅馆中数日，每日必见邮便车络绎不绝，而电话则处处安置，数十里数百里如觌面，便何如乎！电报价值极贱，此亦助文明开世运之一端，我国将来亦必仿行乃可也。①

《扶桑两月记》也归纳了日本在明治维新之后迅速崛起富强的原因：

> 考日本强盛之机关，首在便交通，继在兴工业，三在改军制。明治五年，始修铁道，初起于东京、横滨，已而推之神户，至京都，驯至遍及全国。又创马车铁道，电气铁道。又通海线，通电话，立邮船会社，设邮政，而道途于是无阻滞。②

由此他进一步指出，"于是军政修明，而又加之以兴教育，国力乃日臻强盛。此固我国先路之导也。"③

罗振玉还在日常游记中提及电车：

> 午后至神田区，购《青渊先生六十年史》而归。青渊先生，涩泽荣一号也。涩泽氏为东邦实业大家，凡银行、铁路、刷印、电车、邮船、电线、电话等一切实业之发达，皆先生为之启发，经营三十馀年间，而国家致今日之隆盛，洵伟人也。异日当摘译为小册，以

---

① 罗振玉：《扶桑两月记》，《走向世界丛书》（续编），岳麓书社，2016，第 87 页。
② 同上书，第 94 页。
③ 同上书，第 95 页。

劝我邦之实业家。①

《扶桑两月记》中还记载了日本以瀑布发电的方式，罗振玉将其与中国相比较，并提出"效法"之意见。如十九日记游："午刻，至玉帘之陇观瀑布，并至发电场，该场以瀑布发电，箱根至东京电车即用此电也。闻西京用水电者甚多。中国则可兴此利之处不少，惜无起而图之，以为民倡者。观览之馀，为之浩然兴叹。"②

《丙午日本游记》为程淯（1867—1940）奉山西巡抚恩寿之命于光绪三十二年（1906年）考察日本工艺医学的记录，在其游记中也记载着当时日本铁道交通服务的发展与完备，如对由长崎乘车至神户之状的描写：

> 二十一日 晨七时五十分，别周君，由钱君相送于九州铁道车站，购长崎至神户二等票，每人计十元十五钱。整件行李，交运货处附车运至神户，分执铜牌以为符号。随身零件，则令红帽薄埃携送入车。一二等客均有待合所，坐候登车。所中亦有黑帽薄埃随时洒扫，洁无纤尘。每一车发，即朗呼以告座客。案上复满贮报章，丛报新闻，无一不备，以供搭客候车久坐之消遣。站中各处，分布警察，以防匪类。将届开车，停车场前有仅容一人行过之木栅小门，分入口出口。一警兵候而验票，且防拥挤。各客鱼贯继进，不紊秩序。登车后，已由红帽薄埃铺垫所携坐具，零星均以安置妥贴。③

他也对火车内的乘设、黑帽薄埃伺客服务等进行了详细描写：

> 车中坐位，分两列相对，坐褥整洁。每二人间，共一铜制痰盂，烟烬等均不宜乱掷。每辆之前，右为厕室，中置磁盆，盆上有盖，

---

① 罗振玉：《扶桑两月记》，第89~90页。
② 同上书，第89页。
③ 程淯：《丙午日本游记》，《走向世界丛书》（续编），岳麓书社，2016，第18页。

悬牌以戒大小便不宜旁溢。别设洗手水盂及巾架，上通水管。左为漱涤室，瓶杯巾盂，亦均完美。有黑帽薄埃二人，默坐一隅，伺客所需。地有纤尘，立即扫除。偶入山洞，速将窗扇严闭，以避煤烟。电灯忽明。出洞后，又速开窗。如有日光，亦为闭掩。均无待乘客之自行举手也。至火车站，询客饥否，代购便当以来。"便当"者，旅行轻便之和食也，以木片制成小方盒，一满贮饭，一满贮菜，附缀木箸。饭皆纯白，菜皆可口，价十五钱。饭一格而菜二格者二十五钱。复有小紫泥壶贮茶，上覆小杯，沿途可购，价三钱。饮食毕，均启窗弃去。车中乘客，均不妄谈笑，虑扰他客也。①

除火车外，程淯在游记中还记载了乘电车前往山越工作所制造工场、乘人力车前往青山大观兵式及各国公使乘马车的场面，并对交通部进行了调查：

> 日本、北海道、川越、岩越、总武、甲武、京釜、水户、青梅、博多湾、东武，各铁道株式，资本自廿馀万至六千六百万元。电气、电车、市街，各电车株式，资本自六百万至千五百万元。邮船、汽船、商船、船渠、内国通运、运输、海陆社、递业，共二十九会社，资本自五万至二千二百万元，内以日本铁道、邮船会社资本为最厚。②

《东游日记三种》中也涉及了铁道交通、汽车、汽船、电车等多种公共交通方式。杨泰阶的《东游日记》记载："午后，偕黄世兄敦卿至两国桥，由汽船渡至吾妻桥，再乘汽船至隅田川堤边上岸，过百花园，园中遍栽梅树，花时已过，绿叶成阴，清气扑人，眉宇移情。"③ 文恺的《东游日记》记载"乘汽车往游横滨"之事。左湘钟的《东游日记》记载与友人乘坐电车游玩浅草公园与日比谷公园之景。

---

① 程淯：《丙午日本游记》，第18~19页。
② 同上书，第81~82页。
③ 杨泰阶：《东游日记》，《走向世界丛书》（续编），岳麓书社，2016，第58页。

除日常出游对公共交通记录外，近代东洋游记还考察日本铁道株式会社，了解其交通发展与收益。如文恺的《东游日记》记载：

> 至日本铁道株式会社，晤监查役久野昌一氏，谈约一时许。据言，明治五年九月，始开通新桥横滨间之铁道。厥后，私立会社迭起，敷设遍于全国。观国中线路延长，凡九千馀里。合资本六亿六千七百万圆。每岁乘客总数一亿四百五十六万馀人，货物数量二千二百万馀吨，收入赁金七千九百馀圆。国家有军事运送固资便利，平时收入其款亦如是之巨，则其关系为何如也。①

又如左湘钟的《东游日记》，记载了访东京铁道株式会社时市内乘车票价及转车程序：

> 市内线路三所。长年核计，每月用车六百九十四辆，乘客四十一万四千六百四十七人，收车赁一万五千二百四十馀元。其轨道线路，为命令所特许。设总务、营业、工务，为三部。交界线，或通或不通，但有伤人毁物，则依民法违警法分别裁判。无论远近，购券一次五钱，来往二次九钱。如所到之处远，此车不能到，送至中途，加给切符，收回原券，下午坐别车前往。又不能到，又换切符。以送到为止。然于切符上所指之地，刺一小孔以限制之，又于切符反面时计上，换车时刻，亦刺一孔以限制之。易地逾时，均不作用。立法亦极周密。集股虽多，收利倍蓰。岁纳之税，亦复不少。况东京地广道长，动辄十里八里，所费不多，转瞬即至。既免时光之误，又无步履之劳。裕国便民，均有裨益也。②

光绪三十四年（1908 年），时任清邮部传右侍郎、会办商约大臣的盛宣怀（1844—1916）访问日本，引起轰动，并将其考察所得述于《愚斋东游日

---

① 文恺：《东游日记》，《走向世界丛书》（续编），岳麓书社，2016，第 124 页。
② 左湘钟：《东游日记》，《走向世界丛书》（续编），岳麓书社，2016，第 155 页。

记》中。盛宣怀此行虽不是专门考察日本的公共交通建设，但了解了商办铁路章程分歧的情况与日本铁路国有之利弊：

从前官办之外，另有十七公司，统计路线五千英里，各公司资本自三四百万以至千万不等，章程纷歧，互相竞争，实于国家交通利便颇有关碍。因想定一铁路应归国有之宗旨，余旋辞职，告之后任，后任亦以为然，十七公司遂收归国有，共得资本六万万圆，成效大著，即现有之铁路是也。此后若须一律推行，尚须四万万至五万万圆。余曰，或云贵国制铁所亏本因系官办，余颇疑其说，因余所办之汉阳钢铁厂系属商办，而亦亏蚀，其盈亏当在出货之多寡，断不在官商之分别。桂云诚是，即上言敝国铁路归官之后，一切较商办为胜，而其好处尚在资本之大。惟若官办不得法，害有甚于商办者，何言之？官办之事必有一种法律绳之。所以余尝思将国有铁路定一特别会计法，使其毫无牵掣，永享交通利便之益。①

此外，盛宣怀还将日本与中国铁轨进行比较：

自东京至神户，计程三百七十馀英里。山洞约二十馀处，以金谷、大谷、烧津等处为最深。铁桥十馀座，以大井、天龙为尤长。然视中国之广武山洞，黄河大桥则瞠乎其后矣。是行系快车，只走十三钟半，慢车须走十九钟。其轨道较中国为窄，据查欧美各国及中国通行轨道均以四尺八寸为最宜，日轨仅三尺六。平时搭客无所出入，设遇紧急军事，运送兵马，不能横排，装数既少，尤易杂沓，此其大病，即寻常装货亦不免吃亏云。②

从美军入港时初见火轮车为之称奇之状，到明治维新之后日本铁路网越来越密、越延越伸之貌，再到甲午之战后交通方式的多样化之势，作为日本

① 盛宣怀：《愚斋东游日记》，《走向世界丛书》（续编），岳麓书社，2016，第104页。
② 同上书，第106页。

发展关键领域的公共交通呈现出渐学西法、迅速发展的特点，这也正是其能迅速发展的原因之所在。

1. 中国近代东游日记中所记载和描写的公共交通，在不同的时间段各有何特点？试举例简要分析。

2. 结合相关资料及时代背景，将近代中国的铁路建设进程与日本铁路建设进程进行比较，并分析其原因。

第八讲　近代东洋游记中的自我审视

19世纪60年代，日本开始了声势浩大的明治维新运动，并迅速在亚洲站稳一席之地。日本在改革中的发展与崛起，吸引了社会各界人士纷纷前往游玩考察。不论是奉命遣往的官吏、礼节而行的使者、自费出游的商人，还是为推行变法遣往考察的人员，他们的游记都从不同角度或深或浅地反映了日本现代化的进程，也反映了时人对现代化进程的认识与反思。

一、近代东洋游记中的觉醒意识

鸦片战争后，魏源在《海国图志》中提出了"师夷长技以制夷"的口号，随后开始有读书人陆续走出国门，赴日本学习。洋务运动时，时值日本明治维新时期，其发生的巨大变化给当时前往的清人以一定的启发。但此时赴日游历的官员或学者，只初步看到了日本较往常所发生的新面貌，有因此萌发的效法意图，却未深入探究。

《日本纪游》记录了李筱圃于光绪六年（1880年）三月至五月游览日本的历程经过。三月二十六日，其在上海登上日本三菱公司商船"高沙丸"号，二十九日该船抵达长崎，参观长崎博物馆，嗣后游览神户、大阪、京都、横滨、东京等地，五月初二日乘坐"东京丸"号从日本返回，五月十一日抵达吴淞口。李筱圃一方面注意到了开放门户给日本带来的巨大变化，如长崎港成为通商第一港正得益于此：

> 日本自汉时已与中国通使，曾受汉魏之封，唐时即有人至彼通商，故今长崎有地名曰唐馆，然只长崎一港。本朝咸丰以前，铜商之至日本采买铜斤者，亦在长崎。今华商贸易于此，约有千数，闽

人居多，有八闽、三江各会馆。同治初年，美国兵船至港，日人拒之不得，始允通商。各国踵至，又开神户、横滨、箱馆等处，共八码头，我华人亦随洋商而往。今之贸易繁盛，首推横滨，次神户，次长崎。

华商之在日本约共五六千人。箱馆一埠，在日本之北境，地处苦寒，虽产海带、鳆鱼、海参等物，而华洋商之在彼者寥寥数人。他如新泻夷港，则风浪险恶，各国商人无有至者。①

另一方面，他又对这种变化抱有强烈的敌视态度，对明治维新甚为不满：

德川氏为日本诸侯，号曰大将军，世掌国政历三百年，国王徒拥虚位而已。早年米利坚求通商，德川氏以力难拒绝，遂欲允之，民情不服，德川氏因之失据。国王乘此夺其政，并废藤、橘、源、平各诸侯，收其采地归公，但给岁俸，大权一归于国，曰维新之政。今则非但不能拒绝远人，且极力效用西法，国日以贫，聚敛苛急，民复讴思德川氏之深仁厚泽矣。②

不过，东京展览馆中的中国鸦片烟枪和落后兵器还是刺痛了他麻木的神经，使他大为愤懑：

可恨者，有一会中架上置坏竹鸦片烟枪两根，破瓷烟缸两个，中竖一挑烟棒，烟盒烟竿数件，坏铜水烟袋一枝，破钱板一块，破旧篾纸灯笼一个，破帽零星各件，俱极肮脏。又于其所陈军械、刀枪、盔甲、旗帜处，置锈蚀鸟枪数杆，破布九龙袋两个，中插装火药小竹筒十数根，俱标识曰"中国物"，阅之令人愤懑。我中国连年赴美、法各国赛奇会之物品，西人且加夸奖，岂无工艺珍贵之物以冠他邦，乃独以此为形容，虽鬼蜮之见不足较，而其居心已显然可

① 李筱圃：《日本纪游》，第163页。
② 同上书，第171~172页。

见，尚足与之论邦交哉！①

虽然李筱圃持反对维新的态度，但他的记录在一定程度上反映了明治维新给日本所带来的进步，却没有深入探究。

何如璋为朝廷大臣、词林学士，其思想和文章都是传统的，但何如璋在其游记著作中却有着"参稽博考，目击身力"的指导思想。时日本效法西方："上自官府，下及学校，凡制度、器物、语言、文字，靡然以泰西为式。"②相对而言，当时中国坚决反对洋务运动，也反对效仿西法。何如璋在日本看到了"半是欧风半土风"的变化，也看到了电气报、铁路等"奇巧"之物，但他不如传统文人那般深闭固拒，而是如实记载，难得可贵。陈伦炯在《海国闻见记》中指出"日本三岛"为长崎、萨摩、对马。何如璋赴往东洋目击身历，并指出陈伦炯所谓"三岛"存在不实之处：

> 其疆域：分四大岛，而画以畿内及八道。在西一大岛，曰西海道；在西南一大岛，曰南海道；中央一大岛，畿内居其中，西北为山阴道，又西为山阳道，东为东海道，北为北陆道，又东北为东山道；又东北一大岛，曰北海道。西京在畿内，东京在东海道之武藏，所谓二京也。③

则日本实际有四岛：西海道、南海道、北海道与中央一大岛，而长崎、萨摩、对马三者不过均是各处于西海道内某一境罢了。

何如璋虽是客观记载，但在其游记中也出现了"效仿西法"的倾向，他曾主张效仿西法机器灌溉，以开利源：

> 窃以为生财之道，不外开源节流。煤铁之利，取之地者无尽也。西北土浮于人，宜仿机器，治沟洫，辟荒芜，以尽地利。洋布最为

---

① 李筱圃：《日本纪游》，第 173 页。
② 何如璋：《使东述略》，第 107 页。
③ 同上书，第 106 页。

输入大宗，亦宜依其法以织。耕旷土不伤农事，织洋布不害女工。源日开，流日节，取诸宫中，家给而人足。外国商人无所牟利，势必废然思返。否则矫语高远，吐弃一切，囿于近习者又欲穷力步趋，以自耗其金币，奚可哉！①

又分析西欧当时的国际局势，认为中国应该修外交以求自强：

比年来，会盟干戈，殆无虚日。故各国讲武设防，治攻守之具，制电信以速文报，造轮路以通馈运，并心争赴，唯恐后时。而又虑国用难继也，上下一心，同力合作，开矿制器，通商惠工，不惮远涉重洋以趋利。夫以我土地之广、人民之众、物产之饶，有可为之资，值不可不为之日，若必拘成见、务苟安，谓海外之争无与我事，不及此时求自强，养士储才，整饬军备，肃吏治，固人心，务为虚侨，坐失事机，殆非所以安海内、制四方之术也。②

作为朝廷派遣游历日本的官员，傅云龙对日本的调查规模庞大，内容务实。他调查记录了日本明治维新二十年来所取得的成就，但他的记载仅仅只算得上是一部资料汇编，鲜有自己的议论与见解。且作为清廷派往东洋的游历使臣，傅云龙对政治并不特别关心，也没有提倡维新的见识与勇气。其游记中较大篇幅地记载了金石古籍，在工矿企业、学校建设等方面所花费的笔墨较少，更谈不上对日本明治维新经验的借鉴与吸收。

相对而言，黄庆澄却有着"咨其政治得失，以上裨国家"这一明确的政治目的。光绪十九年（1893年）五月初四日至七月初四日，黄庆澄受安徽巡抚沈秉成和驻日公使汪凤藻资助，游历日本，参观长崎、神户、横滨、东京、京都、奈良等地，"所遇中外士大夫无虑七八十人"，回国后将其观感与会谈、讨论，辑为《东游日记》。

《东游日记》之意义，在于黄庆澄关注到明治维新给日本社会各个层面包

---

① 何如璋：《使东述略》，第89页。
② 同上书，第100页。

括官制、学校、司法、军事、税收、银行、财政预算等所带来的各种变化，尽管面对这些变化，他的感情极其复杂："予观维新之治，其下之随声逐响汹汹若狂，则可笑。其上之洞烛外情，知己知彼，甘以其国为孤注，而拚付一掷，则既可悲，又可喜。"① 但他终究不得不承认维新是大势所趋：

> 日本自德川末造美兵逼境，一隅被扰，举国鼎沸，人心皇皇，靡有宁岁。当时开锁，分党曰勤王，曰佐幕，曰攘夷，各执所见，卒乃为背城借一之计，诛杀异议。以一国论，屡战失利，始悟螳臂不可挡车，幡然自悔，尽涤宿见，仿行新法，甚至改正朔，易服色，虽贻千万邦之讪议而不之顾。其急急于新耳目振国气者，非特迁都一事已也，而迁都尤其最要者。
>
> 夫琴瑟不调，则改弦而更张之。豪杰谋国，其深思远虑，非株守兔园册子者所可与语……嗟乎！古来国家当存亡危急之秋，其误于首鼠两端者，何可胜道，日人其知所鉴矣。②

正是出于强烈的危机感，他处处将中日对比：

> 夫予之东游，虽为时未久，然尝细察其人情，微勘其风俗，大致较中国为朴古；而喜动不喜静，喜新不喜故，有振作之象，无坚忍之气。日人之短处在此，而彼君若相得以奏其维新之功者亦在此。若夫中国之人，除闽粤及通商各口岸外，其搢绅先生则喜谈经史而厌闻外事，其百姓则各务本业而不出里闾。窃尝综而论之，中国之士之识则太狭，中国之官之力则太单，中国之民之气如湖南一带坚如铁桶、遇事阻挠者，虽可嫌，实可取。为今日中国计，一切大经大法无可更改，亦无能更改；但望当轴者取泰西格致之学、兵家之学、天文地理之学、理财之学及彼国一切政治之足以矫吾弊者，及早而毅然行之。竭力扩充，勿以难能而馁其气，勿以小挫而失其机，

---

① 黄庆澄：《东游日记》，第 338 页。
② 同上书，第 337~338 页。

勿以空言而贻迁执者以口实，勿以轻信而假浮躁者以事权。初创之举，局面不宜过大；已成之事，提防不得稍松。从之愈推愈广，以彼之长补吾之短，则不动声色而措天下于泰山之安，以视东人之贻笑外邦者，不大有间欤？盖治天下者，有法有意，此则但师彼之法，而不师彼之意也。虽然，匪言之艰，行之维艰。方今中国当轴诸公，阅历变故，通达洋情，洞谙国势者，实不乏人；乡僻下士，何足言此。手记至此，掷笔而起。①

此时，中日关系已经十分紧张，孙诒让为《东游日记》所作的序中写道："夫中外政治得失异同，其精微之故文字不能宣，其奇伟广远者又非下士所敢言。"② 虽黄庆澄"咨其政俗得失，以上裨补国家"未达到实际效果，但也表达了自己"师之彼法，不师彼意"的主张。

二、近代东洋游记中的自我反思

明治维新与洋务运动都是在十九世纪中期民族危机加剧的背景下，开始向西方学习。工业革命的完成，使西方列强逐渐把侵略扩张的矛头指向了亚洲地区。中国近代两次鸦片战争，日本被迫向美军开通港口，两国大门相继被西方列强打开。但中国打开闭关锁国之门比日本更早，最终却未能成功效法西方，走向富强之路；日本在短短二十年内摆脱了民族危机，成为近代亚洲唯一的强国。

近代东洋游记中，也有立于时势、以求自强的游者开始从游玩考察中去总结日本发展迅速的原因。日本接触西学晚于中国，却发展得比中国更快、更好，黄遵宪和罗振玉将其中一点原因归结于"日人善于学习"，沈翊清也开始从当时国人对日人的观感及日人的中国观中进行反思。

黄遵宪与何如璋、张斯桂一同前往日本游历，但其游记所涵盖的内容范

---

① 黄庆澄：《东游日记》，第 338~339 页。
② 同上书，第 320 页。

围及思想都比另外两人进步得多。黄遵宪是主张效仿西法最早的代表，也是从日本"以祸为福，以弱为强"的变化中深刻反省的启蒙者，他从中分析总结了日本能在明治维新中迅速崛起的原因。日本明确意识到改革的矛头是幕府，而非天皇。《日本国志·国统志》也指出了其改革障碍："前此之攘夷，意不在攘夷，在倾幕府也。后此之尊王，意不在尊王，在覆幕府也。"① 日本天皇坐拥虚位，日益资产阶级化的中下级武士推翻了掌控实权的幕府；而日本幕府体制专治色彩较轻，相对于洋务运动时向外抗击列强、向内抵制顽固势力的局势，认清改革的障碍尤为重要。

日人尤善于学习，近世以来，皆取法于泰西："中古以还瞻仰中华，出聘之车冠盖络绎，上自天时、地理、官制、兵备，暨乎典章、制度、语言、文字，至于饮食、居处之细，玩好、游戏之微，无一不取法于大唐。近世以来，结交欧美，公使之馆，衡宇相望，亦上自天时、地理、官制、兵备，暨乎典章、制度、语言、文字，至于饮食居处之细、玩好游戏之微，无一不取法于泰西。"② 明治维新时，伊藤博文、木户孝允等改革的核心人物多是欧美留学归来，他们积极引进近代欧美列强的先进文明。在服饰上，日本改易服色，制定文武官礼服一用洋式；在军制上，"其兵制多取法于德，陆军则取法于佛，海军则取法于英；"③ 在法律上，一意改用西律，并敕元老院。此外，设消防局专司救火、建病院以养病者、设驿递局以便书信往来，日本生活的各个方面都在一定程度上效仿着西方。在看到日本社会面貌变化的同时，黄遵宪也看到了当时时代背景和社会环境下，汉学在日本的兴衰发展，《日本国志·学术志》记载："维新以来，广事外交，日重西法，于是又斥汉学为无用，有昌言废之者。虽当路诸公知其不可，而汉学之士多潦倒摈弃，卒不得志。明治十二三年，西说益盛。朝廷又念汉学有益于世道，有益于风俗，于时有倡'斯文会'者，专以崇汉学为主。"④

罗振玉在《扶桑两月记》中指出了日本社会所存在的一些问题，如"通

---

① 黄遵宪：《日本杂事诗》，第 669~670 页。
② 同上书，第 599~600 页。
③ 同上书，第 631 页。
④ 同上书，第 651 页。

国人家门首多有木札，上书临济宗、曹洞宗、真宗等字样，而男子之老者，多取名某某居士，女子之老者，多取名某某尼，古俗之难废如此"。张绍文跋语："记中于东邦教育，钩元提要，如指诸掌。且于财政、治体、风俗稽考尤详。披览一过，不啻置身十洲三岛之间也。"但是对于日人善于学习的精神，罗振玉与黄遵宪一样，对此颇为赞赏："日本实业，多师法各国，如制茶哺鸡，则皆聘中国人为教习。铅字刷印机器，亦萨摩藩遣人就上海所购者，今则其技并精，出中国之上矣。又闻医术中之按摩法，西洋初无之，后自荷兰人得其法于日本，始传入欧洲，今西人按摩术，乃远过东邦。冰寒青胜，前事可师，我邦人其勉旃，勿耻学步也。"①

《日本国志》是一部内容详备的游记，他不仅介绍了明治维新时期日本人效法西方的经验和教训，而且还将很多经验运用到了后续的实践中。黄遵宪已经看到了新闻强大的传播力量，可以足不出户而知天下事。如其诗《新闻纸》：

> 欲知古事读旧史，欲知今事看新闻；
> 九流百家无不有，六合之内同此文。

自注云："新闻纸以讲求时务，以周知四国，无不登载。五洲万国，如有新事，朝甫飞电，夕既上板，可谓不出户庭而能知天下事矣。其源出于邸报，其体类乎丛书，而体大而用博，则远过之也。"《日本国志·学术志》则云："乃至村僻荒野，亦争传诵，皆谓知古知今，益人智慧，莫如新闻。故数年骤增其数至二百馀种之多。计其中除论说时事外，专述宗教者二十六，官令法律六，理财通商二十九，医学、工艺二十六，文事、兵事十九；多每日刊行者，亦有每旬、每月刊布者；又洋文新闻英文三种，法文二种。"② 甲午中日战争之后，黄遵宪与梁启超、汪康年创办了以"变法图存"为宗旨的《时务报》，它包含各个学科内容，凡政务、兵学、农学、医学、商政、工务均可刊登，《时务报》中爱国救亡、呼吁变法的争论也极大地推动了后续维新运动的

① 罗振玉：《扶桑两月记》，第 113 页、第 118 页、第 95 页。
② 黄遵宪：《日本杂事诗》，第 641~643 页。

发展。

此外，黄遵宪也看到了警察对社会治安和国家稳定的强大力量，并于回国后将该经验付诸维新实践。《日本国志·职官志论》记载：

> 今者，泰西诸大，无一国无一处不设警察，其于巡查，皆防维甚至：不得受贿；不得报人家隐恶；非持有长官令状，不得径入人家。民间咸习其便安，而不闻其纵扰。盖已予之权，复立之限，故能积久而无弊也。余闻欧美诸国，入其疆，皆田野治，道途修，人民和乐，令行政举。初不知其操何术以致此，既乃知为警察吏之功。然则有国家者，欲治国安人，其必自警察始矣。中国有衙役，有汛兵，苟悉行裁撤，易以警察，优给以禄，而严限其权，为益当不可胜计也。抑余考日本警部，多以陆军武官兼任；一旦有事，授以兵器，编为军队，足以当一方面，盖亦常备兵之一种也欤！①

光绪二十三年（1897 年），黄遵宪补湖南长宝盐法道，又署湖南按察使，积极辅助巡抚陈宝箴推行新政。在此期间，他参照日本警察局的经验，设立了中国警察局的雏形——湖南保卫局。

明治维新改革之后，日本面貌焕然一新，中日甲午战争后更是在亚洲以盟主自居。光绪二十五年（1899 年）春，日本陆军大尉井户川辰三奉命来华，请派官员前往日本观看秋季军事大演习。四川总督奎俊派武官丁鸿臣、文官沈翊清前往游历阅操，并考察日本学制与兵制。作为文官，沈翊清所关注的点自然与丁鸿臣有所不同，其更多地记载了当时日本人的中国观。

此行东游日本观阅操演习，受到了日本各界大士的接待和访问。初十日抵东京时，便有福岛安正与少佐宇都宫太郎前往迎接，参谋部和外务省也各派人联系。沈翊清在《东游日记》中记载了日人对中国的态度：

> 松本菊熊及原田来见，松本，末吉友也，原田，井户川友也，

---

① 黄遵宪：《日本杂事诗》，第 636 页。

均操华语。午，福岛安正过候，言自俄国新回，知西伯利亚铁路三年将成。并云：我两国为同文同洲之国，辅车相依，务须及早整顿；我国三十年前本为西人蔑视，维新以来逐渐改革，足下与丁军门晤及外务、参谋、陆军三大臣后，按日阅观学堂、兵制，便知其详，如有采择，尽可归报督帅，倘须敝国帮忙之处，无不相助为理也。参赞官黎觉人孝廉亦来答拜。①

在与外务大臣青木周藏的交谈中，描写了从日人的角度给予中国的建议，青木所言款款深深，为我们了解当时日人的观念提供了一定的借鉴：

青木大臣一谓中国不必仇视天主耶稣教，教中自有道理，可助国家办事，至民教不和及借教为护符者，此乃地方办理不善，与教无涉；一谓中国须多派京师大员赴各国游历，以资考究；一谓中国练兵急于开学堂，开学堂培才其效甚缓，不如急以治标，速于经武，即易于强国；一谓大连湾、旅顺，各国将开一欧罗巴通商大马头，而亚西亚不与，此乃亚洲宜求进步之事，须合力经营。

按青木所言，款款深深，深悔前此一战之非。计日本办事，上下一心。究之，在上明理者，谓强亚所以制邻，此不易之论也。而在下者，谓甲午一战可以易视中国，意旨颉殊矣。②

三、近代东洋游记中的实业探索

光绪二十六年（1900 年），庚子事变爆发，慈禧太后与光绪皇帝避祸西安。随后八国联军侵华，清政府被迫签订《辛丑条约》，4.5 亿两白银的赔款对中国的民生发展来说犹如雪上加霜。为了扶贫，全国人民把眼光转移到发展生产和广兴实业上来，"振兴实业"逐渐成为当时社会热议的

---

① 沈翊清：《东游日记》，《走向世界丛书》（续编），岳麓书社，2016，第 13 页。
② 同上书，第 60 页。

话题。

光绪二十七年（1901 年），清政府在慈禧太后的默许下开始进行改革，其内容与戊戌变法大致相似，但在程度与范围上却比戊戌变法更深、更广，还触及到了中国几千年的封建科举制度。清政府制定了一系列保护工商、振兴实业的改革措施和法律条文，由于当时资本主义经济的发展和相对宽松的社会环境，为人们创办实业提供了条件。他们尝试以发展本国的实业来拉动经济发展、抵制外国资本的经济入侵，实业救国思潮由此兴起。李澄之、盛宣怀和周学熙作为清末新政时期实业救国派的代表人物，也在日本出游时吸收和积累了大量经验，为我国实业探索提供借鉴。

光绪二十九年（1903 年），周学熙（1866—1947）受袁世凯委派，前往日本考察工商币制。在晚清实业家中，周学熙对晚清时期的实业进行积极倡导，并认为日本兴起源于工商。傅增湘为之序云：

> 日本，我同洲邻国也。其种同，其文同，其变法之时代亦无不同。曾未数岁，而翘然自表，为亚洲先进国。是何兴之勃也！抑所改革而振奋者，固与吾异趋耶？吾国言富强旧矣！前十年喜言兵，近十年喜言学，举倾国之财以驰骛于东西人之议论，效未见而力已疲，是求富强而适得贫弱也。嗟夫！商业之不讲，工艺之不兴，利权失，漏卮巨，地产坐弃，游闲滋多，其求富强而得贫弱也，固宜。[1]

在此行赴日考察中，周学熙不只着眼于日本工厂实业的外在布局，也注意到了工厂内部的经营状况、利润收入以及当时各国务商人员的竞争情况，也时常能在日本盛势发展中吸收和借鉴其做法经验，探索中国富强的途经。在了解日本大阪府工业情况时，得知"无一洋货非出自本国仿造者"，周学熙恰恰以为这是区区小国能够自立于列强商战之世也。周学熙对沿途商业发展情形、街铺经营状况、商人生意行为乃至风土人情都有细致的观察与记录，并认为日人之成功在于关注练兵、教育与制造，其跋语云：

---

[1] 周学熙：《东游日记》，《走向世界丛书》（续编），岳麓书社，2016，第 87 页。

日本维新，最注意者练兵、兴学、制造三事。其练兵事专恃国
家之力，固无论已。而学校、工场，由于民间之自谋者居多，十数
年间，顿增十倍不止，其进步之速，为古今中外所罕见，现全国男
女几无人不学，其日用所需洋货几无一非本国所仿造，近且贩运欧
美以争利权。今日中国兴学校、废科举、倡工艺、予专利，既屡奉
明诏，不为不切，然而学堂则捐款难，工场则集股难，岂真日本之
民驯而中国之民顽耶？间尝默思其故，明治以前其民情之顽固有甚
于中国，而何以一旦翻然能使庸夫俗子心志如此之灵敏？盖所以开
通风气者，必有要领。其铁路、轮船、电报、得律风之数者之足以
大启民智欤！①

同样作为晚清实业倡导者的李濬之（1868—1953），因受其舅父张之洞的
派遣，赴日本考察工业、商务、教育、律政及社会风俗等洋务，并将其此行
的考察结果编撰成《东隅琐记》。与周学熙相同，李濬之也意识到了当时"启
民智"对中华崛起的重要性，他在访问教育品陈列馆时记载："除罗列简单器
物之外，或仿制模型，或绘列各表，俾得就性之所近，逐类研究。启发心智，
莫善于此。"② 在访问东京大激战油画室时，发现与赞同"寓教育于游戏"的
思想："盖借此壮国民尚武之精神，寓教育于游戏耳。若我华将国耻绘为巨
画，仿造数室于通都大邑，使人知耻知惧，激发爱国之心，是或一道也。"③
李濬之对日本众多实业进行了深入考察，如大阪的住友伸铜场、川崎铁
工场、阿部制纸会社、石碱制造所、制造磷寸（即火柴）场、电灯会社暨东
京瓦斯（即煤气）会社，东京的造洋钉工场、西村铁工场、山本熊太郎螺旋
钉场、藤井制药所、绞线绳工场。这些实业涉及玻璃制造、钢铁制造、造纸、
制药、火柴制造、玻璃制造、肥皂制造行业以及电力、煤气等能源的应用，
也得出了不少颇有价值的结论。如访问大阪电灯会社暨东京瓦斯会社时介绍
了火力发电、水力发电，李濬之认为："我华依山背水之地，大可仿行也。"

① 周学熙：《东游日记》，第 123 页。
② 李濬之：《东隅琐记》，《走向世界丛书》（续编），岳麓书社，2016，第 28 页。
③ 同上书，第 31 页。

除了对日本进行考察记载以外，李濬之还提倡铁工、兴办水利、招商举办自来水、实验水力以代汽机织纺制造、派人赴往各地练习制造，从各个方面给晚清实业提出合理的建议与策略。

盛宣怀作为实业救国的实践者，洋务运动以来在中国开创了许多拓荒性事业。参与创办轮船招商局、天津电报局、上海华盛纺织总厂、天津中西学堂等。光绪二十二年（1896年），经张之洞奏准，主办汉阳铁厂和大冶铁矿，兼任督办卢汉铁路总公司事务大臣。嗣后开设中国通商银行，创办上海南洋公学，开办萍乡煤矿等。光绪三十四年（1908年），时任清邮部传右侍郎、会办商约大臣的盛宣怀访问日本，引起轰动。

相比于周学熙和李濬之的考察反思，盛宣怀立足于其国内丰富的实业创办基础，真正地、全方位地从实践角度对日本实业进行考察，并明确指出日本企业有很多优点为中国所不及，值得中国实业向日本学习。如参观川崎造船所时记载松方督办所言：

> 凡办实业，总须在实际上讲究，不在饰外观。即如早稻田大学，如此大局面，堂屋亦并不考究。此不独敝国为然，余到过英、德各工厂，均是如此。始慨然于中国，每开办一局一厂，无不首先考较房屋，而内容转置后图。①

如参观纺织公司时所见内外之状：

> 厂中办事章程，大致与华厂同，惟其房屋之洁净，规模之严肃，工作之整齐，实非华厂所能及。且其总办精明干练，事事内家，尤非谬承其乏者可比。厂中有花园一所，以资工人游息，并有食物卖买，亦善法也。②

此外，盛宣怀对日本实业均用本国之人表示赞赏：

---

① 盛宣怀：《愚斋东游日记》，第107~108页。
② 同上书，第108页。

余此次到东，历观彼邦各项实业，无不用本国之人，不特薪费可省，而办事亦肯实心，中国专门学堂之设，诚不可须臾缓也。①

对于近代尤其是清末游历日本的官绅而言，东游不仅仅是一场单纯的赏景游玩，更重要的是通过在日本各方面的所见所闻，了解和把握日本维新变法后国力迅速发展提升的奥秘，并能有效借鉴其经验，取其所长，补之所短，为当时的新政乃至后续中国的发展崛起打下坚定的基础。

思 考 与 练 习

1. 从洋务运动到清末新政时期，游历东洋的学者对眼前日本的面貌及其所发生的变化，其心态有何变化？大致是怎样变化的？

2. 在自我反思的道路上，日人对中国有何评判？游历日本的学者对日本又有何评判？试简要分析。

---

① 盛宣怀：《愚斋东游日记》，第 109 页。

第九讲　近代西洋游记中的公共空间

这里所讨论的"公共空间",包括我们通常所说的公共场所如街道、广场、旅馆等,公共建筑如教堂、王宫等,公共设施如公园、博物馆等。工业革命给大型城市所带来的变化,在这些公共空间表现得最为显著。而近代出洋西游的国人,在踏上欧洲大陆之后,首先映入眼帘并给他们造成巨大冲击的,往往也就是那些城市中的公共空间。因此在近代西洋游记中,我们也不难发现,它们对欧洲公共空间的描写也是最为详细的。

一、巴黎街道

同治五年(1866年)三月十八日,斌椿抵达马赛,过海关经街道前往旅社,沿途所见城市街景便使他大吃一惊,他在《乘槎笔记》中描述说:"买车至客寓。街市繁盛,楼宇皆六七层,雕栏画槛,高列云霄。至夜以煤气燃灯,光明如昼,夜游无须秉烛。闻居民五十万人,街巷相联,市肆灯火,密如繁星。他处元夕,无此盛且多也。"① 街道两旁楼房高达六七层,雕梁画栋直入云霄;灯火密布,远远望去,灿烂如繁星。这样的场景,超出了斌椿的想象,因此他意犹未尽,还在《海国胜游草》中赋诗《至马塞(法国海口),楼阁连云(皆高七层),用煤气燃灯,万盏交辉,街市如昼》:

> 到处光如昼,真同不夜城;
> 珠灯千盏合,火树万株明;
> 画槛云中列,香车镜里行;

---

① 斌椿:《乘槎笔记》,第107页。

夜游须达旦，何必问罍更。①

诗中说，街上到处都是燃气灯，如火树银花一般，将马赛打扮成了一座不夜城。在这里可以坐着马车通宵达旦地游玩，根本不必在意时间的早晚。五天后，斌椿来到巴黎，发现这里人口更多，街道星罗棋布，城市更繁华："驻巴黎海关免验行李。街市繁华，气局阔大，又胜于里昂。闻里昂人民六十万，都城则百馀万。陆兵有三十万，街衢棋布星罗，皆黑衣红裈，持杖鹄立。看街之兵，往来梭巡无间。衣帽鲜明，无一旧者。车声辚辚，行人如蚁，皆安静无哗。夜则灯火通明如昼。"② 于是他又赋诗《二十二日戌刻由里昂登车，未明即至巴黎斯（法国都名，计程千里），街市华丽，甲于太西》两首，前者云：

> 康衢如砥净无埃，骏马香车杂遝来；
> 画阁雕栏空际立，地衣帘额镜中裁；
> 明灯对照琉璃帐，美酝频斟玛瑙杯；
> 醉里不知身作客，梦魂疑是住蓬莱。③

总之，斌椿对马赛与巴黎街道最深刻的印象，就是灯火通明。

随同斌椿前往的张德彝观察更为细致。他以细腻的笔触，一一描绘了他所见到的巴黎街景，如闾巷整齐，人口众多，到处是戏院、茶楼、酒馆、花园；火车行进的铁轨，密密麻麻如蜘蛛网，马路都铺上小方石，整洁而干净；路旁有排列整齐的高大树木，中间有许多长凳供人休憩，有许多燃气路灯点亮街道；每天清晨有人用自来水清洗街道，有人在街道上巡逻和指挥交通等：

> 法国京都巴黎斯，周有四五十里，居民百万，闾巷齐整，楼房

---

① 斌椿：《海国胜游草》，第 164 页。
② 斌椿：《乘槎笔记》，第 108~109 页。
③ 斌椿：《海国胜游草》，第 165 页。

一律，白石为墙，巨铁为柱，花园戏馆、茶楼酒肆最多。四围火轮
车道，遥望如蛛网。甫路骱以小方石墁平，专行车马，宽若三丈许。
两边石砌高起半尺，宽约丈五，皆煤油与白沙抹平。数武植树一株，
如桐如杨，以便行人游憩。每两三树后，置一绿油长凳。又两树间
立一路灯，高约八尺，铁柱内空，暗通城外煤气厂。其上玻璃罩四
方，上大下小，状如僧帽。每隔半里，有一铜眼机关，通于水道。
每晨每午，有人以皮筒插于铜眼，转则水出，遍涤街道，后皆顺石
砌流归于海。随时有车撮取粪土，以及铺户泔水等。楼上楼下皆有
铜筒通于地道，若沟洫然。又每十数树间，有圆房周约二围，以便
行人便溺者。其路途之整洁，可想见也。而途中并无肩挑贸易者。

行遇小儿拥一小箱，如行人皮鞋落土，给以铜钱一文，彼则伏
地以唾而刷之，其鞋则焕然一新。有卖新闻纸者，半多童媪。有青
服带刀，头戴饺形毡帽，八字乌须者，看街兵也。隔半里一名，皆
各守汛地，往来梭巡，终日不离。至食时，别者来换。如车拥挤难
行，彼即为之指拨先后，御者唯唯而听。凡有不平之事，彼即为之
理论，语极公平，两造咸服。[①]

相比于斌椿对巴黎街景概括式的勾勒，张德彝的描绘无疑更具体、更细
致，也更有画面感，将 19 世纪后期巴黎街道的真实场景，生动地展示在我们
面前。

同治六年（1867 年）十一月，因《天津条约》十年约期将至，清廷派前
任美国驻华公使蒲安臣，总理各国事务衙门章京、记名海关道志刚和总理各
国事务衙门章京、记名礼部郎中孙家穀为钦差出使大臣，率领中国随员、同
文馆学生等组成外交使团，首次正式出访西洋。该使团于同治七年（1868
年）二月初三日从上海出发，三月初九日抵达美国旧金山，四个月后横渡大
西洋，于八月四日莅临英国利物浦，然后依次访问了英国、法国、瑞典、丹
麦、荷兰等十个国家，最终于同治九年（1870 年）九月二十四日返回上海。

---

① 张德彝：《航海述奇》，第 490~491 页。

　　志刚等人此次西洋之行，虽然距斌椿等之西游不过一年，但两人的心态却大不相同。如果说斌椿的《乘槎笔记》或有走马观花的味道，还是以传统士大夫的趣味在吟诗作赋，那么志刚的《初使泰西记》就或多或少地展露出他外交人员的职业素质。《〈初使泰西记〉序》有云：

　　　　昔阅斌友松《乘槎笔记》，喜其可以供人玩赏，而究未能释然于西事也。因忆及志克庵星使，曾充行人，奉国书而周历瀛寰，为开辟以来之创举，何竟一无记述？岁壬申于役乌城，幸得昕夕从事，得间以请，乃出其所记使事稿，就借读之。公牍外或纪程途，或记风土，间有论说，颇潦草无伦次。因窃摘其关切世道人心、民生国计者，次第录寄小儿宜厘，俾拓耳目。向之不能释然者，已涣然冰释矣。①

　　序中认为，斌椿的《乘槎笔记》只是新人耳目，供人玩赏而已，而《初使泰西记》的宗旨则是期待有利于世道人心、民生国计。因此，志刚对西洋的科技、军事、政治、外交等重大问题甚为关注，并将之作为救世济民的药方，而对异国风情少有审美性的咏叹。如同治七年（1868 年）十二月初一日抵达法国巴黎后，他对街景的观察与描述：

　　　　十二月初一日　在法国都邑巴里司租寓。偶往通衢一游，则道途平坦，中为车路，旁走行人。夹路植树，树间列煤气灯，彻夜以照行人。道旁水管，下通沟渠。每日，司途者以牛喉汲水洒路，净无尘埃。牛喉者，以树胶作成软圆筒，长数丈，藉以为汲筒之用者也。顺途而上，为大宫。前为禁园一段，其外接长林，有水法飞空喷洒为美观。长林大树千章，时有小憩之座。凡都人之婴童幼女，任于其中往来嬉戏，有欢娱长养之趣。而置之于大宫之前，颇有意味。……其沿通衢道旁之灯，植铁筒，下粗上细，菜以上丰下收之

───────────────

①　志刚：《初使泰西记》，第 245 页。

玻璃方罩。不患风扑雨淋。以之照行人，查奸究，无所隐蔽。用之宫廷，守卫巡逻，最宜稽查。至于仓库、监狱各项重地，尤为得力。惟有止焰或忘拧塞，或开塞未及引焰，俾煤气放于屋中，若一经见火，则盈屋烘发，最为危险。有利有弊，虽妙法弗得免焉。①

志刚在这里所认真观察的燃气灯、晒水作业、林荫大道与长凳等，往往是从其实用价值着眼。看见燃气灯所带来的晃如白昼的效果，他便细致地描述了它的构造，并联想到它在仓库、监狱等重要场所的使用价值，同时也强调其所存在的走火的危险。

使团的这次西行，张德彝也曾随行。不过同治八年（1869年）六月十七日，他在巴黎坠马受伤，痊愈后即先行回国。时隔一年，再度来到巴黎，张德彝对巴黎的观察更为细致了。走在巴黎的街道上，他对建筑的关注逐渐被行人的精神状态所替代：

二十一日甲午　晴，未刻雨。见巴里街道较伦敦广三四倍，其整齐洁净，在泰西诸国为第一。街市繁华，楼台峻丽，气局阔大。昼夜车声辚辚，行人如蚁，衣履修整，安静无哗，醉人亦鲜有歌唱者。

二十四日丁酉　晴。步行凯歌路，又名天堂路，长约六里，宽十馀丈。其甬道系碎石铺成，专行车马；左右漆道两行；漆道之外，又有石路两行。道旁树木成林，罗列铁凳、铁椅于每二树之间，以便行人休憩。……路之北首，左右设傀儡、秋千各种玩戏。午后，则各家乳娘，抱持小孩，往来游戏之。

二十六日己亥　晴，暖。午后，步至马达兰坊，甬道左右因近新年，添置木棚，百货云集，颇有京华景象。入夜，阴而微雨。

二十八日辛丑　阴。是日，系外国礼拜之期。午后，见凯歌路游人如云，有以四羊曳车，中坐四五小儿，童子御车，碧目黄发。

① 志刚：《初使泰西记》，第305~307页。

有售红皮气球者，大者如瓜，小者如桃，下系长线，自行上升，有
时风吹线断，则飘宕入云，不知所之矣。①

　　由于张德彝在巴黎驻留的时间很长，他不仅看见了法国大都市光鲜亮丽
的一面，看见了它的奢华、繁盛与整洁，如价值一千五百两的金表；同时也
看见了它肮脏丑陋的一面，看见了在恶劣的环境中苦苦挣扎的贫民。如同治
八年（1869年）正月十一日，他来到贫民区："法京东南有述梦园。近园一
带，闾巷狭窄，房屋鄙陋，风则扬尘蔽目，雨则泥泞难行。居民率皆贫苦，
大半囚首丧面，终日男女喧哗，孩童泣笑。较之凯歌路、马达兰等处，迥不
相同矣。"②

　　次日，张德彝来到凡尔赛王宫前的广场，看见群鸟从容地盘旋，老人优
雅地投食，这种强烈的反差或使张德彝有所反思："其王宫前有二丛林，群鸟
飞鸣，以千万计。每日有一老者，其名字未详，持面包以饲之。老者举手，
则群鸟集头上掌中。另有白鸽二只，老者一呼即下，食毕一一飞回，此盖慈
心之所感也。彼王孙公子，左挟弹，右摄丸，即持嘉谷以相招，鸟虽久饥，
其肯下乎？"③喂鸽子的老人，固然比挟弹弓的王孙公子更有爱心，如果没有
前一天贫民区的描写，我们或许就会被他的慈爱所感动了。

二、伦敦水晶宫

　　伦敦海德公园内的"水晶宫"（Crystal Palace），原是英国1851年为举办
第一届世界博览会所建的展览馆，建筑面积约7.4万平方米，使用了铁柱
3300根、铁梁2300根、玻璃9.3万平方米，共有三层，1954年迁移至伦敦南
部。"水晶宫"可谓是工业化时代的第一个现代建筑，它的出现引起了极大的
轰动，所以旅英的晚清人士往往会前去观览一番，而其中参观次数最多的当
属张德彝，他先后六次游览水晶宫。

---

① 张德彝：《欧美环游记》，第727~729页。
② 同上书，第745页。
③ 同上。

同治五年（1866 年）四月初二日，张德彝在来到英国伦敦的第一天就专程乘坐火车行经四十多里，前去游览了水晶宫。他首先详细地介绍了水晶宫建造的具体情况、所处的地理环境，然后再总体描述了楼上、楼下的陈设：

> 后乘火轮车行四十四里，至"水晶宫"。此宫系在十三年前，官派伯爵柏四屯所建，以铁为梁柱，上下四旁镶嵌玻璃，遥望之金碧辉煌，悦人心目，故名为水晶宫。其中圆圈楼台，占地十馀里。东靠弓形园，西通大马路，南抵呐伍村，北至赛达庄。其宫楼地作日字形，面如高土二字形，长约百六十丈，宽三十馀丈，正中高十六丈八尺，左右先十丈五尺，次六丈二尺至二丈二尺。楼上前面陈列洋琴、洋画以及玩耍等物出售，后列名人油水画一千二百馀轴。楼下正中设一乐台，上置一大风琴，高约二丈八九尺，四面铁筒数十，周皆盈尺。一人弹之，其音洪亮，如遇顺风，百里外皆能闻之。左右有弹筝、鼓瑟、摩笛、吹萧之座位数百馀。台下列藤椅千张，盖为听乐者而设。对面一戏台，苦不甚大。后列新造洋车数辆。①

在简单介绍大厦中的油画、器乐、戏台、洋车之后，张德彝详细描述了水晶宫内的微缩景观，包括世界各国的王宫庙宇与古代生活场景：

> 左有仿埃及、希腊、罗马、回回、土耳其、意大利各国之王宫庙宇，虽云具体而微，而结构备极工巧，或木质，或石质，甚细致，更有瓷造者。惟埃及国庙内，有其先圣先贤之像，有兽身人面者，更有兽身人面而带翅者，皆红身黑发，重眉长唇。壁上大字横横，有如刀剪者，亦有如燕如猫者。其他房貌不一，新奇无比。再有鱼池、鸟架、假兽、鲜花，暨前四五百年英国人物之形象，石头、水画等物。右有法郎西与本国之玩好等物出售。前一枯树，干高七馀丈，周十数围，立于地上，如插笋然。后有外邦野人像三四种，有

---

① 张德彝：《航海述奇》，第 501~502 页。

黑人披发者，有下唇钉一铅饼大如当十钱者，有穿羽毛者，有持木器猎虎者，有彼此战斗者，皆在假山小河林木之中。再有书房、饭厅，皆甚大，中有水法、鱼池。又前后石人两行，有骑马者、斗兽者，多半赤身，男子露其阳，女子牝齿一花覆之。①

最后，张德彝重点描绘了水晶宫中的意大利园：

出正门，下白石台阶廿馀层，前一石路，长一千五百七十六步，宽四十八步，左右石栏，外有汉白玉石人二十六个，坐立不一。下则一园，名之曰意大里园，长二百六十六丈，四围山水树木，形如屏幛。当中六座水法，左则一片山岭，花木鲜妍，遥而望之，真无纤尘障目。又一圆铁花架，高约三丈二尺，共百二十柱，四围十二门，每门宽约十六七尺，各色鲜花，盘旋曲曲。再至中途，则一对八角翠花亭，又名水仙庙，高皆六丈馀，中通外直，铁铸油漆，颜色五彩。楼之左右各一铁造转心楼，系为助水法易于得水而设者，圆形，顶似折盂，高约二十八丈二尺，共分十层，上下八百步。极上有千里眼，可以四面眺望。见东面仍一大园，因天晚未去，遂以千里眼瞻仰一番，心殊未畅。②

正是因为张德彝感觉此行意犹未尽，两天后，他在火车站接到斌椿等人之后，当晚又乘坐马车至水晶宫观赏烟花表演：

戌初，同包腊等至火轮车客厅接斌大人并德善等人，入寓，遂同乘马车往水晶宫看烟火。是日宫内华烛星罗，通宵达旦，游人蜂拥，塞巷填街。在彼晚饭，后出前堂上正楼看灯。先放双响炮竹，声震山谷。继则花起半空，光分五彩，蓝绿红黄等色，顷刻变化无穷。又有花飞落如彗星者，有飞火能来往数次者，有花转八角孔雀

---

① 张德彝：《航海述奇》，第 502~503 页。
② 同上书，第 503 页。

翎者。又一明灯，借轻气球飞起，形如明月，随时变化，变黄则映地皆黄，变绿则映地皆绿，尤为烟火之最奇者。楼前二翠花亭，亭心燃绿灯，有水自亭顶流下皆绿色。又水法三座，每座五孔，正中高者跃起十馀丈，四小者亦六七丈。水后燃五色灯，灯换何色，水变何名，灯映水变，水跃灯明，色色空空，镜花水月，虽云水火之幻化，实极人工之精巧也。①

同月二十一日，张德彝第三次来到水晶宫。这次他先拜访了水晶宫的管理者包椿龄，在后者的陪同下进行了游览。斌椿在《乘槎笔记》中记述了他此游的感受：

> 二十一日 晴。往都南二十五里"各里思答尔巴累恩"（译言水晶宫也）。山上地势甚高，建大厦，高二里，广三里。南北各一塔。北十一级，高四十丈。皆玻璃为之，远望一片晶莹。其中造各国屋宇人物鸟兽，皆肖其国之象。司宫者启关，导予遍观，且备小车以代步。表里洞明，凭栏远眺，能见六十里之外。旋邀至客座，小楼三层，精彩可人，穿廊咸罩玻璃。绕廊紫藤盛开，红药、杜鹃皆大于中土，间以杂色花草，绿茵铺地，璀璨可观。夫人备茶酒，出画册与观，款洽甚殷。②

大厦为玻璃所建，晶莹剔透，走廊紫藤盛开，鲜花灿烂。二十天后即五月十一日，张德彝第四次游览水晶宫，他陪同斌椿观赏了水晶宫的东大园："行数里至宫之东大园。花树繁杂，亭台壮丽。有诸般水旱野兽，奇形怪状，咸仿本形，以石凿成，有爬山者、伏水者、啃树者、餐花者，皆大于牛，土人云系古有今无之兽也。"③

两年后，亦即同治七年（1868年）九月初八日，再度出洋的张德彝第五

---

① 张德彝：《航海述奇》，第507~508页。
② 斌椿：《海国胜游草》，第115页。
③ 张德彝：《航海述奇》，第535页。

次游历了水晶宫。这一次他所关注的是修葺一新的水晶宫所增加的各种奇巧珍玩："午正，同联春卿乘火轮车游'水晶宫'。……刻下修葺一新，更增无数奇巧珍玩，一片晶莹，精彩眩目，高华名贵，璀璨可观，四方之轮蹄不绝于门，洵大观也。"① 五天后，张德彝第六次来到水晶宫，欣赏其灯光与焰火："晚随志、孙两钦宪往水晶宫看烟火，……登楼遥望所放花炮，与前所看者大同小异，惟一大花，周逾二丈，光苗例流，急于瀑布。其声音之震耳，如溢涌之惊涛落地，沸沫堪谓焦渊。又一种状如彗星，自天下飞，尾长逾丈，光芒异常。又一种双塔对峙，水火交发。灯分五彩，叠起层楼。其灯火之奇幻，非意想所能到，众皆击掌大呼以贺之。"②

王韬在同治六年（1867 年）至同治九年（1870 年）间也有西欧之行。其《漫游随录》详述了他所见到的水晶宫：

> 玻璃巨室，土人亦呼为"水晶宫"，在伦敦之南二十有五里，乘轮车顷刻可至。地势高峻，望之巍然若冈阜。广厦崇轩，建于其上，逶迤联属，雾阁云窗，缥缈天外。南北各峙一塔，高矗霄汉。北塔凡十一级，高四十丈。砖瓦楱桷，窗牖栏槛，悉玻璃也；日光注射，一片精莹。其中台观亭榭，园囿池沼，花卉草木，鸟兽禽虫，无不毕备。四周隙地数百亩，设肆鬻物者麇集，酒楼茗寮，随意所诣。有一乐院，其大可容数千人，弹琴唱歌，诸乐毕奏，几于响遏云而声裂帛。有一处鱼龙曼衍，百戏并作，凡一切缘绳击橦、吞刀吐火、舞盘穿梯、搬演变化，光怪陆离，奇幻不测，能令观者目眩神迷……宫内游人虽众，无喧嚣杂遝之形。凡入者，畁银钱二。余游览四日，尚未能遍。③

王韬在水晶宫连续游玩了四天，还没有游遍所有的景点。与张德彝不同的是，王韬的文字多铺陈夸饰，虽然更为细腻，写实性似乎有所不如。作为

---

① 张德彝：《欧美环游记》，第 706 页。
② 同上书，第 708 页。
③ 王韬：《漫游随录》，第 99~100 页。

外交官的钱德培，在光绪七年（1881年）也曾来到水晶宫游览，他也同张德彝一样用质朴的文字记录了当时的场景：

> 午刻，同乘火车至南乡水晶宫，宫为三十年前英主设赛珍会之所。高数十丈，阔如之长几百丈，尽以玻璃嵌铁框中为之。其中分设厅，事陈百物，无所不备。两边厢楼上陈设，则羊毛、绒绵为最多，绒毯有值百余金一条者。中国股厅中设有书画、玉器、雕刻、冠服，并有衔牌告条等件。……欧洲各国如万牲院、博物院、水族院、画院以及百工技艺各设专院，无不大同而小异。惟英国之水晶宫，足称大观。但年分已久，未免稍欠修理耳。①

这样的记录如同流水账一般，细节的摹绘与生动的形容已全然不见踪影，这或许是因为这些物品已经无法给见多识广的钱德培以巨大的震撼了。

三、罗马大教堂

王韬初至伦敦时，就为教堂之多达七百三十所而瞠目结舌。王韬在《漫游随录》中详细描述了其中最有名的圣保罗大教堂。他在书中介绍说，这座教堂内部高二百四十六尺，宽四百九十三尺，许多建筑图纸为华裔所绘，建造周期长达三十五年，花费英镑七十四万七千九百五十四镑，相当于白银二百六十五万六千七百三十三两，"堂之正中，其上有自鸣钟，式制甚巨，高约丈有二尺，钟声洪亮，响彻十馀里。出入辟三门，以白石雕琢古贤哲像，镌刻工丽；非为美观，盖以铭功德而树仪表也。堂中多韶年童子咏歌诵诗，乐人奏琴以谐其声；和音雅节，清韵悠扬，听者忘倦。"②

光绪二年（1876年），美国为纪念建国一百周年而举办世界博览会，李圭（1842—1903）作为中国工商界代表参会。参加费城世博会之后，李圭还

---

① 钱德培：《欧游随笔》，第70~71页。
② 王韬：《漫游随录》，第104页。

参观了华盛顿、纽约、伦敦、巴黎、里昂、马赛等重要城市，经地中海、红海、印度洋而返回上海。在其光绪三年（1877 年）所撰写的《环游地球新录》中，他也描述了伦敦的圣保罗大教堂："圣保罗教堂在城中，亦以白石建筑，阔大高耸，能容数千人。中有六十年前战胜法国大将纳利生石像，并得胜旗仗。按其时大将有二，一为廉明登，一即纳利生。其廉明登骑马铜像，建于通衢。纳利生像，则建于此。皆以存其人也。堂中起圆楼如覆杯，高四百零四尺。历阶五百四十级而至绝顶，为京城最高处。登临一览，全城在足底。四周七十里，屋宇山河，毕堪属目。"[①] 李鸿章在序中称赞此书"是录于物产之盛衰，道里之险易，政教之得失，以及机器制造之精巧，人心风俗之异同，一一具载"[②]，可见李圭之作意在致用，故对教堂的描绘只停留在外部。

　　当然，最令晚清人惊叹的还是罗马大教堂。袁祖志（1827—1899），字翔甫，号枚孙，别署仓山旧主、杨柳楼台主，浙江钱塘人。咸丰十年（1860年）曾署上海县丞，光绪二年（1876年）任《新报》主编。光绪九年（1883年）三月十二日，轮船招商局总办唐廷枢奉李鸿章之命出洋考察，拟将轮船航线扩展至欧美，至十二月二十二日结束返回上海。袁祖志作为文案随行，将十月有余的行程观感撰为《瀛海采问纪实》。是书分为《瀛海采问》《涉洋管见》《西俗杂志》《出洋须知》《海外吟》《海上吟》六卷，卷二《涉洋管见》又分十八个子目叙述他对涉洋事物的看法，包括泰西不逮中土说、中西俗尚相反说、葡萄牙山城记、大西洋登山记等。书中"大教堂记"云：

　　　　噫，不至罗马乌知教堂，他处虽大，此处尤大耶。不至罗马又乌知教堂，此日犹衰，当日诚盛耶。罗马一境教堂林立，以教王向都于此故也。其中之极大者有二，传为耶稣二大门徒所立。二大门徒者，如释迦之二大弟子文殊、普贤然，殁后即各葬于堂下。其堂皆以白石及花石累筑而成，高至五六十丈，冲霄凌汉，莫之与京。楹柱之石有三人合抱者，石色更佳，或如玛瑙，或如翡翠。壁则以各色碎石，嵌磨人物故事，直与绘画无异。层层所履之地，亦嵌磨

---

① 李圭：《环游地球新录》，第 287~288 页。
② 同上书，第 192 页。

作各种锦毯花样。正不知耗费几千万金钱，经历几百年时日，乃获此巨观。此二堂之所同也。其少异者，一则门前恢郭，中矗砥柱，高数十丈，左右自来水亦喷涌作十数丈之高。堂左为教王之宫，右有库房，藏庋历代教王之衣冠、器皿，贵重无比，缘镶嵌珍宝皆希世无价之物。一则屡经兵燹，少毁复修，堂前已完好如初。堂后尚经营伊始，然开工已六十年。据云再六十年或可竣工，其工费亦可想见。历代教王皆留有画像，一一摩嵌壁上，面目如生。又由石级千百盘旋，登至承尘之巅，仰视屋脊，尚高数丈，其间足容万馀人，真可骇焉。其他各堂或供耶稣临刑所履之石阶，或供耶稣当日澡身之浴盘，或陈所留足迹之石块，或踞曾匿教徒之地窟，规模较隘，皆无足称云。①

袁祖志的这段描述，有两个比较突出的特点。一是具有浓烈的历史意味，多慷慨呜咽之音，在叙述罗马教堂的历史时，常常将自己的感受贯注其中，如徐润在《瀛海采问纪实》序中所言，"故凡于人心之儇薄、风尚之淫奢，无不托诸歌咏，而闵世伤时之感时流露于其间，俾阅者得所惩劝。"② 二是叙述有条不紊，往往以华夏文化以审视与观照，这应该是由他游历西洋的使命所决定的，故陈衍昌序云："从游环海，周涉列邦。遇一山、一水、一物、一名，无不悉心稽考，极意搜求。乘揽胜之馀，轶群之识，极摹写采问之能事，荟萃而成书。"③

相对而言，金绍城《十八国游记》对罗马大教堂的描述可谓细大不捐，最为繁富。金绍城（1878—1926），字巩北、拱北，号北楼，又号藕湖，吴兴（今湖州）南浔人。光绪二十八年（1902 年），赴英国伦敦国王学院，攻习法律专业，漫游欧美各国，考察法律和艺术。著有《藕庐诗草》《北楼论画》《十八国游记》《十五国审判监狱调查记》等。宣统二年（1910 年）十月，美国华盛顿承办第八届万国刑律监狱改良会，大理院奏派金绍城、李芳为专员，

---

① 袁祖志：《瀛海采问纪实》，《走向世界丛书》（续编），岳麓书社，2016，第 49 页。
② 同上书，第 7 页。
③ 同上书，第 30 页。

王树荣为随员，法部奏派许世英、徐谦为专员，沈其昌为随员，分途赴会，并沿途考察欧美各国监狱及审判制度。《十八国游记》即此行考察之日记，起自宣统二年（1910年）五月二十五日，止于宣统三年（1911年）三月二十三日，沿途经过日本、美国、英国、法国、比利时、荷兰、丹麦、挪威、瑞典、德国、奥地利、匈牙利、塞尔维亚、罗马尼亚、土耳其、希腊、意大利、新加坡十八个国家。书中对罗马大教堂进行了详细的介绍。

> 彼德庙号称宇内第一，经始于西历一千五百〇六年，落成于一千七百八十年，工程计三百五十年，经费共一千五百万镑，经七大名匠之手而始竣工。虽建章之千门万户，无以加诸，教皇之力可谓宏矣。门外大铜门二扇，高十馀丈，上刻神像。其模型乃名匠飞拉来堆所雕。此二门已八百年矣。壁间挂铁链一，乃罗马当时与土耳其战，土耳其以铁链横亘水中，如铁锁沉江之制。土耳其败，乃取其铁链悬诸教堂，以为纪念焉。正殿崇阶数十级，高三十馀丈。入门地下皆铺五色文石，石上有字，则为罗马及各国大教堂之比较，盖无一能及彼德庙之崇宏巨丽也。①

在这段文字中，金绍城首先介绍了圣彼得大教堂建造的基本情况，然后解说墙壁上铁链的来历，最后夸其正殿台阶的高大宏丽，由此称颂它为世界第一教堂。细腻处，娓娓而谈，如数家珍。在描述了圣彼得大教堂的外观后，金绍城又转入教堂内部，展开细致的刻画：

> 中间作圆穹形，径一百九十五尺，高四百二十六尺，至顶四百五十八尺。上列金人八十六，分十六格，雕刻极精。中层作金宝星十馀，四面开窗，每窗顶画一像。其下五层皆绘画丹青，饰以宝石，璀灿炫目。圆穹顶上每日自晨八钟起至十一钟止可以登之。因已过午，故不能上去耳。其中层画像手执之笔，望之甚短，实则计长三

---

① 金绍城：《十八国游记》，《走向世界丛书》（续编），岳麓书社，2016，第119~120页。

密脱，则其高可知矣。

　　圆穹之下有方亭，其下则彼德、保罗之墓在焉。左右两阶皆文石砌成，各十七级，下至墓所。墓前四宝石柱，皆自古罗马皇尼罗帝宫中移来者。玛瑙石柱二，长三尺许，大盈拱，以火烛之，光明透彻。坟堂中间设一椅，乃彼德当时所坐者。椅下刻云气，有四教皇像，以手捧云而承之。中有神龛，内设银柜，镂刻极精。教皇欲赐人宝星者，盛此柜中，然后取出，盖托为神赐以炫世也。①

文中记穹顶，记雕刻，记画像，记石柱，记座椅，记神龛，都不厌其烦，于琐屑处极意刻画，故文字颇有精神色态。这段游记的结尾处，金绍城重点介绍了殿中的刻石壁画：

　　殿之左右为历代教皇之墓，皆石椁，上刻石像，精妙无匹。教皇之棺六十有四，各国惟王者得葬于此，如英皇、法皇及瑞典皇后克里斯缔那，皆藏棺于是。有一富家女子，临终遗嘱尽舍其家产助入教会，亦得附葬焉。刻石之精，几于美不胜收。有一石像，手作合十形，侧身伛立。右旁一侍者，手持十字架，左旁一飞仙，下有二石狮，极生动灵妙之至。教士称此像为无价之宝，非虚言也。摩色画四壁皆是，内一幅写耶稣故事者，经四大名手而成。盖三人均为此画而死，最后一人始足成之，宜乎精能之至，出人入天矣。昌黎诗云"僧言古壁佛画好，以火来照所见稀"，观罗马画壁，辄诵此二语不置也。教皇现虽无权，而民间之信从者甚众，膜手礼拜十百成群。欧洲人之迷信过于中土者十倍，非亲见者盖不知也。②

　　金绍城对石像的描写可谓栩栩如生，不过对于教皇的理解仍似有隔膜，因此在欣赏这些壁画时，他首先联想到的是韩愈的《山石》一诗，可见传统文化的影响对他是根深蒂固的。

––––––––––

① 金绍城：《十八国游记》，第120页。
② 同上书，第120~121页。

近代西洋游记中，对圣彼得大教堂描述最为详细的，当属康有为。康有为于光绪三十年（1904 年）五月二日晚抵达意大利，十四日进入瑞士，其所著《意大利游记》共分为四十三个部分，前三十六个部分叙述其游历当地名胜古迹，时有杂感，包括号称宇内第一之彼得庙、教皇宫、罗马最巨之斗兽场、歹布路宫、奥古士多宫、罗马首王罗慕路之宫、尼罗帝宫、罗马古道等。其《号称宇内第一之彼得庙》一节首先介绍了大教堂建造的历史与相关背景，指出"是时新学日出，勃乃变罗马日耳曼之旧式，而自出新裁。勃死，而名匠拉发罗、巨利瓦、罗孟诺、弗拉约、康独、安得诺、密克尔安春罗七人续成之。其馀内外雕饰，皆妙选当时之名手无数以成之，可谓巨工矣"。① 其描绘顺序亦同金绍城，也是由外至内，移步换景，娓娓而谈，清晰明了：

> 门外旷墆如天安门外，深广数百步，宏敞非常。两廊各百馀柱，作圆拱半壁形。其上立雕石先哲像，每柱上一像。中间一华表，高十馀丈，体方。左右两大管为喷水池。体势雄伟，甚类印度也。正殿阶崇数十级，殿高三十馀丈，左右各六柱。柱大四尺许，上层顶平，亦环立其先哲像。大门五，中门以铁为之，作圆拱形，高三百四十二尺。拱上雕镂精绝，门外横廊广数丈，雄深崇峻，亦似印度。②

在观察中，康有为竭力以知识储备去诠释他所见到的新事物。如上文短短一段文字中，我们见到康有为两次提到柱廊的雄伟类似印度。在下面描述教堂内部环境时，他则以天坛形容中间的圆形建筑。所谓"其下为画五层，一方，一圆，一长。皆刻金为底，以丹青为画，饰以宝石，璀灿照耀"等叙述，也是我们所熟悉的表达方式。至于他对彼得、保罗墓的刻画，则与金绍城异曲同工，只是文字更为精细：

---

① 康有为：《欧洲十一国游记二种》，《走向世界丛书》（修订本）第十册，岳麓书社，2008，第92 页。
② 同上书，第 93 页。

亭下为彼得、保罗墓。方亭高广数丈，四大金柱皆作曲形。以文石砌路，左右两路凡十七级，下至墓所。墓前四宝石柱，是自古罗马皇尼罗殿移来者。其石级下两宝石柱，长三尺馀，以火照之，光通彻，馀皆以金为之。上层环周石栏，以金作花叶形之灯，凡百数。坟堂正座之椅，乃彼得原坐者。椅下以朵云盛之，刻四教皇像，以手捧云。左右刻神像甚多，并精绝。其神放星光，亭上供奉十字。自亭盖以至坟下，一切皆刻金饰宝石，光丽无伦。墓门刻金，如中国神龛。墓前作第六教皇布拉沙希跪像，甚精美，为名匠加南所刻。[1]

此外，康有为在文中还描述了亭后的石像，称赞"所有各像，手足筋骸，精妙入微，光动如生，真刻像之极品也"；介绍了大殿左右的教皇之棺材，声称"棺上皆刻死者像，或坐或卧，此欧洲之通例"；讨论了各地葬制，认为"儒教送形而往葬之中野，迎精而反立庙而事之，生则重形，死则重魂。耶教生则日聚人而言魂，死则不事魂而藏其形，何其反也"；介绍了殿后的认罪亭，认为"其创认罪法，出于佛氏之忏悔法，即孔子所谓见其过而内自讼也"等。其描述洗礼场面，尤具中国特色：

殿右门内第二柱，高丈许，上有一百九十六代之教皇烟询咽地棺及像悬焉。突厥帝曾送一剑，亦在是。再出一椟，英女皇美利棺在是。门角一室，中设金轮，大二三尺。卧一蜡造小儿，下临一小池，外有木栏。众妇女围绕，一僧中立。僧衣白挂，两肩搭红绸，阔二寸，垂至膝下，手捧一经册，口诵喃喃。一妇人捧新生子就僧前。僧且诵且问，以手抚儿首，又以香膏拭儿首及颈，于池中酌水浴儿，燃白烛照之，以白巾覆儿头，诵吉语，礼毕。行礼中间，僧又易黄绸肩褂。[2]

---

① 康有为：《欧洲十一国游记》，第93~94页。
② 同上书，第94~96页。

晚清时期，旅欧人士来到西洋，确实有目不暇接之感，真所谓"乱花渐欲迷人眼"。其中带来巨大震撼的，无疑是欧洲的公共空间。这些公共场所、公共建筑与公共设施，让他们深深地感受到了工业革命对人们生活方式的改变。虽然这些感受是浅层的、直观的，但是透过这些展示日常生活的公共空间，他们的思维与认知方式还是在潜移默化中发生了改变。在惊诧、感叹、艳羡之余，他们终究会有所比较，有所内省。从上述巴黎大街、伦敦水晶宫、罗马大教堂的描述中，我们可以感受到他们情绪的变化。当然，近代西洋游记所描写的公共场所并不只是大街，也不只是巴黎的街道，更不限于斌椿等人的笔触。

1. 对于同一种公共事物，不同的作者有着截然不同的情感态度，我们该如何看待此种现象？

2. 游者们看到的西洋公共空间的诸多景象，是否就是当时西洋的真实情况？或者只是冰山一角？谈谈你的看法。

第十讲　近代西洋游记中的自我镜像

　　大航海肇始，意味着全球化时代的来临。近代以来，前往西洋的中土人士越来越多。他们在走出国门去睁开眼看世界的同时，也逐渐开始被世界所认识。就在这"看"与"被看"的过程中，近代那些旅欧者不仅如饥似渴地吸收一切新鲜的信息，同时也有意识地收集外界对他们行为的反馈，并且通过中西文化的对比进行反思，提出修正前行方向的设想。

一、近代西洋游记中的他者眼光

　　斌椿曾有诗云"愧闻异域咸称说，中土西来第一人"①，又云"书生何幸遭逢好，竟作东来第一人"②，他自认为是近代以来从中土来到欧洲的第一人，并为此相当自豪。当踏上其时令国人谈虎色变的陌生土地时，他甚至享受到了明星的荣耀——因为在近代欧洲人眼中，他同样是陌生的。同治五年（1866 年）四月初十日，来到伦敦的斌椿到照相馆留影，他的照片遭到抢购，很快流传开来。这不仅使斌椿感到颇为兴奋，他在《乘槎笔记》中写到：

　　　　初十日　午刻往照像。(西洋照像法，摄人影入镜，以药汁印出纸上，千百本无不毕肖也) 申正，谒相国贾大臣、哈总办。酉刻，往画院一览。所绘人物山水，绝非凡笔。各国新闻纸，称中国使臣将至，两月前已喧传矣。比到时，多有请见，并绘像以留者。日前在巴黎照像后，市侩留底本出售，人争购之，闻一像值银钱十

---

　　① 斌椿：《天外归帆草》，《走向世界丛书》（修订本）第一册，岳麓书社，2008，第 189 页。
　　② 斌椿：《海国胜游草》，第 166 页。

五枚。①

当得知自己的相片登上了报纸，他欣喜地赋诗三首，且自述云："西洋照像法，摄人影入镜中，以药汁印出纸上，千百本无不毕肖。予来巴黎（法国都）、伦敦（英国都），画师多乞往照。人皆先睹为快，闻有以重价赴肆购买，亦佳话也。"第一首云：

> 海隅传遍使星过，纸绘新闻万本多；
> 中夏衣冠先睹快，化身顷刻百东坡。②

这首诗耐人寻味，表面上看斌椿是在夸耀自己的诗才，实际上还是自比为流放海南岛的苏轼，不免隐藏着几分文化自信的意味。身为随员的张德彝，对上司的咏诗之举，似乎也是与有荣焉，其《航海述奇》描述说：

> 看毕，司事者留备茶点。斌大人口占古风二章，包腊译以英文，本国复译以荷兰文，刻为新闻纸，传扬各国。斌大人诗传于五洲，当亦传于千古也。所乘小轮渡，向不插旗。惟明等乘之，乃竖本国旗号，空中飘漾，遐迩咸知。③

斌椿的此次游历，其意义固然在开拓视野，如杨能格序《乘槎笔记》所言，其"得尽览其山川城郭、宫室人物、风俗怪异之类，皆华人所未耳目之者"。但正如法国比较文学家亨利·巴柔《从文化形象到集体想象物》所言，我"看"他者，但他者的形象也传递了我自己的某个形象。当斌椿一行来到欧洲，观察宫室街衢之壮丽、士卒之整肃、器用之技巧、风俗之异同时，他们自身也成为欧洲人士了解华夏文明的窗口。不过，斌椿似乎还沉浸在传统士大夫游历番邦的氛围中，轮船、火车、电梯、照相机等确实使他大开眼界，

---

① 斌椿：《乘槎笔记》，第 113 页。
② 斌椿：《海国胜游草》，第 166 页。
③ 张德彝：《航海述奇》，第 539 页。

倍感新奇，但他也只是停留在猎奇的层面。他不仅对现代科技不甚了了，乃至对政治外交也颇为隔膜。同治五年（1866 年）四月二十三日，斌椿曾先后拜见维多利亚女王与太子，王室的矜持他似乎全然不知，《乘槎笔记》载：

> 迨子刻，太子及妃起赴别所，众皆两旁立。旋有宫官称太子请见。随之往，太子及妃皆立，问："伦敦景象较中华如何？惜距中华太远，往来不易，此行尚安妥否？昨游行馆，所见景物佳否？"予一一应答，且云："中华使臣，从未有至外国者，此次奉命游历，始知海外有此胜境。"皆含笑让。①

第二日，斌椿觐见维多利亚女王时，女王的反应如出一辙：

> 申正，内宫数人来导。入门数重，至内宫。君主向门立。予入门侧立称谢。君主问："来此几日矣？"予答曰："来已兼旬。"又问："敝国土俗民风，与中国不同，所见究属如何？"予对曰："来已兼旬，得见伦敦屋宇器具制造精巧，甚于中国。至一切政事，好处颇多。且蒙君主优待，得以游览胜景，实为感幸。"②

这两问两答，不禁让我们想到了贾母、王熙凤在大观园招待刘姥姥的场景。更让我们诧异的，还是斌椿的迟钝。或许正因如此，后人对斌椿此行的评价不高，以为他的思想见解都不足道，西方有学者甚至对斌椿进行了严厉的斥责：

> 斌椿虽然不是一个使节，但在伦敦官方中曾受到很好的接待；并且，一经倡导，他在报聘北欧各国首都中遂同样的受到良好的接待。他在六月末离开伦敦，前往哥本哈根、斯德哥尔摩、圣彼得堡、柏林、布鲁塞尔和巴黎，在巴黎停留了十天，在其他的每个都城则

---

① 斌椿：《乘槎笔记》，第 117 页。
② 同上书，第 117~118 页。

停留三天到五天。斌椿一行计划还要前往华盛顿，但是这个计划被放弃了。事实上，这位代表对于在那些国家旅行中的种种不适感到厌恶，他对于这些国家的风俗习惯，用一个顽固者和一个满洲人的一切憎恶观点来表示嫌弃；他从一开始便感到苦闷，并切盼能辞去他的任务而回到北京去。他的旅程缩短了，他被准许于八月十九日由马赛启航，以脱离他精神上由于蒸汽和电气所造成的惊心动魄景象，和由于到处看到的失礼和恶劣态度在他的道德观念上所造成的烦恼。他并未使人们对于中国的文明得到良好的印象，而他对于西方也没有欣赏的事物可以报告；他的使命必须肯定为一种失败。①

十九岁的张德彝此时只是随员，他没有直接肩负严肃的外交使命。他的《航海述奇》以猎奇的心态记录了在欧洲的那些奇闻异事。与此同时，他本身作为被"猎奇"的对象也被记录在《航海述奇》中。在斌椿抵达伦敦的前一日，即五月初二日，张德彝在游览水晶宫时就遭到了伦敦人的围观："是日游人男女老幼以数千计。彼见我中国人在此，皆欣喜无极，且言从未见中土人有如此装束者，前后追随，欲言而不得。"② 二十天后，他去参观行宫、教堂与大学时，消息流传后，也被好奇的伦敦人蹲守：

> 出宫，入一大礼拜堂并大学院，皆百年前建造，墙石多半朽散。内有男女学生三百馀名，师生皆服青色古衣，头戴"兀"字巾。至其教习家，前后皆系花园，上楼待以酒饭。有许多少艾捧几撰杖而前，询之即女弟子也，不仅前列生徒后列女乐矣。教习年约五旬，言语温恭，颇解礼貌。又见树林中有人作乐，男女丛集，若有所待者；盖群聚于此，意在看中华人也。③

伦敦的男男女女，群聚在树林中，守候良久，目的在于围观前来的张德

---

① 马士：《中华帝国对外关系史》第 2 卷，上海书店，2000，第 205~206 页。
② 张德彝：《航海述奇》，《走向世界丛书》（修订本）第一册，岳麓书社，2008，第 503 页。
③ 同上书，第 523 页。

彝一行。此时的张德彝或许会有些兴奋，语气尚颇为轻快，但很快他就感受到不适应了："又每日自晨至夕，所寓店前男女老幼云集，引领而望。乘车出时，则皆追随前后，骈肩累迹，指话左右，盖以华人为奇观也。"① 好奇的英国人并没有我们如今想象的那样内敛，而是老老少少都拥挤在张德彝他们居住的旅店前，希望一睹真容，甚而在张德彝等人出行时，尾随不休，指指点点。

五月二十六日，张德彝等人来到瑞典斯德哥尔摩，又在购物回到旅社时，发现当地男女老少聚集在窗下，高呼中国人：

> 二十六日甲申　晴。早见步兵四队巡街，军律整肃。有武官现充委员名安纳思者，寅正来晤。其人言语忠诚，性情潇洒。于巳初同乘马车，行三四里至积新宫。所储者本国土产货物。有以红萝卜酿成白沙糖者。有瓷篮、瓷瓶白如沙石，其工之细如象牙，其他瓷器尤细。更有五金、木器、兽皮、洋玩，楼上楼下，密密罗列，极为壮观。司宫官请饮"三鞭"、"舍利"等酒，佐以樱桃、地椹。饮毕，主人请书名字于纸，乃去。回寓，见窗下男女老幼，如蜂拥蚁聚，群呼"士呢司"，即瑞言中国人也。②

如果说这些远距离的聚集与高呼尚在能够忍受的范围内，而近距离的甚至贴身的围观就令人窒息了。更令人意外的是，这样的事情发生在德国柏林。

> 十三日庚子　晴。午正出店购买布国王与王后像。店前之男女拥看华人者，老幼约以千计。及入画铺，众皆先睹为快，冲入屋内几无隙地，主人强阻乃止。买毕，欲出不能移步。主人会意，引明向后门走。众知之，皆从铺中穿出，阍者欲闭门而不可得。众人拥出，追随瞻顾。及将入店之时，男女围拥又不得入。明乃持伞柄挥之，众始退，盖因以英语浼之再三不去故也。登楼俯视，男女老幼

---

① 张德彝：《航海述奇》，第 539 页。
② 同上书，第 544 页。

尚蚁聚楼下未去。①

就在前一日，初抵柏林的张德彝尚称赞它是一座安静的城市，"是时日尚未出，鸡犬无声，路静人稀，殊觉岑寂"。而当张德彝前往柏林一画店购买国王、王后的画像时，居然有上千人闻讯而来。大量的柏林人涌进画店，使店内几乎没有立锥之地，张德彝等人从后门好不容易脱身，又遭到围堵而动弹不得，哪怕他们登上了二楼，围观者依然迟迟不愿散去。

在斌椿等人使英后不久，王韬也来到了英国，依然遭受围观。他偶尔来到乡下，甚至需要警察来维持秩序："余偶游行乡间，男妇聚观者塞途，随其后者辄数百人，啧啧叹异。巡丁恐其惊远客也，辄随地弹压。"② 由此可见，当这批先行者怀着兴奋好奇的心态探索陌生的西方世界时，这里的居民也在试图了解陌生的东方世界。

二、近代西洋游记中的认同与误解

除了偶尔的群集围观之外，张德彝在这个陌生的国度还感受到了热情与温暖。在其《航海述奇》中，我们经常可以看到他与那些绅士和官员和谐相处的温馨画面。如同治五年（1866 年）四月十七日，他们被英国内阁大臣邀请至家中作客。双方以音乐为媒介，唱歌跳舞，颇为融洽：

> 酉初一刻，有议事大臣戈兰孙约明等往伊家饮茶。坐车行七里许至其家，上楼见男客六七人，女客四十馀人，皆系赤臂长裙，彼此坐谈，有鼓琴者、弹筝者、歌舞者。后一老者央明等歌中国曲，明等固辞不免，遂和声而歌华谣，众皆击掌称妙。盖洋女先读书，后习天算学，针黹女红一切略而不讲，性嗜游玩、歌唱、弹琴、作画、跳舞等事。③

---

① 张德彝：《航海述奇》，第 562 页。
② 王韬：《漫游随录》，第 129 页。
③ 张德彝：《航海述奇》，第 520 页。

　　虽然张德彝意识到了双方在文化背景上存在着较大的差异，如这里提及的西洋女子喜欢游玩、弹琴等，而中国女子需要学习女红、家务等，但此时此刻，他们却能在音乐方面达成一致。同治五年（1866 年）六月二十九日，张德彝被翻译德善邀请至他伦敦家中作客，宾主也是以歌曲相唱和：

　　　　二十九日丙戌　晴。巳初往德善家，其父母姐妹治酒相待。其母嘱明等歌中国曲，明等告曰："先主而后宾，礼也。"其母遂歌一曲，声调娇娜。其父与其妹，亦各歌一曲。明等一一和之，众皆击掌而笑。其姐问及音乐之工尺，歌曲之缘起，昆弋之腔调，明等一一答之，众愈称美不已。①

　　同治五年（1866 年）六月十六日，张德彝一行来到汉诺威。当地有位英国军火商克鲁卜，在穷困中通过制造大炮而一举成为上万人的工厂主。克鲁卜引领张德彝等人参观他的军工厂后，还邀请他们至家中作客，并热情留宿：

　　　　至其家，楼房峻丽，亭榭清幽。见其妻子，乃引观炮厂。周七十馀里，工匠计二万三千馀人。其炮大者长逾丈，重二万馀斤，作棒锤形。……看毕，主人留饭。维时灯烛炜煌，觥筹交错，十四人共一席，有克鲁卜之妻母暨五六友人陪酌，谈笑甚得。饭毕，鲁卜强留住宿，明等苦辞得脱。临行赠伊家照相数张，并炮厂与制炮之图式，斌大人拜谢而别。②

　　毋庸置疑，克鲁卜是位精明的商人，张德彝所谓其"好客广交，四海游士多访之"，或当时其谋生的重要手段，所言"财敌两国，所造火器，可供四国之用，如布鲁斯、俄罗斯、荷兰、日本之炮，皆取给于此"也能透露一些信息，不过克鲁卜确实也给张德彝等人留下了深刻印象。在张德彝笔下，也

　　────────────

　　① 张德彝：《航海述奇》，第 576 页。
　　② 同上书，第 566 页。

有许多西洋人士由衷地喜爱华夏文化，如：

> 酉刻乘马车行五里许，至庚申换约之法国钦差大臣葛罗家。其
> 人年已六旬矣。楼房悬许多大字匾额，并福字斗方等，皆中国官员
> 名人书赠者。又有照画四张，大皆盈尺。一系正阳门大街，一系北
> 京大市街即东四牌楼，一系京中芳桂斋糕点铺，一系在北京所建之
> 天主堂。又见中国官轿一乘，紫檀床一张，蟒袍补褂一袭，暨笔墨
> 书籍等物。饭酒有中华绍兴一尊，所用之大小瓷盘、玻璃杯等，中
> 心皆有葛罗二字。亥正辞归。①

六十有余的法国大臣葛罗，就是中国传统文化的爱好者。他收藏着不
少匾额、官轿、蟒袍以及笔墨书籍，乃至用绍兴黄酒与中国瓷器来招待张
德彝等人。六月初一，他们在瑞典见到中式的房屋，房间的陈设全然来自
广东。

> 忽见中国房一所，恍如归帆故里，急趋视之。正房三间，东西
> 配房各三间，屋内槅扇装修，悉如华式。四壁悬草书楹帖，以及山
> 水、花卉条幅；更有许多中华器血，如案上置珊瑚顶戴、鱼皮小刀、
> 蓝瓷酒杯等物，询之皆运自广东。房名"吉纳"、即瑞言中华也。少
> 坐，食瓜佐饮，为之盘桓者移晷。门临大河，出则遥见太坤犹在楼
> 窗眺望，众皆免冠，明等鞠躬而立，太坤一笑而去。遂即登舟，申
> 刻回至桥边，见何姓舟子犹在焉。舟子极殷勤，并云："贵国从无人
> 至此，今大人幸临敝邑，愿效微劳。"不收渡资，荡舟而去。②

这样的画面是极其温馨的。在极北的高寒之地，在遥远的异国他乡，不
仅见到了中式房屋，见到了中式卧榻，见到了满屋的字帖书画，还见到了众
多的中式日用物品。出门之后，先有太绅在窗前微微一笑，后有渡河的船家

---

① 张德彝：《航海述奇》，第579~580页。
② 同上书，第548页。

免费效劳，这些无疑都让张德彝感受到无比温馨。不过，文化的隔膜在《航海述奇》中更是屡见不鲜。如同样是在瑞典，国王虽然热情地招待了张德彝等人，但热情中不免有几分傲然：

> 游回，王劝饮"三鞭"酒，吸烟卷。明辞以烟力猛，恐吸多必醉。王乃强予数枚，令放兜中。告以华服有兜者少，王曰："何其迂也！"复亲引明等游览各处，出正门，入右雁翅门，看藏书之府。斌大人赋诗二章，令翻译官译以西文，王见之喜甚。又去左雁翅门，观聚宝之室。王以照相各赠之，送宾门外。俟明等升车后，乃与诸人亲燃烟卷一枚，以示敬宾雅意。①

如果说瑞典国王强行让张德彝等人吸烟以及鄙夷汉服没有口袋，尚可以理解为好客，那么张德彝等人因有长辫子而被误认为女性，就不免难堪了。初到法国被人围观时，张德彝就感受到了这种尴尬：

> 去此东行约五弓地，入酒楼饮茶，无他糕点，不过奶油面包而已。是时天气微热，食毕下楼，见吃茶饮酒者甚多。出门，有乡愚男妇数人，问德善曰："此何国人也？"善曰："中华人也。"又曰："彼修髻而发苍者，谅是男子。其无须而风姿韶秀者，果巾帼耶？"善笑曰："皆男子也。"闻者咸鼓掌而笑。归时一路黄童白叟，有咨询者，有指画者，有诧异者，有艳美者，争先睹之为快。②

面对异样的眼光，张德彝在文中将那些巴黎人斥为"乡愚"，即没有什么见识的乡下人。

第二年再度来到巴黎，张德彝等人又一次被误判为女性，原因似乎是胡须。

---

① 张德彝：《航海述奇》，第 547 页。
② 同上书，第 481~482 页。

初三日丙午　阴。晚随志、孙两钦宪步游前贤敖那蕾街，灯烛辉煌，行人络绎。忽有土人云："呕！中国男女同行，男前女后，异于我国矣。"盖西俗男女同行，多系携手交臂。当时惟两钦宪有须，馀皆少年，故土人妄以为女矣。①

当然，这样的误会虽然有些尴尬，但在张德彝看来无伤大雅，大可一笑了之。但因被误认为是女性而受到西洋女士的热情示好，或许就有些恼怒了。同治五年（1866 年）六月初六日，张德彝等人在俄国彼得堡出门，被当地两位女子误认为是同性，希望携手攀谈：

丑刻出园，车辆盈门，观者如堤。其女子见华人皆有惊讶状，指彦智轩长讴一声曰："赛邦不的徐奴阿司"，即华言"此中国之美女子"也。中有二女，与彦智轩立谈数语，询其颠末。途中又遇二女乘车，女欲隔车携手，明饬车急行，彼亦急随，盖欲并车，以便携手交谈。归时日上三竿，东方已红。闻是日有本地人姓孔名气者投刺，能华言，自称为"孔大人"。②

而更让张德彝难以接受的，则是他们的辫子被西洋人嘲笑为猪尾巴：

初三日乙巳　晴。午后街游，遇二英国人，幼者笑云："阿兄！看猪尾甚长。"长者叱之曰："威良！可谓少不更事矣。汝知泰西于百年前亦有辫乎？只少短于此耳。再，汝言华辫为猪尾，则我面为猴脸矣。慎之！慎之!"威良诺诺。威良，幼者之乳名也。③

虽然这种嘲笑出自少不更事的孩童之口，其兄长亦有训斥，但羞辱的感觉终究难以散去。恶意的诽谤，其实并不少见。同治八年（1869 年）四月初

---

① 张德彝：《欧美环游记》，第 731 页。
② 张德彝：《航海述奇》，第 553 页。
③ 张德彝：《欧美环游记》，第 773 页。

一日，法国总署官员因见报纸上刊载中国使者出使华盛顿时带有三车老鼠作为食粮，故专程前来请教如何烹食老鼠：

> 四月初一日癸卯　阴。午后，法国总署委员郎碧叶来拜。伊言："日昨偶阅新闻纸，内云贵国钦差到华盛顿时，曾载鼠三车，未详确否？又闻到此后，日命华仆买鼠一二篮，不知如何烹调？乞明以教我。"明云："天下各国人民，或遭兵燹，或遇水患，食鼠容或有之。然我国钦差在此，即有食鼠一说，不知购自何处，尚望再为访之。"郎云："新闻纸间有无稽之谈，微君言，余几误矣。"免冠谢去。①

新闻等媒体的这种恶意宣传，对西洋民众产生了极大影响。十四天后，有人前来拜访，又谈及了食鼠等传闻：

> 十五日丁巳　晴。早，接罗鲁旺来函云："即日午刻率妻邝氏来拜。"早饭后，与众坐谈，俄闻楼下车声聒耳，有西仆奔告曰："莫四约罗至矣。"明即趋迎。其妻年约六旬。粗通笔墨，彼此讲论各国风土人情，颇为款洽。其妻问及中土溺幼女、食犬鼠一节，明皆一一以理驳之，妇面颇惭，谢曰："窃笑传言之讹。然天下无稽之谈，往往有之，中外一辙，无足怪也。"②

三、近代西洋游记中的冲突与反思

英国著名艺术史家约翰·伯格曾经指出，"就观看这一行为来说，它是一种先于语言的存在，在我们观看他者的同时，也可意识到他者正在观看我们，他者的视线与我们的结合，方能明确我们在周围世界的位置。"③ 这里的位置，显然是指文化位置而不是地理位置。早期的士大夫在出使番邦时，往往不可

---

① 张德彝：《欧美环游记》，第772页。
② 同上书，第775~776页。
③ ［英］约翰·伯格：《观看之道》，广西师范大学出版社，2005，第1~2页。

避免地带有"天朝上国"的骄傲，满怀着先进文化的优越感，以审视的目光打量着陌生的环境；曾几何时，他们愕然发现自己也被陌生环境中的所谓蛮夷以同样挑剔的眼光注视着，成为其乏味生活的一种调剂。这种发现无疑给他们的心灵带来了巨大的创伤，他们不得不开始借助他人的眼光来重新审视自我：

> 盖西洋言政教修明之国曰色维来意斯得，欧洲诸国皆名之。其馀中国及土耳其及波斯，曰哈甫色维来意斯得。哈甫者，译言得半也；意谓一半有教化，一半无之。其名阿非利加诸回国曰巴尔比里安，犹中国夷狄之称也，西洋谓之无教化。三代以前，独中国有教化耳，故有要服、荒服之名，一皆远之于中国而名曰夷狄。自汉以来，中国教化日益微灭；而政教风俗，欧洲各国乃独擅其胜。其视中国，亦犹三代盛时之视夷狄也。中国士大夫知此义者尚无其人，伤哉！①

郭嵩焘说，文明与野蛮的区别在于是否有所教化，现如今欧洲人认为中国正处于半教化的时代，正如三代盛时我们对待周围蛮夷的态度。这段话真可谓痛定思痛，当他们在欧洲发现华夏被描绘成丑陋恶俗、愚昧堕落、停滞衰败的腐朽形象时，开始有所反思。

在相当长的一段时间内，西方有意无意地对东方有所歪曲，当然，在近代的这批旅行者看来，这无疑是一种误解。那么，这批旅行者来到西方，用他们好奇的眼光打量新奇的事物时，是否也存在着误读以致于对自身的位置产生了一些误判呢？法国比较文学家米丽耶·德特利曾对十九世纪欧洲文学丑化、诋毁中国人的现象进行了生动地剖析：

> 总的来说，19 世纪初期欧洲文学中的中国人形象多是表面化、漫画式的；它退化到一些衣着饰品的细节描写（男人穿着妇女们才

_____

① 郭嵩焘：《伦敦与巴黎日记》，《走向世界丛书》（修订本）第四册，岳麓书社，2008，第491 页。

穿的彩色长袍，带着阳伞、扇子），以及一些外形特征（女人的小脚、男人的辫子、黄皮肤、长指甲、吊眼睛——此时尚未用"有蒙古褶的眼睛"一词）和一些琐碎小事（爱情、诗歌、漫步、梦幻）。其中对中国人精神状态的勾画往往自相矛盾（对旧事和诗歌的趣味、对外表的关心、无所事事、懒散、专制、文雅、感情细腻、无动于衷、怯懦等等）。……为了捍卫自己的身份，欧洲人于是一刻不停地贬低、摧毁中国人，针对的不仅仅是中国的文明，甚至是中国的人。这种有条不紊地对他者进行诋毁和否定的行动并非毫无恶意，但白人教化行动的神话却对此保持沉默。然而，人们无法阻止一种情绪渗入良知之中：表面上似乎是担心有仇必报的复仇的中国人要求算账，实际上是对自己产生了忧虑和怀疑。因此，就在人们能够确信他者已被消灭的时候，他者却如同一阵强烈的悔恨，突然又冒了出来，欧洲人惊恐地发现他很像自己。①

这使我们相信，当近代的旅欧者如王韬、郭嵩焘等人把他们所看到的新事物和新形象记录下来的时候，他们所记录的正是他们所愿意看到的以及满心所期待的。这种发现与期待，也正是对自身的一种否定。因此，西洋的描述固然多有丑化，而王韬、郭嵩焘等人的记录却未必不是美化。这种误读，在双方都存在。如王韬对英国文化生活与精神面貌的极力称颂：

> 英国风俗醇厚，特产蕃庶。豪富之家，费广用奢；而贫寒之户，勤工力作。日竞新奇巧异之艺，地少慵怠游惰之民。尤可美者，人知逊让，心多悫诚。国中士庶往来，常少斗争欺侮之事。异域客民族居其地者，从无受欺被诈，恒见亲爱，绝少猜嫌。无论中土，外邦之风俗尚有如此者，吾见亦罕矣。②

> 盖其国以礼义为教，而不专恃甲兵；以仁信为基，而不先尚诈力；以教化德泽为本，而不徒讲富强。欧洲诸邦皆能如是，固足以

① 曹顺庆、徐行言：《比较文学》，重庆大学出版社，2016，第203~204页。
② 王韬：《漫游随录》，第107页。

持久而不敝也。即如英土，虽偏在北隅，而无敌国外患者已千馀年矣，谓非其著效之一端哉！余亦就实事言之，勿徒作颂美西人观可也。①

王韬在结尾强调说，他只是在阐述事实，并非是在歌颂西洋。事实上，他或许不是在歌颂西洋，而是在描述他的梦想而已。乐黛云曾经说过，"在虚构文学中……我们更可以清楚地看到遥远的异国他乡是如何作为一种与自我相对立的他者而存在，凡自我所渴求的、所构想的，以及在现实中无法满足的都会幻化而投射于对方"②。在王韬这些看似写实的描述中，依然存在着严重的幻化情形。

又如郭嵩焘的《使西纪程》对西洋文明大肆褒扬，盛赞"西洋立国二千年，政教修明，具有本末，与辽金崛起一时，倏盛倏衰，情形绝异""彼土富强之基之非苟然"，认为"中国师儒之失教，有愧多矣"，主张学习他们的治国之道：

> 西洋以智力相胜，垂二千年。麦西、罗马、麦加迭为盛衰，而建国如故。近年英、法、俄、美、德诸大国角立称雄，创为万国公法，以信义相先，尤重邦交之谊。致情尽礼，质有其文，视春秋列国殆远胜之。而俄罗斯尽北漠之地，由兴安岭出黑龙江，悉括其东北地以达松花江，与日本相接。英吉利起极西，通地中海以收印度诸部，尽有南洋之利，而建蕃部香港，设重兵驻之。比地度力，足称二霸。而环中国逼处以相窥伺，高掌远蹠，鹰扬虎视，以日廓其富强之基，而绝不一逞兵纵暴，以掠夺为心。其构兵中国，犹展转据理争辩，持重而后发。此岂中国高谈阔论，虚骄以自张大时哉？使其为五胡之乱晋、辽金之构宋，则亦终为其啙嚭而已。轻重缓急，无足深论。而西洋立国自有本末，诚得其道，则相辅以致富强，由

---

① 王韬：《漫游随录》，第127页。
② 曹顺庆、徐行言：《比较文学》，第204页。

此而保国千年可也。不得其道，其祸亦反是。①

　　这些言论曾引起强烈反响。光绪三年（1877 年）五月，何金寿上奏，请求"立将其《使西纪程》一书严行毁禁"，得到朝廷认可执行。李慈铭《越缦堂日记》亦云："《使西纪程》记道里所见，极意夸饰，大率谓其法度严明，仁义兼至，富强未艾，寰海归心。……迨此书出，而通商衙门为之刊行，凡有血气者，无不切齿。于是湖北人何金寿以编修为日讲官，出疏严劾之，有诏毁板，而流布已广矣。嵩焘之为此言，诚不知是何肺肝，而为之刻者又何心也。"② 是书毁版后，翰林院侍讲张佩纶另上《请撤回驻英使臣郭嵩焘片》，要求从英国召回郭嵩焘："《纪程》之作，谬轻滋多。朝廷禁其书而姑用其人，原属权宜之计。……今民间阅《使西纪程》者既无不以为悖，而郭嵩焘犹俨然持节于外……愚民不测机权，将谓如郭嵩焘者将蒙大用，则人心之患直恐有无从维持者，非特损国体而已。"③

　　李慈铭、张佩纶的忧虑，与郭嵩焘的畅想之所以产生巨大冲突，根本原因不在于对西洋的描述是否属实，而在于对自我形象的审视出现了分歧。同样的情形出现在李慈铭《越缦堂读书记》对刘锡鸿的评判上："阅刘云生（锡鸿）《英绍私记》二卷，虽辞笔冗俗，不如郭筠仙《使西纪程》之简洁，而叙述甚详，于所见机器、火器、铁路、铁船，皆深求其利弊，言之备悉。英人谋利之亟，讲武之勤，以及收贫民、教童子，监狱之有法，工作之有程，国无废人，人无弃物，皆能言其实。而风俗之陋，习尚之奢，君民不分，男女无别，亦俱言之不讳。"④ 李慈铭肯定刘锡鸿对西方文明的批判，原因也是出于对自我形象的维护。

　　早期的西洋游记，或如钟叔河所说："一百多年前的欧洲人之视远东，正如当时中国人之视泰西，总是感到陌生和好奇。但无论是普通人民，还是国

---

① 郭嵩焘：《伦敦与巴黎日记》，第 91 页。
② 同上书，第 2~3 页。
③ 同上书，第 54 页。
④ 李慈铭：《越缦堂读书记》，辽宁教育出版社，2001，第 515 页。

王和王后，对于第一次到那里去做客的中国青年，都表现了殷勤和友善。"①
但在殷勤和友善的背后，也有一些作为上国的矜持与自傲。如郭嵩焘所言，
将这种"殷勤和友善"诠释为文明人对半开化者的好奇与宽容或许有些偏激，
但诠释为贾母、王熙凤等大观园诸人对刘姥姥的友好与照顾似乎亦不为过。
而无论王韬、郭嵩焘的颂扬，还是刘锡鸿的批评，都无关乎西方的事实，都
是自身态度的体现。

1. 在当时，帝国主义列强对中国肆意侵略，显出野蛮的强盗本
性。可是他们对出使本国的中国使节却非常优待，热情殷切。为何
会有这样的差异？真的是因为使节更加"体面"吗？谈谈你的看法。

2. 学完本章内容之后，你对国际关系是否有了新的认识？试着
联系具体事例简要分析。

---

① 钟叔河：《航海述奇的同文馆学生》，《走向世界丛书》（修订本）第一册，岳麓书社，2008，
第420~421页。

第十一讲　近代西洋游记中的大众教育

　　张德彝游历西洋后，曾大发感慨："余尝遍历欧西，知民之智愚，视乎识字之多寡。而因以察其国势之盛衰。夫英以海隅三岛而雄视全球，德以欧陆一方而称强列国。识者谓其无人不学，无艺不兴，故士农工贾之心思技能，每日新月盛，其长驾远驭，非偶然也。"① 他终于意识到教育才是近代欧洲崛起的关键。这不是张德彝独有的感受，近代西洋的游历者，在经过详细的考察之后，往往最终将目光转向大众教育。

一、近代西洋游记中的实业教育

　　最早在西洋游记中大力宣扬实业教育的应该是王韬。同治六年（1867年），因献策太平军而潜逃香港的王韬，随英人理雅各回国"佐译经籍"，游历英、法等国。初至欧洲的王韬，对传统文化颇有信心，如在法国图书馆，见到"波素拿书库"藏有中国典籍三万册，博士儒莲司虽然从未抵达中国，却因翻译了儒释典籍而被封为宗师等，这些无疑让王韬感到自豪。到英国参观各大学学院时，他自述被对方赞叹明慧渊博，以为自己的储备足以解释精微之格物。王韬曾在牛津大学演讲，会后有人询问孔子之人道与泰西之天道的不同，他回答说：

　　　　孔子之道，人道也。有人斯有道。人类一日不灭，则其道一日不变。泰西人士论道必溯原于天，然传之者，必归本于人。非先尽乎人事，亦不能求天降福，是则仍系乎人而已。夫天道无私，终归

---

① 张德彝：《稿本航海述奇汇编》第七册，北京图书馆出版社，1997，第781页。

乎一。由今日而观其分，则同而异；由他日而观其合，则异而同。
前圣不云乎：东方有圣人焉；此心同，此理同也。西方有圣人焉；
此心同，此理同也。请一言以决之曰：其道大同。①

王韬承认中西研究对象不同，一偏于天道，一偏于人道，但它们是殊途
同归。值得注意的是，天道与人道最终的归向却是人道，因为研究者以及研
究目的都要归本于人。事实上，这就是后来盛行的"中体西用"。接下来，王
韬还为绘像题诗两首，其中两句说："异国山川同日月，中原天地正风尘。"

在英国漫游了一段时间后，随着见闻的增广，王韬的思想发生了剧烈的
变化。他意识到科技对社会的巨大推动，认识到发明创造对英国日常生活的
巨大影响，英国富强的基石在于国家重视制造业："英人心思慧巧，于制造一
切器物，务探奥窍，穷极精微，多有因此而致奇富者。此固见其用心之精，
亦由国家有以鼓舞而裁成之，而官隐为之助也。"② 制造业要迅速崛起，关键
在于实业教育，于是他开始大力宣扬英国的教育实学：

　　英国以天文、地理、电学、火学、气学、光学、化学、重学为
实学，弗尚诗赋词章。其用可由小而至大。如由天文知日月五星距
地之远近、行动之迟速，日月合璧，日月交食，彗星、行星何时伏
见，以及风云雷雨何所由来。由地理知万物之所由生，山水起伏，
邦国大小。由电学知天地间何物生电，何物可以防电。由火学知金
木之类何以生火，何以无火，何以防火。由气学知各气之轻重，因
而创气球，造气钟，上可凌空，下可入海，以之察物、救人、观山、
探海。由光学知日月五星本有光耀，及他杂光之力，因而创灯戏，
变光彩，辨何物之光最明。由化学、重学辨五金之气，识珍宝之苗，
分析各物体质。又知水火之力，因而创火机，制轮船火车，以省人
力，日行千里，工比万人。穿山、航海、掘地、浚河、陶冶、制造

---

① 王韬：《漫游随录》，第97~98页。
② 同上书，第114~115页。

以及耕织，无往而非火机，诚利器也。①

他认为英国的天文、地理、电学、火学、气学、光学、化学、重学等基础学科，虽是对各种自然现象普遍规律的研究，却都具有极强的实用价值，可以广泛地运用到社会生活的方方面面。至于他以往感到自豪的诗赋词章，显然正处于"实学"的对面。嗣后他再次参观大学时，对英国大学学科的设置大加赞赏：

> 按英例，各省书院皆于夏间给假之时会齐考试，甄别高下，品评甲乙。列于优等者，例有赏赉，如银牌、银表、纸笔、书籍，各种均值重价，以示鼓励。顾所考非止一材一艺已也，历算、兵法、天文、地理、书画、音乐，又有专习各国之语言文字者。如此，庶非囿于一隅者可比。故英国学问之士，俱有实际；其所习武备、文艺，均可实见诸措施；坐而言者，可以起而行也。②

王韬认为英国教育的先进之处主要体现在两个方面：一是门类丰富，不局限于某一个领域，无论是历算、兵法、天文、地理、书画、音乐乃至语言，都在学习与考试的范围内；二是所用的学问，其终极目的是为了实用，而不能是坐而论道，夸夸其谈。因此，王韬所倡导的实学教育，虽然偏重于自然科学，但还是以实用为旨归的。

张德彝起初对西洋的教育极为鄙夷，这鄙夷主要体现在对西方学科门类的多样化不以为然："泰西取士，亦有秀才、举人、进士之名。应试者专攻一艺，或文章，或算学，或天文、地理，或术学、医道，或化学，或格物，其他或由吏部选拔，或由廷臣荐举。大概西俗好兵喜功，贵武未免贱文，此其所短者也。虽曰富强，不足多焉。"③ 在张德彝看来，这种名目繁多的取士途经，终究是西洋好大喜功、穷兵黩武的风气导致的。可见张德彝这时虽是二

---

① 王韬：《漫游随录》，第116页。
② 同上书，第125页。
③ 张德彝：《航海述奇》，第521页。

十岁左右的年轻人，又是同文馆出身，但其骨子里依然秉持着"好战必亡"等传统观念。但很快他便认识到多学科办学的便利，认识到因材施教的重要意义：

> 初六日丁巳，稍晴。西国学业，无不时时讲求，因而会馆极多。虽如中土之之文会，然非一种，如天文、地理、格致、化学、花木、鸟兽、医道、光学、绘画、音乐、理学、教学之类是也。乃按学设一会馆，凡有新法新章，追求之理，随时讲论，人入听者，按月捐钱若干，以充馆费。凡人之好学者，必须入一会，随各人性之所好，以便学有进益。如喜天文者入天文会，喜地理者入地理会，是以各学无不蒸蒸日上。①

郭嵩焘对西方实学的倡导可谓不遗余力。在出任驻英公使时，他途经香港，曾参观了香港大学馆，对西式教育已经有所偏好。抵达伦敦，郭嵩焘积极拜访当时著名学者，如化学家定大（Professor Tyndal）、植物学家虎克（Dr. Hooker）等，认识到英国格物致知之学其来有自，源远流长。"一千五百四十七年义德第六即位，商人始立公会，以辟地行贾为事。一千五百八十三年女主以利沙伯时，实明神宗万历十一年也，商人立公会，通亚细亚东方，始至中国……英人有培根者，著书考察象纬术数。一千六百二十三年，惹迷斯第一（为英兰两部合国之始）始创造新闻纸。其后查尔斯第一即位，国变多故，而学艺始盛。哈尔非为血络周流之学，而医术益精。哈略测水星过日，而推测之术益验。观象仪器，及格物家讲求化学，实事求是，多兴于其时。"②他全面考察了格致算学学堂、矿务学堂、船机学堂、枪炮学堂、兵学堂、建造学堂、教习学堂、政治学堂、水师学堂、陆军学堂、军医学堂、女子学堂等，感受到西学之无所不包，学生"有为舆地者，有为动植物者，有为器具者，有为制造机器者，有为画学者，有为算学者，有为商学者"，可谓各尽其才，深深感受到"此邦学问日新不已，实因勤求而乐施以告人，鼓舞振兴，

---

① 张德彝：《五述奇》，《走向世界丛书》（续编），岳麓书社，2016，第91页。
② 郭嵩焘：《伦敦与巴黎日记》，第404~405页。

使人不倦，可谓难矣"①。在光绪四年（1878年）十一月写给沈葆桢的书信中，他明确希望广泛全面地学习西方的实学："至泰西而见三代学校之制犹有一二存者，大抵规模整肃，讨论精详，而一皆致之实用，不为虚文。宜先就通商口岸开设学馆，求为征实致用之学。"②

光绪年间，向西方学习实学已经成为共识。留学苏格兰格兰斯歌大学攻习工科船政的林汝耀，曾编纂了《苏格兰游学指南》。在序言中，他强调了在英国学习实学的重要性与途经：

> 英以实业立国，苏格兰各校，实业科学，颉颃英伦。而艺学发明家，如对数学之讷皮亚（Napier），汽机学之占士瓦德（James Watt），物理学之克尔芬（Kelvin）等，并为各国崇仰。近年其学部复加意振兴艺学，于理化、工程、医术各门，皆极力扩充。我国学者乃姗姗其来迟，岂轮帆之艰阻，抑介绍有未周？旅苏同人，以为徒闭户自精，不举所知以为同胞饷，非所以尽留学义务也。乃于今春，联爱丁堡、格兰斯哥两地同志，立一留苏中国学生会。就各人所肄业、所阅历可以为来学助者，类集条分，编为小册。俾内地志士，得以详考情势，从其所好，早定方针。苟发轫其不迷，盍展裳而相就，斯编虽陋，或有取焉。③

此书包括《苏格兰大学简言》《苏格兰大学学期》《苏格兰大学考试》《大学学科课目》《爱丁堡农务专门学校调查》《格兰斯哥工艺专门学校调查》《工厂实习调查》《游学费用》《来苏旅行》《留苏学生姓氏录》《进校试题一览（本年度）》等十一部分。书后附录分别为《英国全境大学调查》《英国船政小史》《船政之学法》《谨告华商之与赛博览会者》。是书虽以介绍相关常识为要旨，亦时时强调当以实学为核心，如庄文亚《英国全境大学调查》，

---

① 郭嵩焘：《伦敦与巴黎日记》，第159页。

② 郭嵩焘撰，梁小进主编：《郭嵩焘全集》第13册，岳麓书社，2018，第351页。

③ 林汝耀等：《苏格兰游学指南》，《走向世界丛书》（修订本）第二册，岳麓书社，2008，第606页。

即总结指出国人当考察西方教学体系，探索其教育发达的原由，循序渐进，全面发展：

> 大抵文章美术，发露于天然；政治经济，磨练于事变；而实业艺学，必与工商相倚。工商蓄盛，各制造局厂需人日多，而精细重要之件，非有学问知识者不足当其选，则必求诸大学学生。求学者知学业有成，则执一艺以谋生，甚易易也，遂群趋而求其他日待用之学。求学者多，学堂当有以供之，则学科不能不增矣。且工商荟萃，豪富必多，入于地方政府之税必厚；地方政府因有馀力以增广教术，推而及于一切与学校相关之物，日积月累，以至于大成，此博物动植物等院所以并臻美备也。故夫学校修明，取材宏富，皆以积渐然，非可骤而致也。①

二、近代西洋游记中的教育体系

光绪年间（1875—1908 年），不少保守人士大力反对西方的实学。刘锡鸿，字云生，广东番禺人，道光二十八年（1848 年）举人，咸丰年间任刑部员外郎，曾在广东参加抵抗英国的战争。同治年间，清廷就总理衙门所提出的"练兵、简器、造船、筹饷、用人、持久"六条"切筹海防"的建议展开辩论，刘锡鸿坚决反对学习机器、先通商贾、循用西法，主张"用夏变夷"。光绪二年（1876 年），刘锡鸿任驻英副使，次年三月改派出使德国，光绪四年（1878 年）七月召回，转任光禄寺少卿。其《英轺私记》记录出使英国的见闻感受。在上海参观格致书院后，他即以《大学》中的"物格而后知至，知至而后意诚，意诚而后心正，心正而后身修，身修而后家齐，家齐而后国治，国治而后天下平"来诠释西方的实学，以为西学追求一器一技之巧，热衷于经济之学，可谓本末倒置："所谓西学，盖工匠技艺之事也。易'格致书院'之名，而名之曰'艺林堂'。聚工匠巧者而督课之，使之精求制造以听役

---

① 林汝耀等：《苏格兰游学指南》，第 672 页。

于官，犹百工居肆然者，是则于义为当。夫士苟自治其身心，以经纬斯世，则戎器之不备，固可指挥工匠以成之，无待于自为，奈何目此为格致乎？"①

但九个月的英国生活，让他大有触动："到伦敦两月，细察其政俗，惟父子之亲、男女之别全未之讲，自贵至贱皆然。此外则无闲官，无游民，无上下隔阂之情，无残暴不仁之政，无虚文相应之事。宰相而下，各署皆总办一人、帮办四人、司事数人不等。每日自十二点钟后，咸勤其职，至六点钟乃散归。庶僚固奔走维烦，即国相、曹长亦五官并运，有应接不暇之状：是谓无闲官。士农工商各出心计，以殚力于所业。贫而无业者驱之以就苦工。通国无赌馆、烟寮，暇则赛船、赛马、赌拳、赌跳，以寓练兵之意：是谓无游民。""两月来，拜客赴会，出门时多，街市往来，从未闻有人语喧嚣，亦未见有形状愁苦者。地方整齐肃穆，人民鼓舞欢欣，不徒以富强为能事，诚未可以匈奴、回纥待之矣。"② 这时他对西方教育的态度也有所转变。

在见识了机器给英国人生活所带来的便利后，刘锡鸿也开始认可自然科学的价值："英人技艺争鸣，各树一帜。苟可经营以立业者，虽毫发之细，亦必推究其所以然；虽数万里之遥，亦不惮跋涉以寻求之。男女子自幼咸入学读书，天文、舆图、算法、杂学无不毕讲。十二岁以上，即皆能殚竭智力，以就一艺。"③ 不过，这并不意味着刘锡鸿的保守立场有了根本改变，他依然认为"英人皆谓之实学，盖形而下之事也"④，"此皆英人所谓实学。其于中国圣人之教，则以为空谈无用。中国士大夫惑溺其说者，往往附和之。"⑤ "彼之实学，皆杂技之小者。其用可制一器，而量有所限者也。子夏曰：虽小道，必有可观者焉；致远恐泥，君子不为。非即谓此乎？"⑥ 即便如此，刘锡鸿对英国当时较为完善的义务教育制度还是大加赞赏：

英国教人之法，绅宦殷富或自延师，或公建学堂，以课子弟，

---

① 刘锡鸿：《英轺私记》，《走向世界丛书》（修订本）第七册，岳麓书社，2008，第51页。
② 同上书，第 109~110 页。
③ 同上书，第 99~100 页。
④ 同上书，第 114 页。
⑤ 同上书，第 127 页。
⑥ 同上书，第 128 页。

皆不与贫儿混。贫而无力就学者，则收之以义塾焉。都会乡镇各有义塾，自数所以至数十所，每所延师数人以至十数人，均按其地大小酌行之。经费公捐、独捐，亦视其地有无巨富为断。学徒皆居宿于塾，供其衣服、饮啖，不听他出。人家生育子女，咸报乡官。乡官岁核户籍，省知已届五龄，即驱率入塾。初学教诵耶稣经，既长学书算勾股开方之法，是之谓小学。小学成，则令就工以谋食。其资禀特优者，益使习天文、机器、画工、医术、光学、化学、电学、气学、力学诸技艺，是之谓大学。大学之处，刊卜吏治（地名）十书院，以光、化、电学为主。岳斯笏（地名）三十馀书院，以各国语言文字为主。又或舍巨舟为学塾，教练航海各工。总之，不离乎工商之事者近是。①

刘锡鸿任驻英副使期间，正使是郭嵩焘。两人的矛盾十分尖锐，对待西学的态度也大相径庭。首先，郭嵩焘对英国所施行的全民义务教育非常赞赏："英国之法，三四岁以上皆入学。子弟不入学，坐罪家长。贫家习工业、充役，约以十二岁为断；仍听半日就工役，半日入学。至十六岁，乃听出学。凡城镇房屋，各估其收入，租价月至十磅以上皆捐学费，为常用之资。其年十六以上读书有成，乃入大学。"② 他认为，国家的核心竞争力就在于国民受教育的情况，而英国本土人口不多，但受教育的比例如此之高，这正是西洋在科技方面取得长足优势的原因。郭嵩焘还注意到，西洋虽注重实学，却从不忽视基础教育：

英国官学、民学，一统之官，岁常一查其功课。……四十年前国家于学校未尝过问也，嗣见诸国人才辈出，恐英国或渐不能及，于是始议经理学校，增修考课之法；其议发自维廉第四时，至今君主即位乃始举行。近十年更立章程：人民未及十岁不得习试技艺，无贫富皆纳之学中；逾十岁习工事，须由学试其能通文字及开方、

① 刘锡鸿：《英轺私记》，第207~208页。
② 郭嵩焘：《伦敦与巴黎日记》，第442页。

算学，给之文凭，非是不得习工事。国家皆岁时派人稽查。惟阿思
荠、铿白里治大学院得遣人考试各学馆高等者，录入大学院，岁一
试之，给以名号，三试乃成，岁有廪饩。皆自为政，国家不能经理。
盖阿思荠、铿百里治为大学由来久远；其所在设立学馆，教课弱冠
以下，大率皆小学也。①

郭嵩焘注意到，西洋各国不仅重视基础教育和实学教育，到处兴办各种
学校，更重要的是已经形成了从幼儿园、小学、中学到大学的完善教育体系。
在兼任法国公使期间，他详细地考察了法国的教育体系：

> 法国分八十七省，二百七十七府，二千八百六十六县。三十
> 〔万〕五千八百五十九乡。乡小者置一学馆，户口过万二千人置两学
> 馆。学分男女。句读、书法、行文、算法入门、地舆志，并略涉往
> 事。入学者自备膏火，月输公费。各省置学馆，所学勾股画法、格
> 致学、代数学、化学，十三岁以上十九岁以下者业之，亦自备膏火。
> 国置学馆分为十二：曰格致算学，曰矿务，曰船机，曰枪炮，曰五
> 兵学堂（行营及开地道等事），曰建造学堂（造桥、建屋等事），曰
> 教习学堂，曰政治学堂，曰水师学堂，曰陆营学堂，曰营医学堂，
> 曰女学。凡学矿务、船机、枪炮、五兵、建造，必先入格致算法学
> 堂以立之基。二年以后，各视其性情意向，分门专习一学。其入格
> 致算法学堂，仍先考察其所业，已入门径能有成者，始听入学。入
> 者岁输二百元。入女学者无输费，然必其父膺宝星之赏者而后可，
> 重功臣之后也。所学弹琴倚曲，及泰西诸国语言文字。入他学者岁
> 必输金，输金多少各视其所就，故惟富者而后能卒业。又有公学十
> 八，匠首之学三，工作之学三。每公学又分为五等：格致、律例、
> 医理、性理、章句也。尽人得入，无纳公费，无限时日。凡此皆官
> 学也。其民学繁多，随事命名，与官学尤互相备。②

---

① 郭嵩焘：《伦敦与巴黎日记》，第 517 页。
② 同上书，第 597~598 页。

对近代西洋教育进行过全面考察的是宋育仁。宋育仁（1857—1931）字芸子，四川富顺人。他是光绪己卯科举人（1879 年）、光绪丙戌科进士（1886 年），后任翰林院庶吉士、国史馆协修、会典馆纂修、江南南菁学堂总教习等。光绪二十年（1894 年），宋育仁以二等参赞的身份随出使英、法、意、比四国大臣龚照瑗前往欧洲。其所著《泰西各国采风记》，就是他在欧洲期间的考察成果，共分为政术、学校、礼俗、教门、公法五卷。卷二介绍了英国的学制、教学情形、课程分类、中西文字的异同以及中西教学的优劣等，并附有与英国麻博士议修各国通行字典说例。通过调查，他指出德国的兴盛就是始于重视教育：

> 学校之兴，德国最先，亦以德国为最盛。嘉庆十年，布为法破灭，有深思之士，进言布君，欲振兴军事，必以乡学为始，令民间子弟无不诵读，而及兵法。迨入营之时，率皆英年，稍通文字者。昔西士培根云："智则强，愚则弱。"即是此理。因于通国设乡学，不入学者罪之。如是五六年，乃南败于奥，而兼并德意志小邦，旋又西破法而称帝。今计通国小学，二万九千四百八十二所，实学馆暨经馆，大者八十四所。计岁费，九百六十七万五千磅。[①]

在考察西洋的议会时，宋育仁曾提出一个非常独特的看法，即"议院之根本在学校""西治之最可称者，未议院、学校二者相经纬"。他认为华夏本来是"周孔之书，政教该备"，但后来"反奉其教，而不由其政，久而忘所本"。因此他指出，"生民之本，以教为归宿，顾民生无养，不能施教，于是乎立政，归其权于君。"由此可见，教育才是社会的根本。

三、近代西洋游记中的女子教育

王韬很早就注意到近代西洋的女子在教育上享有与男子平等的权利。同

① 宋育仁：《泰西各国采风记》，《走向世界丛书》（续编），岳麓书社，2016，第 59~60 页。

治年间，当他来到伦敦时，他真正感受到女性在社会生活中的地位与当时的华夏大为不同："英人最重文学，童稚之年，入塾受业，至壮而经营四方；故虽贱工粗役，率多知书识字。女子与男子同，幼而习诵，凡书画、历算、象纬、舆图、山经、海志，靡不切究穷研，得其精理。中土须眉，有愧此裙钗者多矣。国中风俗，女贵于男。婚嫁皆自择配，夫妇偕老，无妾媵。服役多婢媪，侯门甲第以及御车者则皆用男子。"① 西洋女性地位提高的表现，首先是她们与男子一起享受各种教育，所以她们在书画、海志等各个领域都可以有精深的造诣；其次，西洋女性在婚姻方面也是自由的，能够自主地选择对象；最后，在许多领域她们也享受着男子的服务。

张德彝起初对西洋女子教育颇不以为然。他初到巴黎时，见到女子和男子一样读书，喜欢游玩，喜欢唱歌、跳舞，而不学习女红针线，曾十分不解，"盖洋女先读书，后习天文算学，针黹女红一切略而不讲，性嗜游玩、歌唱、弹琴、作画、跳舞等事。"② 随着对西方社会认识的逐渐深入，他对西洋女子教育有了全新的看法。他开始欣赏西洋在教育方面的强制措施："外国女子无论贫富皆须于七八岁入学读书，与男学同……妇女无学无以度时日，所学不时仍无以糊口，"③ 认可这是社会进步的表现，"按，西国儿童，不拘男女，凡八岁不送入学者，议罚有例。故男女无论贫富，无不知书识字。而学堂之制亦善，有男学堂、女学堂、大学堂、小学堂，而各堂衣帽不一，其式如兵勇之号衣。成群结队而行，一望即知其为何堂者。"④ 对于其时女子教育相对落后的俄国，他也不厌其烦地详细介绍：

> 女生共四百十二名。楼三层，女分三等。每层屋左右数间，每间二三十名不等。教习有男有女。初学本国语言文字，次学英、法、德、义各国文字，次学史书、测算、天文、地理，及绘画、音学等。房屋器皿、衣服，一律整洁，如桌腿有关键，可短可长，以便身体

① 王韬：《漫游随录》，第107页。
② 张德彝：《航海述奇》，第520页。
③ 张德彝：《稿本航海述奇汇编》第五册，北京图书馆出版社，1997，第517~518页。
④ 张德彝：《随使法国记》，第479页。

之矮，其他可知矣。生徒每年备束脩，由八十至一百卢布不等。贫
者查明免缴。①

　　当然，无论是张德彝还是那个时代的西洋人，在女性观念上依然没有做
到绝对的平等。如西洋人依然将打理家庭视为女子的天然职责，"英创妻学
馆，系专授以掌家政理财一年节俭之法，闻法国亦仿之，凡幼女入学，以十
二岁至十五为率，学期百日，于持家、针线补缝、厨工烧煮及妇女分所应知
之事，无论贫富，一生皆宜切记者，欧人曰，加此教法，凡为妇者皆善理家
云，"② 而张德彝也将这种教育与中国的三从四德联系在一起："现闻老妪郝
克莱在伊苓区设一学堂，名曰妻学，专教幼女学治家之法，大略谓须知其所
应知及经济理财各要题……按以上教法，虽生母罕有如是者，且西国妇女，
苟皆如是教养，尚虑不有三从四德耶。"③ 在张德彝看来，西洋女子之受教育，
在很大程度上是为了谋生的需要，是社会工业化的结果：

　　　　外国女子，无论贫富，皆须于七八岁入学读书，与男子同，故
官中设有幼女学。女学与男学规模一律，亦先入乡学、郡学，既而
实学，其所学者与男子稍异；然其初学，亦皆读书写字，学画学算，
及史记、律例、地理等学，再以针黹织绣继之。自此以后，凡聪敏
者各专一艺，有讲求格物者，有专心教务者，有由曲乐得显者，有
自绘画著名者，有能多国语言文字者。其富家女子，更有入大学院
以广其学问者。今以泰西时势观之，妇女无学，无以度其日；而所
学不时，仍无以糊其口。盖现在织纺缝绣各工，皆改用机器，以其
价廉而工省，则女工尽弃；女工既弃，则贫妇愈多，因而凡店局铺
肆，多系妇女督理掌柜，作伙计，作堂倌，作教习，作工役，更有
作抄写、佣翻译者，是贸易一道，实为急务，即所谓时学也。④

---

① 张德彝：《随使英俄记》，《走向世界丛书》（修订本）第七册，岳麓书社，2008，第 661~662 页。
② 张德彝：《八述奇》（下），《走向世界丛书》（续编），岳麓书社，2016，第 517 页。
③ 同上书，第 516~517 页。
④ 张德彝：《五述奇》，《走向世界丛书》（续编），岳麓书社，2016，第 206 页。

李圭虽然认识到女子受教育的重要性，但似乎和张德彝一样，并未从男女平等的立场上来阐述。他注意到近代女性逐渐走上了西洋的各种舞台，但只是认可女子有这种潜力值得挖掘，可以更好地让她们为社会服务："前闻英国亦有妇女欲进议政院同参国事，语颇创闻，于彼亦似有理。近年来，各国女塾，无地无之。英国大书院，男女一律入学考试。德国女生八岁，例必入塾读书，否则罪其父母。美国女师、女徒多至三四百万人。其所以日兴日盛者，亦欲尽用其才耳。天下男女数目相当，若只教男而不教女，则十人仅作五人之用。妇女灵敏不亚男子，且有特过男子者，以心静而专也。若无以教导之提倡之，终归埋没，岂不深负大造生人之意乎。"① 他甚至指出，夏商周三代之时，女学也是很繁荣的，只是后来为"女子无才便是德"一语所误。"倘得重兴女学，使皆读书明理，妇道由是而立，其才由是可用。轻视妇女之心由是可改，溺女之俗由是而自止。若英美妇女之议，则太过矣。"② 他希望女子读书的目的，依然只是希望她们更好地遵守妇道，至于欧美所谓的平权，他并不赞同。

光绪四年（1878 年）七月初三日，郭嵩焘作为证婚人参加了阿里克女儿的婚礼后，曾感叹"西人尚学问，男女一也"③。他认为，女子学有所成，理应得到社会的尊重，也能够发挥更大的作用。他敏锐地意识到女性可以发挥自己的性别优势，更多地参与到教育中来：

> 其总办珥温斯、帮办占生陪游各学堂。四岁以下为一堂，七岁以下为一堂，十岁以下为一堂，十五岁以下为一堂，皆妇人教之。十五岁成童讲求数学、化学、气学，则皆有师。妇人之学有专精，亦司教事。得宁与科格兰分教妇女之授读为童子师者。盖凡妇女入学五年，粗有成，可以授读，则就此学馆课以授读之方。如传授某艺应如何入门，如何分别次序，如何立言开导，使童子易明。如是

---

① 李圭：《环游地球新录》，第 237~238 页。
② 同上书，第 238 页。
③ 郭嵩焘：《伦敦与巴黎日记》，第 677 页。

两年。初年就科格兰，专示以立言之方；次年就得宁，则于各艺又进言其理。两年学成，国家遣人就试之，取中者记其名。乃令入各小学馆授读，试其能否，然后给以文凭，听人延请课读。凡共聚三龄以上童子千一百人，妇女学习课读者二百馀人。①

光绪二十年（1894 年）十月十六日，王之春奉命出使俄国，历经中国香港、越南、印度尼西亚、新加坡、印度、斯里兰卡、也门、沙特阿拉伯、埃及、意大利、法国、德国、俄国、英国，至光绪二十一年（1895 年）闰五月十四日返回上海。《使俄草》八卷记录了王之春出使前的准备和与俄交涉的具体经过，以及所经历各国的行程、山川、气候、民俗、军械、政体、学术，并对国内铁路、军制、科举、人才、筹项、商工、矿务、交涉等方面的改革提出了自己的看法。他意识到欧洲兴于教育，如：

> 欧西各国教民之法莫盛于今日。凡男女八岁以上不入学堂者，罪其父母。男固各学其学，女亦无所不学，即聋瞽跛哑者流，亦各有学院，设塾师择其所可为者以教之，其贫穷无力及幼孤无父母者，皆令收付义塾。在乡则有乡塾，至于一郡一邑及国都之内，学塾林立，有大，有中，有小，自初学以至成材，及能研究精深者，莫不有一定程限，文则仕学院，武则武学院，农则农政院，工则工艺院，商则通商院，非仅为士有学，即通国之人，凡执一业者，亦无不各有所学……推究大局兴衰，观其所以致此之由，而知勃兴之本原，不在彼而在此也。②

王之春虽然认为欧洲的崛起与其大力兴办教育包括女子教育有关，但他终究无法接受男女平等的理念，因此，他一方面强调近代西洋女子走出家门给社会带来了巨大的变化，为华夏女子闲置闺阁而惋惜，但另一方面他希望华夏女子只需要学习技能，而不能学习西洋女性的自我解放精神："欧洲妇人

---

① 郭嵩焘：《伦敦与巴黎日记》，第 435 页。
② 王春之：《使俄草》，《走向世界丛书》（续编），岳麓书社，2016，第 126 页。

无一不识字就学者，无事不与男子同，即战阵亦用之，是其人数虽寡，实则一人有一人之用。中国妇女惟秘置室中，是以人数虽多，已废弃其半于无用之地，宜其积弱而不克自富强也。今日中国万不能似欧洲之薄无检束，然建设女塾，使之各习艺能，自未尝不可仿而行之。"①

教育是国家民族兴盛的根本，这已经是今人的共识。但从近代西洋游记对教育的描述中，我们深刻地感受到国人的认识有一个逐渐深化的过程。深受传统文化熏陶的这批士大夫，起初对迥异于华夏的西洋教育或多或少的抱有鄙夷的心理，但在全面接触与深入了解西洋之后，他们明确地意识到西洋科技的发展源于牢固的"实学"教育，这种教育模式也并非零碎的、偶然出现的，于是他们开始大力倡导实学，呼吁教育的全面改革，这无疑极大地推动了中国近代化的进程。

思考与练习

1. 出于什么样的原因，游记作者会对西方的教育制度持反对态度？

2. 当时西方的实业教育对当下中国有何可借鉴之处？试举例分析。

---

① 王春之：《使俄草》，第116页。

第十二讲　近代西洋游记中的大众休闲

休闲是人类最基本的需求之一，它不仅意味着娱乐与消遣，还体现了精神的愉悦与自由，是生活质量的重要表征。正如亚里士多德所言，"幸福存在于闲暇之中。"社会的文明程度，也经常以大众休闲为标尺来衡量。近代西洋游记中，大众休闲一直是观察与描述的中心，那些记录者正是以它们为切入点来深刻体验近代工业文明的气息。

一、近代西洋游记中的戏剧

钱钟书在谈到晚清留洋者对国外文学的膈膜时，曾形容那批文人在西洋看戏如雾里看花，只是图个热闹，对戏剧情节根本一无所知，也不懂得应该如何去欣赏西洋剧："不论是否诗人文人，他们勤勉地采访了西洋的政治、军事、工业、教育、法制、宗教，欣奋地观看了西洋的古迹、美术、杂耍、戏剧、动物园里的奇禽怪兽。他们对西洋科技的钦佩不用说，虽然不免讲一通撑门面的大话，表示中国古代也早有这类学问。只有西洋文学——作家和作品、新闻或掌故——似乎未引起他们的飘瞥的注意和淡漠的兴趣。他们看戏，也像看马戏、魔术把戏那样，只'热闹热闹眼睛'（语出《儿女英雄传》三十八回），并不当作文艺来观赏，日记里撮述了剧本的情节，却不提它的名称和作者。"[①] 在早期的游记中，我们确实可以看到这种情形。如同治五年（1866 年）三月二十四日，斌椿在巴黎第一次看戏就是如此：

> 夜戌刻，戏剧至子正始散，扮演皆古时事。台之大，可容二三

---

① 钱钟书:《七缀集》，生活·读书·新知三联书店，2019，第 143 页。

百人。山水楼阁，顷刻变幻。衣着鲜明，光可夺目。女优登台，多
者五六十人，美丽居其半，率裸半身跳舞。剧中能作山水瀑布，日
月光辉，倏而见佛像，或神女数十人自中降，祥光射人，奇妙不可
思议。观者千馀人，咸拍掌称赏。①

斌椿所感受到的，是舞台的宏大、场面的壮观、演员的美丽以及背景的绚丽
等。他虽然是这拍手称赞的千余人观众之一，但对所演出之故事的了解似乎
仅限于它是"古时事"。有研究者曾以为斌椿在欧洲最大的乐趣是看戏。为了
看戏，斌椿甚至不惜白天装病，从而影响到使团的活动。奇怪的是，斌椿对
剧情往往无从了解。如同年五月二十八日，斌椿在瑞典看戏后就明确表示他
没有看懂："归途观夜剧，皆著名女优，演本国昔年君王事，惜不解。"②

　　王韬的文学素养要远胜于斌椿，不过他同治年间来到巴黎看戏时的感受，
与斌椿相差无几。他也仅仅是看到了戏剧的宏伟，所谓"联座接席，约可容
三万人，非逢庆赏巨典，不能坐客充盈也"；看到了舞台设计的巧妙，所谓
"山水楼阁，虽属图绘，而顷刻间千变万状，几于逼真"；看到了演员的艳丽
与服饰的多彩，所谓"一班中男女优伶多或二三百人，甚者四五百人，服式
之瑰异，文采之新奇，无不璀璨耀目。女优率皆姿首美丽，登台之时袒胸及
肩，玉色灯光两相激射。所衣皆轻绡明縠，薄于五铢；加以雪肤花貌之妍，
霓裳羽衣之妙；更杂以花雨缤纷，香雾充沛，光怪陆离，难于逼视，几疑步
虚仙子离瑶宫贝阙而来人间也。或于汪洋大海中涌现千万朵莲花，一花中立
一美人，色相庄严，祥光下注，一时观者莫不抚掌称叹，其奇妙如此"。但对
于剧情本身，他依然一片茫然："其所演剧或称述古事，或作神仙鬼佛形，奇
诡恍惚，不可思议。"③ 他甚至把魔术、马戏、影戏等都视为"戏"之一种。

　　事实上，早期的旅欧者大多惊诧于剧院的崇大壮丽。如光绪三年（1877
年）来到巴黎的李圭，也是被剧院的富丽堂皇所震撼：

---

① 斌椿：《乘槎笔记》，第 109 页。
② 同上书，第 127 页。
③ 王韬：《漫游随录》，第 88 页。

　　柯巴辣戏馆，基广一万二千正方码，选天下美石兴造，二十年始成，费洋钱七百二十万圆。台上容七百人。为楼数层，坐观者万人。内外镂刻皆极精细，铺设富丽，实为寰宇第一。所演故事，奇奇怪怪。优人之技，亦多出人意表。惟恐不曲肖，此所以无不曲肖也。方之他国，允称奇妙绝伦。①

李圭赞同巴黎歌剧院占地之广、建造费用之高、建造时间之久、容纳观众之多、装饰铺陈之华丽，故称之为寰宇第一。至于所演出的故事，他依然概述为"奇奇怪怪"。在介绍歌剧院之后，李圭紧接着详细地描述了巴黎的马戏馆，可见他对歌剧院的评判与王韬也是一致的。

　　一年后，即光绪四年（1878年）四月初九日，来到巴黎的郭嵩焘在歌剧院看戏之后，所震撼的是大战之后，内乱甫定，宫殿残破，而社会与政府居然出巨资来修建这样的建筑："日意格邀赴倭伯亥戏馆观戏。始普、法交战后，继之以内乱，巴黎宫殿皆至残毁。乱甫定，即修洼伯亥戏馆，费至五千万法郎，国家仍岁助经费八十万法郎。去岁又开修直道为经途，以广容车马，亦可谓豪举矣。"②

　　随郭嵩焘出使的黎庶昌，则更为详细地描述了巴黎歌剧院，不仅称之为海内第一戏馆，还将它作为巴黎的标志性建筑之一：

　　巴黎倭必纳，推为海内戏馆第一，壮丽雄伟，殆莫与京。凡至巴黎者，人辄问看过倭必纳否，以此夸耀外人。其馆创建于一千八百六十一年，成于一千八百七十四年。国家因造此馆，买民房五百馀所，费价一千零五十万佛郎，一律拆毁改造，以取其方广如式。馆基一万一千二百三十七建方买特尔，深十五买特尔。正面两层，下层大门七座，上层为散步长厅。后面楼房数十百间，为优伶住处，望之如离宫别馆也。长厅之内，阶墀栏柱皆白石及锦文石为之。中间看楼五层，统共二千一百五十六座。其第一层附近戏台两厢，专

① 李圭：《环游地球新录》，第297页。
② 郭嵩焘：《伦敦与巴黎日记》，第566页。

为伯理玺天德、上下议政院首领座次，馀皆各官绅论年长租；非由官绅送看，无从得其照票。上四层坐位，始由馆主租售。戏台后亦有长厅，为演戏者散步之所。优伶以二百五十人为额，著名者辛工自十万至十二万佛郎；编戏填词者，每演一次取费五百佛郎，至四十次后减为二百。国家每年津贴该戏馆八十万佛郎，可以知其取资之阔富矣。①

不过，随着旅欧者对西洋的了解越来越深入，他们也逐渐能够从社会的表层深入到内部，透过炫丽的外观探析事物的精神。就巴黎歌剧院而言，他们也开始意识到这不仅是一座休闲娱乐的场所，它与民族精神也是有所关联的。光绪五年（1879年）一月二十二日，曾纪泽（1839—1890）关注的就不再仅仅是巴黎歌剧院的奢华阔富，而意识到了其间所蕴藏的深刻意味：

> 酉初，归途中见大戏馆，规模壮阔逾于王宫。昔者法人为德人所败，德兵甫退，法人首造大戏馆。既纠众集资，复竭国帑以成之，盖所以振起国人靡芥恇怯之气也。又集巨款建置圆屋画景，悉绘法人战败时狼狈流离之象，盖所以鼓励国人奋勇报仇之志也。事似游戏，而寓意甚深。闻此二事皆出于当时当国者之谋也。②

在此前一月即光绪四年（1878年）十二月二十八日，曾纪泽借法国总统的包厢在巴黎歌剧院看戏。光绪十三年（1887年）四月十二日，张荫桓也到曾纪泽当年所借总统包厢看戏："晚八点钟竹篔假法总统官座观剧，劼侯日记所述之地，剧园豪侈，为欧洲之冠，法为德败后特建此以维系人心，西洋风俗所好，然经营亦良不易。"③ 张荫桓也认可了曾纪泽的猜测，以为大剧院的建造有激励民心的用意。

---

① 黎庶昌：《西洋杂志》，第478~479页。

② 曾纪泽：《出使英法俄国日记》，《走向世界丛书》（修订本）第五册，岳麓书社，2008，第164页。

③ 张荫桓：《三洲日记》（上册），第206页。

　　光绪十二年（1886 年）春天，到法国巴黎使馆"支应事宜"的王以宣曾赋诗二首，写他在巴黎看戏时的感受。前一首为："梨园处处逞新歌，约略香风送女萝。恨煞方音浑不辨，人人拍手料诨科。"这里是说巴黎剧院甚多，诗人自注说："梨园不下数十处。有专尚歌曲者，演为发扬蹈厉，足以开人心胸；演为忧愁幽思，足以动人哀楚。其悲欢离合，摹写入情处，能令观者泣数行下。而有时小丑登场，科诨互插，则又鼓掌声喧，哄堂响应矣。"后一首为："华丽还看彩戏张，蓬莱宫阙画中央。众仙同作霓裳舞，一片香花散满场。"这里是说剧院的表演很精彩。王以宣并由此解释了法国戏剧大受欢迎的缘由。一是情节动人，"彩戏所演，大都古今奇异之事，虽以陈设华赡为贵，而其中情节关目亦颇动人。园主每欲编一新戏，不但钩心斗角，累月穷年，夸奇妙而耸观听"；二是布景巧妙，"即制造各种彩具，需费亦不吝惜。其戏每演一出，下幔少停，设彩一次……尤具排云驭日之奇观，曼衍鱼龙之幻志，奇诡恍惚，令人骇叹为真。要皆取资乎油画之空灵，电光之映照，以成此大观也"；三是演出阵容庞大，"若其演为陈兵之剧，则队队军马，间以旗鼓音乐，一切威仪卤簿，陆离光怪，不可名状。其馀歌童舞女，衣锦徐行，亦都皓齿明眸，绚烂一色"；四是舞台效果奇幻，"俄而电光照处，一女郎衣冰绡，披雾縠，款舞而出……群姝四围而蚁附。各以花瓣，散布台前，则见五色祥龙，缤纷花雨，其纤秾绮丽，若非群玉山头，定是瑶台月下矣"。①

　　近代西洋所盛行的戏剧，也引起了旅欧者的反思，光绪三十二年（1906年）二月十五日，在德国看戏后的戴鸿慈将西洋戏剧的发达归结于教育："吾国戏本未经改良，至不足道。然寻思欧美戏剧所以妙绝人世者，岂有他巧？盖由彼人知戏曲为教育普及之根源，而业此者又不惜投大资本、竭心思耳目以图之故。我国所卑贱之优伶，彼则名博士也，大教育家也；媟词俚曲，彼则不刊之著述也，学堂之课本也。如此，又安怪彼之日新而月异，而我乃瞠乎其后耶！今之倡言改良者抑有人矣，顾程度甚相远，骤语以高深微眇之雅乐，固知闻者之惟恐卧。必也，但革其闭塞民智者，稍稍变焉，以易民之视

---

　　① 王以宣：《法京纪事诗》，《走向世界丛书》（续编），岳麓书社，2016，第 69~71 页。

听，其庶几可行欤？"①

当然，旅欧者中也有对近代西洋戏剧中所传达的文化观念不予认同的，如同治十年（1872 年）正月初六日，王芝在伦敦看戏时曾感慨："入夜观剧，演古时各王创国事。炮铳烟火之声焰，击刺之工胥逼真，俨然置身壁上，不知为演戏场也。观于此，益信欧罗巴诸国皆惟屠戮是尚，不第揖让之风非所梦见，欲求得国而不杀人盈城野者亦鲜矣，岂其好杀成性哉！欧罗巴民何不幸若此？"②

二、近代西洋游记中的画展

早期的旅欧者对西洋画缺乏相应的知识储备，在参加画展或参观画院时往往只是随意浏览，对油画的欣赏也基本停留在"酷肖"的层面上。如同治五年（1866 年）五月二十六日斌椿在瑞典赏画时感叹"所绘人物、鸟兽、花果，俨然如生。其山水瀑布，日月光华酷肖，真绘水绘声之笔"③。六月二十日在比利时安特卫普，看见"行馆悬画百馀，皆古名手所绘，人物如生。馆内畜画匠，修整壁画。一人无手，以足指夹笔调色点染，亦一奇也"④。斌椿虽然认为这些画栩栩如生，十分奇特，但从上述"畜画匠"三字也可以看出他对画家的轻视。

张德彝也以"逼真"来评判那些西洋油画。初到巴黎，他感叹"至其善工局。楼上层层挂细画百张，高有丈馀者，山水人物，精妙之至。其神气逼真，原系麻油所画，可远观而不可近视焉"⑤。后来和斌椿一同游览画院，张德彝又云"未刻至一画阁，见油画千馀，壁皆精工名笔，神气毕肖，有价值千金者。遥望如白石雕成，近视则水墨画也"⑥。张德彝多次参加画展后，总

① 戴鸿慈：《出使九国日记》，《走向世界丛书》（修订本）第九册，岳麓书社，2008，第 388~389 页。
② 王芝：《海客日谈》，《走向世界丛书》（续编），岳麓书社，2016，第 125 页。
③ 斌椿：《乘槎笔记》，第 126 页。
④ 同上书，第 133 页。
⑤ 张德彝：《航海述奇》，第 492 页。
⑥ 同上书，第 544 页。

结出他的感受："西国绘画之事，竞尚讲求，然重油工不尚水墨。写物写人，务以极工为贵，其价竟有一幅值万金者。画人若只身之男女，虽赤身裸体，官不之禁，谓足资考究故也。故石人、铁人、铜人各像，亦有裸形卧立蹲伏者。男女并重此艺。妇女欲画赤身之人，则囊笔往摹，详睇拈毫，以期毕肖。至男子描摹妇女之际，辄招一纤腰袅体之妓，令其褪衣横陈，对之着笔，亦期以无微不肖也。"①

王韬至巴黎卢浮宫参观，以为其"广搜博采，务求其全，精粗毕贯，巨细靡遗"。他分生物、植物、宝玩、名画、制造五大类介绍了卢浮宫的藏品，在谈及西洋绘画时也强调了"与真逼肖"：

> 一曰名画：悉出良工名手，清奇浓淡，罔拘一格。山水花鸟、人物楼台，无不各擅其长，精妙入神。此皆购自殊方异国，无论年代远近，悉在搜集。甚有尺幅片楮，价值千万金者。八法至此，技也而进乎神矣。西国画理，均以肖物为工，贵形似而不贵神似。其工细刻画处，略如北宋范本。人物楼台，遥视之悉堆垛凸起，与真逼肖。顾历来画家品评绘事高下者，率谓构虚易而徵实难，则西国画亦未可轻视也。②

王韬虽然强调西洋之绘画未可轻视，但在中国传统的艺术观念中，神似是优于形似的，西洋极力追求形似，在境界上就低了一层。作为常驻公使，郭嵩焘有更充裕的时间去了解西洋。光绪四年（1878 年）四月初十日，他与李丹崖、黎庶昌、联春卿一起欣赏巴黎被围全景图，其画馆"为圆屋，四周画德国攻巴黎时事。下层一方为始被围时人民捆载辎重逃难之状：合市皆闭门，炮弹着处，颓墙突火，有受伤伏地者。中有旋梯盘绕而上，上有圆盖覆之，四壁着画。弥望数十百里，则被围后一切摧毁情形：房屋所存无几，四望烟火数十百堆，残兵或数十人或数人，相聚运炮及守护军械，不知其为画也。盖圆顶四周皆用玻璃，透光射入外壁，其光自上

---

① 张德彝：《随使法国记》，第 492 页。
② 王韬：《漫游随录》，第 90～91 页。

下射，能因画势远近而倒映之"，郭嵩焘惊叹如身临其境，"上圆屋画旁置炮一尊，与画炮相比，竟莫能辨。左右谛视，画者尺寸不移。"① 黎庶昌的感叹则是："人从台上观之，如立城中最高处，直视远近数十里，浅深高下，丝毫毕肖，不知其为画也。"②

黎庶昌对西洋绘画兴趣颇浓，在参观巴黎油画院后曾详细地总结西洋画法："数十百年来，西洋争尚油画，而刻板照印之法渐衰。其作画，以各种颜色调橄榄油，涂于薄板上；板宽尺许，有一椭圆长孔，以左手大指贯而钳之。张布于坐前，用毛笔蘸调，画于布上。逼视之粗劣无比，至离寻丈以外，山水、人物，层次分明，莫不毕肖，真有古人所谓绘影绘声之妙。各国皆重此物，往往高楼巨厦，悬挂数千百幅，备人览观摹绘，大者盈二三尺，小者尺许，价贵者动至数千金镑。"③ 在这里他褒扬油画"层次分明，莫不毕肖"，后来参观马德里画院后，又感叹说："西人作画，往往于人物山水，必求其地其人而貌肖之，不似中国人之仅写大意也。所记略得仿佛，惜乎其神妙之处皆不能传，庄生所谓以指喻指之非指者也。"④ 但他描述巴黎、马德里画院的这些名作时，却写得意境悠远，意味深长，如：

　　一为铅笔纸画日国地名爪达伊尔纳，岭道坡陀斜上，众松离立成林，岭以外天光微透；山凹处乌云一片映带之，时有乱鸦数点，斜飞点缀；山麓浅草乱石，绵羊十馀头，放牧牧童，箕踞倚石而坐；笔墨苍润，书味盎然，王麓台、石谷之徒也。一画荷兰之阿卜姑得地，池边野鹤数群，俨如人立，水痕悠远，环带疏林，芦苇萧疏，风景幽绝。一画玻璃暖房，窗外雪痕隐约，有瑞典人母女在中；其母倚石柱而坐，后垂棕叶，旁列唐花盆；女方八九龄，发垂覆额，向母耳语，欢欣之态，溢人眉际。⑤

---

① 郭嵩焘：《伦敦与巴黎日记》，第 566~567 页。
② 黎庶昌：《西洋杂志》，第 477 页。
③ 同上书，第 475 页。
④ 同上书，第 477 页。
⑤ 同上书，第 476 页。

光绪七年（1881 年）正月十四日，在欧洲考察科技的徐建寅（1845—1901）也来到巴黎参观了油画院，"入内登中央之台，四围高山旷野，宛有数百里之遥，皆绘昔年普法血战之状。弹雨枪林，死尸枕藉。近台者为塑人马之实像，稍远为绘战事之画。画与实像之界限，细审几不能分。论者皆谓当年实在情状，观之令人生敌忾之心，诚神妙之工也。"①

光绪七年（1881 年）四月十五日，在纽卡斯尔接收军舰的池仲祐参观了画院，"其画大小百馀幅，皆油漆所绘，山水人物杂景，摹影设色，工巧无伦。人则须眉欲活，花则香色如生，兽怒山号，鱼潜浪动，霞烧壁紫，雪重天空，其骎骎乎刘褒之神技欤？"② 四个月后，亦即五月二十八日，池仲祐专程坐火车来到伦敦，观赏了普法战争时的巴黎攻守全境图："历旋而下，往观画院（Panoramar）。有守门者，亦购票，乃得入。暗道登楼，楼上画德与法战，法败绩，围城一百三十二日，此画最后日之景象也。周环四壁，玻璃掩映，上遮天篷，圆如华盖，隐约天光，层叠激射。登楼观之，能使东西南北皆有数百里之遥。法国京城及四野历历在目，人马数十万计，战者，败者，行者，立者，倒而垂毙者，开炮者，抛枪者，策马马不行者，骑半坠者，颓垣断瓦，人物仓皇，四起烽烟，天地异色，惊心悚目，此其战场耶？虽离娄之明，不能辨其为画也。立观之处，围圆楼栏，栏外作残破雉堞，堆以真砖瓦，若曾受炮击者，火药烟煤犹存。"③ 油画对战争惨烈场面的描绘，惊心动魄，使人如身临其境，可见池仲祐对西洋油画还是颇为赞赏的。

光绪十二年（1886 年），在法国巴黎的王以宣也曾观览那幅描绘普法战争的巨作，并赋诗说："圆画周遭一览中，莫将成败论英雄。如何国耻分明揭，隐示夫差报复衷。" 他对油画的逼真也是惊叹不已，在诗后他详细解释说：

　　又创为圆屋，上设电灯，四壁悬挂油画，所绘率系从前战事，

① 徐建寅：《欧游杂录》，《走向世界丛书》（修订本）第六册，岳麓书社，2008，第 760～761 页。
② 池仲祐：《西行日记》，《走向世界丛书》（续编），岳麓书社，2016，第 31 页。
③ 同上书，第 44～45 页。

而景物衔接一气。中建圆楼，楼外近画幅处，略布土石卉草，各境凭栏一望，历历皆真。听鼓鼙如有声，睹风云将变色，几莫辨何者为画，何者为所布各景，而愕眙不敢正视矣。法国自拿破仑第三为普所败，人们犹未忘仇，因此设立圆画，历绘当年普兵压境、法兵败衄情状，俾阅者触目警心。同仇敌忾之心，不禁油然以作，是亦吴王出入必呼之意也。而国耻之宣不计矣。①

在这里他强调油画的意义在于警示国民，有卧薪尝胆之意。王以宣另有诗云："院开油画迥如真，近看迷离远入神。不信丹青传妙手，景中人即面前人。"他对西洋油画的艺术，较之前人，理解更为深入，其诗后自注云：

> 油画一艺，欧洲独步，不特山水人物惟妙惟肖，而山排阔势，水耀澜光，人似能行，物几欲动，无不绘光绘影，分阴分阳。近即之未见其妙，远而望之则空灵一片，真如实有其境，几忘其为画景。当前，仿佛有此中人语，呼之欲出之势，不啻身入画中矣。所谓览云汉图而觉热，观北风图而觉寒，犹未能臻此神妙。巴黎除博物院外，更设有专院多处，搜罗既广，美富难名，横览归来，辄复神游目想。②

此后对西洋绘画的赞誉越来越多，甚至有后来居上之势。宣统二年（1910 年）在法国考察的金绍城，虽然称赞西洋油画"实开中国画学中未有之境界"，但也有一个发展演进的历程，写意依然是更高的阶段："午后往观油画院。一为赛画处，一为新油画院，计油画四百张，水画五十张，皆十九世纪名手所绘。新画日趋淡远一路，与从前油画之缜密者不同，转与中国之画相近。中国画学南宋以前多工笔，宣和以后渐尚写意，遗貌取神，实为绘事中之超诣。不但作画为然，凡诗文皆有此境界，至造极处，可意会而不可

---

① 王以宣：《法京纪事诗》，第 67~68 页。
② 同上书，第 67 页。

言传。今人见西人油画之工，动诋中国之画法者，犹偏执之见耳。"①

三、近代西洋游记中的公园

斌椿最初以"官家花园"来称呼公园，可见他尚未从"家天下"的思维中摆脱出来，无法理解"公共"的含义。他初至巴黎，就去游览了公园以及设置在公园中的动物园、水族馆、昆虫馆，深感惊奇："又西行七八里，为官家花园，花木繁盛，鸟兽之奇异者，难更仆数。尤奇者，海中鳞介之属，均用玻璃房分类畜养。内贮藻荇、水石，皆海中产也。介虫之奇者数十种，房二三十间分养之，人由旁观，纤芥洞见，洵奇构也。"② 此后，他到伦敦等城市公园，见到动物园中的"珍禽奇兽，指不胜屈"，见到花园中的杜鹃、月季红紫芬菲，见到园林中"莳各种花木，灯火如昼"。总之，此时的西洋官家花园是花奇、树奇、石奇、鸟奇、兽奇，乃至各种设施，无不奇特。

志刚抵达伦敦时正值秋冬之际，伦敦雾霾严重，难见太阳。志刚终日昏昏，偶尔趁晴日游览了动物园，见到其中珍禽奇兽不可胜计，最后不无感慨地说："至于四灵中，麟、凤必待圣人而出。世无圣人，虽罗尽世间之鸟兽，而不可得。龟之或大、或小，尚多有之。龙为变化莫测之物。虽古有豢龙氏，然昔人谓龙可豢，非真龙。倘天龙下窥，虽好如叶公，亦必投笔而走。然则所可得而见者，皆凡物也。"③ 这一番让人摸不着头脑的议论，说明他其实并没有理解动物园的意义。

相对而言，张德彝的观察更为深入，描写也更为细致，尤其注重描述人在公园中的体验，似乎触摸到了公园在近代文明中的文化意义。在称呼上，他舍弃了"官"字而使用了"公"字，这显示出他更为敏锐的感受力。其《随使法国记》有云：

> 又北行二里许，至公花园，一望繁盛，甚为整齐。中一铁架玻

---

① 金绍城：《十八国游记》，第 75 页。
② 斌椿：《乘槎笔记》，第 109 页。
③ 志刚：《初使泰西记》，第 296 页。

璃房，极其高大，地含火筒，旁列水池。其花木有数千种，皆来自五大洲，多有未知其名者，枝枝艳丽，朵朵新奇。有高二丈者，有有花无叶者、有叶无花者，有花放叶上者，有叶长花心者。其叶有粗如指、细如丝者，有圆饼与舌形者。花房前一小河，人可驾舟而游，鸥鹭成群，金鱼数百，见人皆追逐浮沉，似乞食状。又一小木桥，弯曲盘绕，如龙爪然。随处皆有铁椅，可以坐憩，亦有铁亭、石栏作乐之所。①

王韬对公园的理解似乎较张德彝诸人又深了一层。一方面他将公园阐释为游观之所，强调它的愉悦情性的功能，他明确地使用了"公园"这一称呼来肯定其公共意义：

都内有公园二所，广袤无际，空阔异常，能令入者心胸为之开拓。杂植花果卉木，无种不备。夕阳欲下，芳草如茵，千红万紫中，必有平芜一碧者为之点缀。中构楼阁亭轩，曲折高下，皆天然巧妙，而绝不假以人力。池以蓄鱼，笼以蓄禽，皆罗致异地远方者，悉心豢养。蛇虫各物，俱收并蓄。岁中经费颇烦，故入园欲观者，征一银钱。更有藏花之窖，各国奇葩异卉，靡所不有。从暖地来者，则置之玻璃室内，下更益以煤火，四周悉有铅管，贯注热水，有时密为洒布，霖霖廉纤，极似微雨，备极氤氲化醇之趣。甫入，已觉奇香袭人。余游时刚值隆冬，见架上紫葡萄结实累累，巨如雀卵。园主摘数颗以奉予，非常甘美。②

另一方面，他注意到了城市公共场所具有的教育功能，"游观之所，非止一处。城中街衢，多树华表、植石柱，以铭功勋，而彰仪表，如中土之造塔立碑建牌坊然。其制度巨细高低不一，锐上而丰下，四周镌字，刻石其顶，肖铸其人之像，或立或乘马，观其像如睹其人。彼有丰功伟绩、德望崇隆者，

---

① 张德彝：《随使法国记》，第397~398页。
② 王韬：《漫游随录》，第110页。

托贞珉吉石以垂不朽，令后之人仰止徘徊，倍增钦羡景慕之思，教世之意亦良深矣。"①

当然，他终究无法超越历史的局限。虽然他领悟了广场上那些雕像的教世之意，但对公园所体现出的国家意志却未能体察。日本学者白幡洋三郎曾经说过："公园并不仅仅是一个装置，它是都市的一种应有的状态，是实现都市理想的一种制度，更是一种思想的体现。"② 郭嵩焘注意到了国家对各种休闲场所的建造，但对其意义似乎缺少深思。如光绪三年（1877 年）正月初二日，他与刘云生、黎纯斋、刘和伯、凤夔九、黄玉屏等一同游览英国动物园，"园主巴得立得陪游。盖官园也，为国家驯养鸟兽之区。所见鸟兽数百馀种，多收之各国者。中土则四川之锦鸡、云南之孔雀、浙江之画眉鸟、江南之唐鹅（唐鹅数十，多产之本国，江南亦有之）、奉天之鹿、四川之虎及羊。"③当时英国动物园网罗世界各地的动物，并不仅仅是好奇或者出于动物保护的意图，其实还含有一些殖民主义的意味。

黎庶昌注意到了西洋各国都大力建造公园，并一一列举巴黎、伦敦、都柏林、维也纳、马德里、罗马等地的著名公园。他反复强调这是一种政府行为，但似乎也只是感受到了公园给游人带来的修葺功能："西洋都会及近郊之地，其中必有大园囿，多者三四，少亦一二，皆由公家特置，以备国人游观，为散步舒气之地。囿中广种树木，间莳花草。树阴之下，安设凳几，或木或铁，任人憩休。间有水泉，以备渴饮。又有驰道，可以骑马走车。有池，可以泛舟。各同布置章法，大略相同。"④ 同时，黎庶昌还注意到并非所有的公园都对全民开放，他举例说："（伦敦）海得（公园）则尤为富贵人所喜，长夏之际，车马如云，络绎不绝。而例禁特严，游者皆鲜车宝马；街市编号之车，概不得入。"⑤

康有为曾经也只是将公园视为一种单纯的景致。他曾在法国巴黎游览杜伦园，深深地为其幽美的景致所陶醉，"时方五月，海棠覆地，猩红照眼，与

① 王韬：《漫游随录》，第 110~111 页。
② 白幡洋三郎：《近代都市公园史——欧化的源流》，新星出版社，2014，第 4 页。
③ 郭嵩焘：《伦敦与巴黎日记》，第 112 页。
④ 黎庶昌：《西洋杂志》，第 473~474 页。
⑤ 同上书，第 474 页。

绿草相映。正当来复，都人士女，携壶挈榼，椅裳联裳。藉草岛边，铺毡树底。绕湖近麓，极目无穷。吾亦饮酒岛中，倚桥视白凫之唼喋，不知日之将夕也。"① 这里的描述，使人看见了《醉翁亭记》的影子。康有为随即总结了欧洲公园的特征：

> 欧人于公园，皆穷宏极丽，亦斗清胜。故湖溪、岛屿、泉石、丘陵、池馆、桥亭，莫不具备，欧美略同。虽小邦如丹、荷、比、匈，不遗馀力，各擅胜场。苟非藉天然之湖山如瑞士者，乃能独出冠时。此外邦无大小，皆并驾齐驱，几难甲乙。至此邦既觉其秀美，游彼邦又觉其清胜。虽因地制宜，不能并论，然吾概而论之，皆得园林邱壑之美者矣。②

此时他还是以传统文人的视角来理解公园的丘壑之美，嗣后他在伦敦游览公园时，又注意到公园对民生的影响：

> 伦敦有二大圃，一曰海圃，一曰贤真圃。大皆十馀里，林木森蔚，绿草芊绵，夕阳渐下，人影散乱，打球散步，以行乐卫生。贤真圃在英之正官贤真睦斯宫前，敞地甚大，道路广阔，有喷池杂花，夹道植树，颇似吾北京煤山后大道风景。海圃尤佳，凭太吾士河两岸为之，而长桥枕流，水滨沙际，芳草红花，疏林老树，小舟无数，泛泛烟波。城市得此，差足逍遥。吾于日夕无事辄来一游，驱马倚阑，不知几十次矣。伦敦城狭而人民太多，故处处皆有小公园，方广数十丈者，围以铁阑。茂林小亭，以俾居人游憩，近邻之人家，皆有匙以入园游息也。③

伦敦的公园可以供居民打球散步，有利于提高国民素质。真正将公园纳

---

① 康有为：《欧洲十一国游记》，第 228 页。
② 同上书，第 229 页。
③ 康有为：《英国游记》，《走向世界丛书》（续编），岳麓书社，2016，第 37 页。

入到国家战略层面的是戴鸿慈。他还在瑞士游览时就曾有所反思："因思中国山川之胜，庐山西湖罗浮之属，如瑞士比者，不可偻指。顾瑞士以佳山水闻天下者，何也？欧洲无大好山水，其气候亦多不适宜于避暑旅行之处，故瑞士一隅秀出尘表。而中国内地未辟，交通不便，又乏所以保护而经营之之术，使坟垒纵横，斧斤往来，风景索尽，游人茧足，职此由矣。"[1] "吾国山川之胜何限，顾守土者不加修葺，则颓废有时，甚或蒿莱不治，人迹罕至，时有伏莽之虞，非谢家山贼纠合徒众，不可得游，抑可叹也。"[2] 归国后，戴鸿慈即向朝廷提出政府应该立即着实的四大民生工程——图书馆、博物院、万牲园、公园。

无论中西方都有自己的休闲方式，不同的休闲方式展示出了不同的文化特色。通过近代西洋游记对以戏剧、画展、公园等为代表的近代西方休闲方式与场所的描绘，我们可以初步感受跨出国门的先行者面对不同文明所滋生的复杂感情，从而更好地了解文明的发展需要交流互鉴这一论断。

思 考 与 练 习

1. 近代旅欧者是如何理解西洋戏剧的？他们认为中西戏剧的不同主要体现在哪些方面？

2. 简略分析西洋油画给近代旅欧者审美观念上所带来的冲击。

----

[1]　戴鸿慈：《出使九国日记》，第498页。

[2]　同上书，第500页。

第十三讲　近代美洲游记中的公共空间

近代美洲游记中的公共空间所涉及的范围较广，既包括商业服务、交通设施、水利设施等基础设施，也包括图书馆、藏书楼、学校等文教设施，还包括公园、山川、雕像等名胜古迹。公共空间的描写是中国近代美洲游记中不可或缺的重要组成部分，它不仅反映了当地的经济状况和生活水平，也为国人认识美洲提供了新思路。

一、近代美洲游记中的基础设施

基础设施是指为社会生产和居民生活提供公共服务的物质工程设施，是用来保障国家或地区社会经济活动正常进行的公共服务系统。中国近代美洲游记中对基础设施的描写，不仅反映了学者对该地的客观印象，更展示了该地的经济状况、生活质量和民俗风情。具体而言，在中国近代美洲游记中，学者对美洲基础设施的描写主要包括商业服务、交通设施、水利设施等方面。由于来访者的心境不同，他们对基础设施的关注点和描写的着重点也有所不同。

容闳（1828—1912）是第一代留学西方的中国知识分子，他造访美国的目的是早日学成归来以报效祖国。《西学东渐记》第三章"初游美国"记录了他于道光二十七年（1847年）抵达美国纽约第一天的见闻与感受：

> 舟既过圣希利那岛，折向西北行，遇"海湾水溜（Gulf Stream），水急风顺，舟去如矢，未几遂抵纽约。时在一八四七年四月十二日，即予初履美土之第一日也。是行计居舟中凡九十八日，而此九十八日中，天气清朗，绝少阴霾，洵始愿所不及。一八四七年纽约之情形，绝非今日（指一九〇九年）。当时居民仅二十五万乃至三十万

耳，今则已成极大之都会，危楼摩天，华屋林立，教堂塔尖高耸云
表，人烟之稠密，商业之繁盛，与伦敦相颉颃矣。犹忆一八四五年
予在玛礼孙学校肄业时，曾为一文，题曰《意想之纽约游》。当尔时
搦管为文，讵料果身履其境者。由是观之，吾人之意想，固亦有时
成为事实，初不必尽属虚幻。予之意想得成为事实者，尚有二事：
一为予之教育计划，愿遣多数青年子弟游学美国；一则愿得美妇以
为室。今此二事，亦皆如愿以偿。则予今日胸中，尚怀有种种梦想，
又安知将来不一一见诸实行耶？①

　　文章只是提及纽约高楼林立、人烟稠密、商业茂盛，至于城市容貌，容
闳似乎没有过多留意。他怀着教育救国的梦想，远渡重洋而来，此时此刻涌
上心头的是他游学美国的梦想终于实现，但不知经世济民的理想何时实现。

　　陈兰彬（1816—1895），广东吴川人，出身书香门第，自幼有神童之誉。
咸丰三年（1853 年）进士及第，早期曾随两广总督黄宗汉办理夷务，后入曾
国藩幕府，参与处理过天津教案。同治十一年（1872 年），以留学监督身份
率领第一批留学生三十人赴美。光绪元年（1875 年）出任首任驻美公使，四
年后实际赴任。他的《使美纪略》似成于众人之手，如自述所言"夙昧洋文
洋语，见闻未审，亦难遽笔于书，数月来缀述寥寥，因取陈郎中嵩良、曾主
事耀南、陈丞善言、蔡丞锡勇数人所散记合并参订，存兹崖略"②，亦即因为
不懂英文，而多参考他人之说。《使美纪略》所记起于光绪四年（1878 年）
正月二十八日，止于同年九月初，对其时美国的社会状况包括科技成果、军
事实力、华人的生活状态等都有所描述。但陈兰彬以老成持重著称，其文字
也极其简洁，擅长用数字进行介绍而少细腻的描写，如其记载"金山二埠"
（沙加免杜）的街道概貌："该埠在沙加免杜河之东岸，屋宇颇华丽，俱用红
砖为之。街道宽阔如大埠，比大埠尤为整洁，左右树木荫翳，溪水交流，居
民约二万二千人。"③

---

① 容闳：《西学东渐记》，《走向世界丛书》（修订本）第三册，岳麓书社，2008，第 51~52 页。
② 陈兰彬：《使美纪略》，《走向世界丛书》（续编），岳麓书社，2016，第 60 页。
③ 同上书，第 13~14 页。

祁兆熙（？—1891），号瀚生，上海人。初为增生，由例仕同知，后保花翎补用知府，署广东惠州府碣石通判。民国七年（1918 年），上海刻本《上海县续志》卷十八本称其"官粤十七年，历办督署洋务，辑《通商约章》《洋务成案》，与香港英官妥定中国电局事宜，中外翕然。其他筹赈、禁赌、查洋面缉私船之扰，解廉州常洋关之事……皆尽心力。"① 同治十三年（1874 年）八月，祁兆熙奉命护送第三批幼童唐绍仪等三十人前往美国留学，至十二月初一日返归。《游美洲日记》及所附之《出洋见闻琐述》，即记述此次出差之见闻。

《游美洲日记》约二万字，始于同治十三年（1874 年）八月初九日出发于上海，止于同年十二月初一日船进吴淞口，不仅详细描述他护送、照拂幼童入美就学的历程，清晰地展示了留美幼童对环境的适应过程，如从初上远洋轮船时的"多啼哭声，不得安睡""呕吐大作"至大风暴中"嬉戏自得，毫无恐怖"，初时只吃中餐至嗣后喜爱牛乳、面包等，一一记录了三十名幼童所寄宿学习的美国家庭事例，还如实记述了他在美国的见闻与反思。由于他对社会之变动抱有极大的热忱，在日记中曾自剖襟怀说："人之在世，诚不可为因循二字耽搁一生也。不然，余在江海北关，有薪水足以赡家，不必离乡异井矣。"② 这使他对科技文明持以开放的态度，如意识到机器对人力的大解放："又有布局，与纸局同工异曲。其总轮亦用水，想亦系总轮盘连及也。与纸局路不远。观其制法，与中国乡人做布无别，特全用机器耳……与中国经布，劳逸悬殊矣。"③ 他对火车等现代交通工具尤为注目，充分感受到了现代机械给人们的生活所带来的便利："民之往来、装载，多用火轮车。其车层层接上，每部可容数百人，一日能行千里。又有火轮船，货物装运亦多借之。又有马车、马船，马船者如陆地行舟，以马拖行也。"④ 其中尤为生动的，是描写他初次乘坐火车的感觉："山川、田地、树木，恍如电光过目。忽进山洞，比夜更黑，不见天日。晚六点钟，忽见积雪。过淘金地，佳哉山色。急

---

① 祁兆熙：《游美洲日记》，《走向世界丛书》（修订本）第三册，岳麓书社，2008，第 198 页。
② 同上书，第 248 页。
③ 同上书，第 240 页。
④ 同上书，第 225~226 页。

喝诸生，勿探头出，恐有撞击。且悉一跌，血不出而气亦绝，吁！险极。"①

戴鸿慈则是清廷为了"预备立宪"而派出欧美考察政治的"五大臣"之一。戴鸿慈（1853—1910），字光孺，号少怀，晚号毅庵，广东南海人。光绪二年（1876 年）中进士，历官翰林编修、云南学政、福建学政、刑部侍郎、户部侍郎、法部尚书、礼部尚书、协办大学士、军机大臣等。光绪三十一年（1905 年）六月十四日，清廷以为"方今时局艰难，百端待理。朝廷屡下明诏，力图变法，锐意振兴。数年以来，规模虽具有实效未彰；总由承办人员向无讲求，未能洞达原委。似此因循敷衍，何由起衰弱而救颠危"②，故下诏特简载泽、戴鸿慈等五位大臣分赴东、西洋各国考察政治。是年十一月二十三日，戴鸿慈从上海出发，取道日本，先后考察美国、英国、法国、德国、丹麦、瑞典、挪威、瑞士、奥匈、荷兰、比利时、意大利、俄国等国家及锡兰、新加坡两个英属殖民地。次年六月回国后，戴鸿慈在领衔编纂《欧美政治要义》《列国政要》之余，还将其日行所记重新整理为《出使九国日记》十二卷。

戴鸿慈自称"每日往观各处，足不停趾，无一刻不暇，夜归辄录所见，信笔直书，并未修饰"，故内容较为繁富琐碎，既有重要的外交活动，如觐见各国元首、拜谒重臣，也有其日常游历、交谈与观感，如游览名胜、大学等。如光绪三十一年（1905 年）十二月十八日，戴鸿慈到旧金山三日，分别参观了商场、商业银行、车船公司、士丹佛大学、卜忌利大学等。翌年正月初一日，在华盛顿又分别参观了水师学堂、户部衙门、基督青年教会、老兵院、华盛顿墓、国家印刷局、福迈尔兵操、图书馆、上议院、下议院。初八日抵达纽约后，又先后参观了万国宝通银行、公估局、商务公所、裁缝机器厂、烟叶公司、炮台、哥伦比亚大学、永命保险公司、大报馆、美术院、博物馆、天主教堂、美人住宅、救火署、社会办事署、煤油公司。其中对纽约的交通有详细描述：

是役也，以天桥汽车出，而由地道汽车返。纽约人口繁盛，往

———————————

① 祁兆熙：《游美洲日记》，第 230 页。
② 戴鸿慈：《出使九国日记》，第 293 页。

来之众，孔道不足以容，且市地辽阔而人惜寸阴，利在速达也。故
驾铁桥于空际，高与楼齐，行车其上，数轨并驰；又凿隧道，营车
轨，亦如之。隧中密燃煤灯，相遇以红绿灯色为号。行数武，辄有
车站。站前通天光，泄空气，售新闻杂志者丛焉。天桥亦然。人各
收美金五角，无问远近，甚便旅行，可想见美人心思之细密矣。当
客栈之前矗立云际者，为世界最高之楼，多至二十八层，华人谓之
"熨斗楼"。其构造纯以钢骨制成，迥非寻常所有也。①

这里所描写的隧道、天桥、地铁、轻轨等，无疑让戴鸿慈瞠目结舌。

光绪二十九年（1903年）正月十三日，梁启超受美洲保皇会之邀，由日
本启程前往美国，二月初六日抵达加拿大温哥华，四月十六日至美国纽约，
此后游历哈佛、华盛顿、费城、匹兹堡、辛辛那提、新奥尔良、圣路易、芝
加哥、西雅图、波特兰、洛杉矶等地，九月二十日回到横滨。《新大陆游记》
原为梁启超游历时随笔所记，返回日本后，他又以两旬之力重新整理，厘定
为十四章。

梁启超《新大陆游记》"一以调查我皇族在海外者之情状，二以考察新大
陆之政俗"，故"兹编所记美国政治上、历史上、社会上种种事实，时或加以
论断"。起初所记，亦多有风景之类，但著者整理时悉予删除。在《凡例》
中，他特别指出："中国前此游记，多纪风景之佳奇，或陈宫室之华丽，无关
宏旨，徒灾枣梨，本编原稿中亦所不免。今悉删去，无取耗人目力，惟历史
上有关系之地特详焉。"如对纽约的繁华，虽然他也有眼花缭乱之感，不知从
何说起，但终究从一个政治家的视野去分析它的特殊，阐述它作为贸易中心
崛起的背景与意义。更重要的是，他不仅充分肯定了纽约这一大都市的巨大
成就，同时也详细描述了荣华背后的阴冷与凄苦：

天下最繁盛者宜莫如纽约，天下最黑暗者殆亦莫如纽约。吾请
略语黑暗之纽约：

---

① 戴鸿慈：《出使九国日记》，第357页。

排黄热者流，最诋华人不洁。以吾所见之纽约，则华人尚非不洁者。其意大利人、犹太人所居之数街，当暑时，老妪、少妇、童男、幼女，各携一几，箕踞户外，街为之塞。衣服褴褛，状貌猥琐。其地电车不通，马车亦罕至也，顾游客恒一到以观其风。以外观论，其所居固重楼叠阁也，然一座楼中，僦居者数十家，其不透光不透空气者过半，燃煤灯昼夜不息，入其门秽臭之气扑鼻。大抵纽约全市，作此等生活者，殆二三十万人。①

纽约固然多高楼和公园，"纽约全市公园之面积，共七千方嗌架，为全世界诸市公园地之最多者。次则伦敦，共六千五百方嗌架。论市政者，皆言太繁盛之市，若无相当之公园，则于卫生上于道德上皆有大害，吾至纽约而信。一日不到公园，则精神昏浊，理想污下。街上车、空中车、隧道车、马车、自驾电车、自由车，终日殷殷于顶上，砰砰于足下，辚辚于左，彭彭于右，隆隆于前，丁丁于后，神气为昏，魂胆为摇，"② 但贫民窟不仅电车不通，甚至连马车也很少见。公共设施的悬殊，可见一斑。

二、近代美洲游记中的文教设施

近代城市文明的重要标志之一，就是城市中分布着大量的图书馆、博物馆和展览馆等公共文教设施。晚清的知识分子往往带着不同的使命远赴海外，因知识储备、个人素养及文化观念的差异，对域外城市文明的感受也有侧重，但毫无例外地都会对城市的文教设施有所注目，毕竟它们是近代文明的文化展示、传播和交流的最重要的场所。

林𬭎的《西海纪游草》应该是近代游记中最早描写美洲的文教设施的，钟叔河称之为近代中国人测量大海的第一块贝壳。林𬭎，号留轩，原籍福州，祖父早年去世，产业为族人侵占，随伯父侨居厦门。少时颇不好学，浪迹天

---

① 梁启超：《新大陆游记》，第 461~462 页。
② 同上书，第 460 页。

涯，自号天荡子。因素习番语，译文为各国所推重，奉委经理通商事务。道光二十七年（1847年），林铖受聘前往美国教习中文，农历二月由潮州启程，历时一百四十天，抵达纽约。在美国工作一年多后，林铖于道光二十九年（1849年）农历二月返回厦门，并于四月将旅美行程与见闻、感受记述下来，录为《西海纪游草》，主要包括《西海纪游自序》《西海纪游诗》《救回被诱潮人记》及所附《记先祖妣节孝事略》。书稿曾流传于厦门和福州一带，约付梓于同治六年（1867年）。左宗棠、英桂、徐继畬等有题记，万鹏作有乘风破浪图。英桂、周立瀛、周揆源、王广业、王道徵等分别为序，英桂云"其由闽挂帆九万馀里，行抵绝域，得以详究其风土人情、天时物理，使阅者了然于目。盖西游者，溯自汉纪及唐元以来，历有其人；然以游之远而且壮者，莫留轩若也"。①

书稿的主体部分为以骈文形式写出的《西海纪游自序》和由六十八句五言组成的《西海纪游诗》，不仅着力刻画了旅途的劳顿与艰险，更详尽地描述了作者在美国所见到的各种新奇事物和新风尚、新现象。其中尤为引人瞩目的是，《西海纪游自序》极为生动地记录了作者初至纽约见到蒸汽轮船、电报、照相机、自来水、电影院、救济院、报纸、学校、温度计等事物时的兴奋之情，并对其意义与前景有充分的认识和肯定。如其首次提到了博物馆："博古院明灯幻影，彩焕云霄（有一院集天下珍奇，任人游玩，楼上悬灯，运用机括，变幻可观）。"②

近代公共博物馆与私人收藏馆最重要的差别，就在于它向社会大众开放，即林铖上文所说的"任人游玩"。同治七年（1868年）闰四月初七日，志刚在纽约参观了图书馆，当时志刚将其称为"观书院"：

> 初七日　观书院。本地富人古博尔者，老而无子，乃竭产独力建造大书院。凡西国所应学者，区以别之，各有教师。又各有男女学习之所。藏书之室，熔铁为架，倚壁成城。择人专司，许观不许借。略同宁波天一阁之制。可谓善用其富者矣。③

---

① 林铖：《西海纪游草》，第29页。
② 同上书，第36页。
③ 志刚：《初使泰西记》，第268页。

虽然志刚声称这座观书院略同于宁波的天一阁，但仔细品味，两者的意义还是颇为不同。尽管这富翁所建的私人图书馆依然是不许外借，但它已经给在馆阅读者提供了便利。相对而言，宁波天一阁可能是面对精英阶层，而这里的观书院似乎是面对普通大众。也许正是注意到了藏书楼的公共性，随同志刚游览的张德彝将之称为"义社"——两人记录的时间相差一天，或是志刚之误：

> 初六日甲寅　晴。午初，乘车行里许至义社，系富室古柏尔建造，费数万元。高楼周十馀里，广置天下书籍画本、石人泥像，令郡内居民学习，或读或画，或塑或刻，听其自便，一切支应皆伊供给。又行三里许，至义书堂，名"阿司德尔"，亦系名人建造。周十五里，白石层楼，内储各国古今书籍七万五千馀卷，国人乐观者，任其流览，以广见闻，惟禁携带出门与点窜涂抹而已。①

中国古代乡族多设置"义学"，作为贫寒者读书的场所。张德彝在这里提出"义社"概念，其实并不准确，因为图书馆的功能主要是供人阅读而非聚集。同治七年（1868年）六月二十九日，张德彝一行还参观了博物馆，当时他称之为"集古院"：

> 后至集古院，存贮各种鸟兽昆虫之皮骨。有埃及四尸，缠以白布，盛于棺内，而棺无盖。或云，皆千百年前者，暴露日久而肉身不腐，亦奇事也。旁一花园，有凉亭、水池、金鱼、孔雀、青牛暨红白鹦鹉，在彼饮三鞭，食地椹后，盘桓数刻而归。②

按照林铖《西海纪游草》对博古院的描述，它或许更接近展览馆，而张德彝这里的"集古院"则似乎更接近标本馆。七月初七日，张德彝又参观了

---

① 张德彝：《欧美环游记》，第652~653页。
② 同上书，第686页。

大学图书馆、标本馆与天文馆：

> 行数里至大学院，楼内存古今书籍二万六千册，四面环以屋宇，系肄业者退息之所。书楼之后有集奇楼，内藏各种鸟兽鱼虫之骨，与他国者同。次至观象台，上悬平仪，如时辰表，外粘纸条如环，针尖濡以蓝色，下通电线。另有窥天镜长丈许，占星者竟夜候之。天象稍有变动，则急以手按电线，则针所指之时刻分秒，自有蓝点为识，以便查核推验。①

光绪二年（1876年）六月至七月，李圭在美国费城、纽约先后参观过三处图书馆。六月十五日，他参观费城监狱时，注意到了监狱里的图书馆：

> 中楼第二层，藏书九千馀本。司事皆犯人，装订、修补亦犯人。楼置书目一本，监室亦各置一本。某号犯欲阅何书，以木牌写书名、几日归还，递出楼照取，按期交还。第三层为礼拜堂，极阔大，为教师讲书导化之所。至各项司事、巡捕、工人住房、大厨房、浴房、厕所，并皆洁净无纤埃。厨房后设轮机一具，凡磨麦、熟菜、煮茶以及各处暖气筒咸赖之。②

监狱的干净整洁、生活有规律、可以培训技艺等，使李圭大为感叹，"一切体贴人情，处若父兄之于子弟。故凡游览其中者，非特不觉其为监狱，即犯人监禁日久，亦忘其身在监狱也。迨期满释归，有技艺，有资蓄，皆可为养身赡家计，或更可传诸子孙。法良意美，于斯尽矣。"③七月二十日，李圭来到了美国国会图书馆：

> 中起圆楼，高一百八十尺，藏古今书籍三十馀万册（闻波士登

---

① 张德彝：《欧美环游记》，第691页。
② 李圭：《环游地球新录》，第246页。
③ 同上书，第246~247页。

地方亦有楼，藏书三十万册），国内居官者，可取回阅看，阅毕归还，有限制。民间准其来院取看。闻二十年前，斯楼不慎于火，书多被焚。今则梁柱、地板皆用铁制。楼下悬画八幅，方广约一丈五尺。为开国时华盛顿与英战争状，及定盟定国故事，洵绘水绘声之笔，每幅云值洋钱四万元。闻有法人美塞尼者，为今时画家第一名手。尝作画一幅，方广仅五六尺，绘前法主拿波伦第一攻战事，值洋钱六万元，为美国富商司多购得。西国之画，乃有如此之贵，诚创闻也。①

我们注意到，国会图书馆已经有限度地开放了，虽然还只是面对国内官员，但它的公共性和服务性有了极大的提升。至于李圭在纽约见到的"书馆"，其实是书院或者学校。陈兰彬《使美纪略》中所记"公所书院之大者则有若哈核，若地林尼地，若耶儿，若威士里仁，若林坚，若古林米阿等院，而布士顿之书院藏书尤富云"② "有书院一间，专教女子。公家书院数间，专教幼童。藏书楼二所，每所藏书一万五千卷"③，也是指学校。

梁启超于光绪二十九年（1903 年）五月初六日参观波士顿图书馆时，已经充分领略了公共图书馆对国民素质培养的重要作用：

初六日，往观市立图书馆。设图书馆以保存古籍者，自十六世纪时日耳曼人已行之。至以此为公共教育之机关，实自兹馆始云。千八百四十七年，波士顿市长乾士氏议征市税，以设市立图书馆，议会许多，即为此馆之嚆矢。越二年，英国仿其例，由议会提款以充兹事之用。千八百五十四年，英之门治斯达、利物浦二市始有图书馆，实波士顿以后第一次继起者也。以千八百九十六年之调查，则全美国中藏书三千卷以上之图书馆，凡六百二十六处云。本馆所藏书凡八万册，其前后建筑费合计美金二百六十五万元。除总馆之

---

① 李圭：《环游地球新录》，第 259 页。
② 陈兰彬：《使美纪略》，第 52 页。
③ 同上书，第 28 页。

外，其分布于市中者，尚有分馆十所、借书处十七所云。此皆馆长为余所言者。彼断断然以此为波士顿市对于全世界之名誉也。①

梁启超在这里详细讨论了近代图书馆的演变历程。他强调说，虽然德国在十六世纪就设立了图书馆，但其宗旨只是为了保存古籍。1847年，波士顿市长筹集资金，建立了近代公共图书馆，这是波士顿对全世界所作出的巨大贡献。五月十四日，梁启超又游览了华盛顿的图书馆，誉之为"世界中第一美丽之图书馆也。藏书之富，今不具论。其衣墙、覆瓦之美术，实合古今万国之菁英云"②。六月初五日，他到芝加哥大学访问时，惊讶地发现图书馆没有管理者，学生借书都是自取自还：

> 余所见各学校之图书馆，皆不设管理取书人，惟一任学生之自取而已。余颇讶之，至芝加高大学，询馆主：如此，书籍亦有失者否？答云：每年约可失二百册左右；但以此区区损失之数，而设数人以监督之，其所费更大，且使学生不便，故不为也。大抵失书之时，多在试验期之前半月，盖学生为试验而窃携去备温习，验毕复携返者亦甚多云。此可见公德之一斑。即此区区，亦东方人所学百年而不能几者也。③

张荫桓在纽约时曾游当地博物院，一博物院中多奇禽："饭后往博物院，求如陈副宪日记所谓小鸟如蜻蜓五色咸备者，殆拟议之词。院中固多奇禽，如朱鹤、翠鹦均有奇采，小鸟无虑数百，极小者视蜻蜓相去尚远也。"另一博物院则陈设诸古器："内多石像，间有方柱如经幢，亦有刊志。中有石樽数具，樽上镌人头，略如佛像，樽之两旁镌人物车马作争战状，高髻长戟，略如武梁祠画像。其架所庋铜器，矛头为多，亦有方式，图章大都腊丁文字。又有宣德铜方炉一，尚非赝也。楼上列中国瓷器颇富，极旧者明瓷而已，亦

---

① 梁启超：《新大陆游记》，第478~479页。
② 同上书，第482页。
③ 同上书，第523~524页。

有象牙雕漆诸器，视华盛顿博物院略胜。"① 除此之外，张荫桓在秘鲁时亦参观了当地博物馆："昨登博物院楼，空诸所有，窗槅承尘，类多塌陷，秘廷亦无意收拾也。" 张荫桓还列举了法国重修大戏园维系人心的例子与秘鲁做对比："法经德破后，即重建一大戏园，穷极奢靡，以维系人心，此种举动固非秘鲁所能望其肩背。"②

三、近代美洲游记中的名胜古迹

林鍼《西海纪游草》自序说："山海奇观，书真难罄。"③ 实际上他的游记根本没有提到美国的自然景观与历史古迹。志刚于同治七年（1868 年）二月抵达美国，至闰四月离开之时，给他留下深刻印象的自然风光是尼亚加拉大瀑布：

> 二十一日　观瀑。瀑水下注，总宽约三里许。盖汇上游北美里加密士湖、苏湖、休伦湖、依湖数千里数大湖之水，而束于一口。其地当大磐石。积年水劲溜急，将下流之河斳成二、三十丈之深沟。故瀑布悬流至十五丈者，宽二百馀丈，名"勘那布其"。下流中隔小岛，又悬流十六丈馀，口宽七十馀丈，名"美里格布"。通溜之沟，面亦宽二百馀丈，水深十馀丈。瀑水下注之势，如大团白绵，推拥而下，訇声如雷，极其壮阔。溅起水沫，上接浮云。其中终日横卧长虹，高喷浓雾。昔闻龙门之峡，悬流二十仞，流沫三十里。虽未目睹，以此相较，当有其过之无不及也。隔河有硫井，罩以木筒。以火引之，则焰上腾二三尺。蒙以布而不灼，盖水面之硫气成焰，亦蜀中火井之类也。④

---

① 张荫桓：《三洲日记》（上册），第 75 页。
② 张荫桓：《三洲日记》（下册），第 408 页。
③ 林鍼：《西海纪游草》，第 41 页。
④ 志刚：《初使泰西记》，第 281~282 页。

志刚先介绍了瀑布形成的原因。它汇集了世界上最大的淡水湖群，又被巨石所阻挡而束缚在一个狭小的出口中，经过常年累月的冲刷而形成巨大的鸿沟。接着重点描写了瀑布的声势。瀑布下冲之际，如大团大团的白丝棉；瀑布汹涌澎湃，声如巨雷轰鸣；瀑布渐起的水沫，可以上接浮云。最后志刚自然地联想到了我国的龙门悬瀑，虽然他只是听闻，想必应该比这里更壮观。可见在志刚心目中，故土情怀依然是主导。

与志刚同行的张德彝，也用他生动的笔触刻画了尼亚加拉大瀑布的宏伟壮观。与志刚不同的是，张德彝主要是从游者的角度出发，一步一景，写出他游历的见闻感受。由于缺乏具体的描绘，尼亚加拉大瀑布给人的印象并不深刻：

> 二十一日戊辰　晴。午初，随志、孙两钦宪往观瀑布。过铁桥长二十丈，宽十五丈。先至山羊岛，在激风洞与马掌之间，长约三里，宽二里，花树颇多。激风洞左有小房一间，入内易以外国油衣油帽，自筒楼环梯绕下，地皆乱石，如狼牙之林立，上望则峭壁陡岩，悬临千丈，天漏急流，飞波扑面。绕至激风洞之后，通有小木桥，极狭，仅容一足。渡桥后，则步乱石，扶木板，游历数处，而巨浸漫天，如江河之倒泻，其声音之震眩，耳目亦不效灵矣。游毕登楼易衣，每人给票一纸，上云："某人某日曾游激风洞"等语，以便其人自炫胆大心坚，无所恐惧之意。出此登塔一观，景虽毕见，而急风骤雨，势不可当矣。嗣至姊妹岛等处，则树林阴翳，花鸟宜人，喷雪跳珠，非复从前景象矣。[①]

光绪四年（1878年）七月十一日，陈兰彬也曾游览尼亚加拉大瀑布。他先详细介绍了瀑布四面水流的宽度与高度，然后介绍了瀑布的观光缆车，最后解释了激风洞的形成原理。其中描写瀑布水花如雪、白光飞舞，笔墨尤其生动：

---

① 张德彝：《欧美环游记》，第682页。

迤北有河名曰加哑辣，与安别衣阿湖、伊厘湖相通，英、美以
此河分界，北岸属英，南岸属美，两国皆设大帅于此以镇守之。又
于河上架飞桥两道（一以便火车往来，一以便游人行走），其桥不用
桥蛋，四面以铁缆维之，两岸各建桥楼以挽铁缆，高约数十丈，南
楼阔八十尺，北楼阔七十八尺。东、南、北三面皆大瀑布，西人云：
通地球瀑布，此为最大。北曰马蹄瀑，阔二千尺，水流自高至底，
一百五十四尺。东、南两瀑与河同名，南阔六百六十尺，东阔二百
四十三尺，水流自高至底，皆一百六十三尺。石峰壁石，湖水奔腾
澎湃之声，不绝于耳，水花如雪，远望只见白光飞舞。岸傍有屋数
间，内设绞车机器，下通水轮，以为升车上下之用，车如小室，可
坐一十二人，四面玻璃透亮，有门以便开阖出入。对岸树林浓翳，
山上建有亭榭，游人上下亦坐升车，如小舟式，亦系水轮运转。离
此二迈，有转水潭，因水急流至此湾曲而转，故名。又有风洞，因
地下浮沙随流而去，上馀坚土，形似瓦面，水气由洞口而出，故名。
是处风景幽绝，天气清和，每至炎夏，举国官绅多来避暑。[①]

光绪二十二年（1896 年），李鸿章作为特使，前往俄国参加尼古拉二世
的加冕仪式，并一路访问了德国、荷兰、比利时、法国、英国、爱尔兰、美
国、加拿大、日本等国家。晚清重臣的首次外访，引起了世界各国的强烈关
注和多方媒体的报道评论。《李鸿章历聘欧美记》二卷，即为林乐知汇译、蔡
尔康纂辑的各国报道纪要和相关资料。书中写到李鸿章在乘火车由美国前往
加拿大的途中，专门改坐马车前往尼亚加拉大瀑布观赏美景：

二十八日，使相出自美都，率同随员人等登公家特备之火车，
将往英属之坎拿大。至英美交界处，停车小憩，改乘马车，往观泥
矮洳濑大瀑布。喷珠溅玉，注壑奔岩，悬天半之长虹，洗尘中之倦
眼，使相顾而乐之，徘徊不忍去。瀑入溪涧，淫为大川，上架铁桥，

[①]　陈兰彬：《使美纪略》，第 29~30 页。

> 可通车马。英官盛饰公车，迎于桥左。于是，巍巍相节，遂辞美界，而又入英界矣。①

这里的描写言简意赅，与李鸿章的身份极为吻合，寥寥几笔的描摹亦意在烘托观感。

李鸿章等所观赏的是夏季的大瀑布，他是七月抵达的。十年后的冬天，戴鸿慈来到这里，对于夏季的壮丽，他只能想象一番了："闻盛夏之日，游人甚众，每泅水为乐。月夜景色转幽，士女如织，甚或天阴云翳。好事者以电灯映照其间，代秉烛游焉，洵美观也。"② 冬日的瀑布在他笔下，显得寒意逼人：

> 十七日，晴。早八时，至乃阿哥拉（Niagara），乃世界第一大瀑布处也。十时，坐雪车往观。其地积雪满山，冷风砭骨，奔泷直走，喧阗震耳。临流注望，但见一泻千里，无从溯其来源。中间丛木怪石，起伏不一。又方严冬，冰块亘流，故波折益甚。最低处水花满空，高至数十丈，尽成烟雾。闻其下有地洞，可以度人云。此瀑布当加拿大（Canada）与美交界处，故英美各有半主权。是日，加拿大府尹亦来陪观，因度铁桥，循源上溯，往来两国界间。此瀑布之力，奔注数里，成一湖，所谓回澜湾也，复折而入安他利俄（Ontario）湖，循此河而入海。其下趋之势，摧陷一切，美人因利用其水力以运机器，居下流、创公司者数家焉。③

戴鸿慈终究是一位政治家，他对雪中的美景虽然有所感发，但注意力很快被水力发电等实用价值转移了。

张荫桓观赏尼亚加拉大瀑布的时间，则比李鸿章早了十年，他所见到的

---

① 蔡尔康等：《李鸿章历聘欧美记》，《走向世界丛书》（修订本）第九册，岳麓书社，2008，第207~208页。
② 戴鸿慈：《出使九国日记》，第367页。
③ 同上书，第366页。

是秋日的瀑布。张荫桓（1837—1900），字樵野，广东南海人。光绪十年（1884 年），他入总理各国事务衙门行走，次年奉命出使美国、秘鲁和西班牙。光绪十二年（1886 年）二月八日，他由香港启程，三月四日抵达了旧金山。光绪十六年（1890 年）初，张荫桓回国复命，将日记抄录进呈，名为《奉使日记》。对于瀑布的描写，张荫桓是根据游览的顺序展开的。他首先写了瀑布屈曲入湖处的景色："湍急如黄河盛涨之状，高岸陡崖，嵚崎旁魄。"悬崖旁边还有亭子及铺子："崖旁结木亭，备游人憩息。亭侧有屋数椽，售瀑湖所产各种小石，雕镂为首饰之物，间能适用者。"然后描写了瀑布悬流处的景色：

> 至瀑布悬流处，缘崖陡下，瀑花飞溅，衣袂潜湿。崖垠铁栏屈曲，中护小桥，斜透黝洞，崎岖不易行，游人少往者。瀑下有小轮船一艘渡客，容与瀑流极平处，游驶不能远，机轮智巧至是而窘矣。回车绕行三岛，各跨一桥，名擅佳胜。中岛桥在鸣瀑之腰膂，崇林掩映，渐有红叶，坐桥柱少憩，胸臆皆凉，徘徊不忍去。三岛皆在水中，饶有林木而无居人气，脉亦若联属，俗云夫离昔士特，译言姊妹三也。西人好奇又最畏热，盍于岛中结台榭为迎凉计也。①

更为幸运的是，在中秋时节，张荫桓又曾去回观瀑布。秋天的尼亚加拉瀑布，在他的笔下显得格外可爱，别有一番风景：

> 沿秋林曲折，有新桥双峙波际，桥岸密树如锦，羊肠一径，架木阁以便往来。阁外劈松枝作阑，略如亚字，古朴可爱。凭阁一望，岛树幽翳。虬松翠柏之巅时有红叶缠绕，霜气初薄，苍赭相间，绝好溪山图画。回镳迤逦，每于树罅见瀑光，秋阳所照又激为红影，岩下白烟仍湿也。至前日映相处，仍乘溜梯，将晡矣。瀑浪怒卷，浩如江海，两岸最陡窄无阴晴一致也。"②

---

① 张荫桓：《三洲日记》（上册），第 273 页。
② 同上书，第 278 页。

公共空间的描写是近代美洲游记中的重要内容，因为它是晚清旅美人士感受美国近代文明的最直观的方式。由此我们也注意到其间的一个非常清晰的变化，早期的美洲游记更偏重于城市街道、高楼、广场、交通等公共设施，中期的游记更侧重于图书馆、博物馆、展览馆等文教设施；后期的游记对名胜古迹的描写越来越详细。这一变化，正和我们认识一个国家的历程相吻合，也充分说明了近代游记对美国认知的逐步深入。

1. 近代美洲游记中几位学者对尼亚加拉大瀑布描写的侧重点有何不同？

2. 近代美洲游记中的文教设施有何特点？这种特点反映了什么？

第十四讲　近代美洲游记中的大众教育

19 世纪末 20 世纪初，晚清学者开始走出国门，走向世界。他们以切身的体会记录下了对美洲教育的观察与思考。他们的观察可谓细致，包括从小学到大学的美国教育规模、课程设置以及教育风气等，无不历历在目。他们的反思也十分深入，晚清的教育改革在许多方面都受到了这些探索者的影响。

一、近代美洲游记中的教育规模

近代美洲游记是以美国为主导的。美国的教育给晚清的访美者留下了深刻印象，迥异于华夏的教育理念、教学模式、教学设施都让初来乍到的晚清知识分子眼界大开。其中最让他们震撼的，莫过于美国庞大的教育规模。

祁兆熙自学法语和英语，在同治十三年（1874 年）奉命所护送的第三批三十名留美儿童中，就有他十二岁的儿子，可见他的思想在当时还是颇为开明的。九月十六日，他前往海滨游览时路过学校，不由感慨万分：

> 过此而前，有大学堂一所，学生有一千名，又有小学堂若干所。西人子弟，富贵贫贱，均读书于总学堂。国又有大义塾，栽培子弟。中土庠序之设，惜少真实工夫。西法，子弟六七岁入小学，犹中土读四书也；十岁后开经书，换一大学堂；至舞象之年，譬之中土开笔之时，即问本人愿习何事。于是，读书、兵法、机器、贸易等，各分门类，各立大书院。送进再学几年，自然成就，法尽善已。①

---

① 祁兆熙：《游美洲日记》，第 228 页。

他不由自主地将美国的教学设置同华夏一一比较，最后感慨中土的教育缺少了"真实工夫"。当然，最让他动容的还是美国教育的规模化。在一个私塾为主要教学渠道的时代，动辄见到数百上千人的学堂，不能不使祁兆熙深受触动。又如十月初三日，他参观一所公办学校：

> 又至一大学堂，生徒二百二十五人，各师分班教习，房屋四层，银一万八千两，为美国主国家义塾。男女分班坐，男左女右，人各一几，不准言语。至一书馆，藏西书各种。要观书，岁出公费洋一圆。往观书，台椅俱全。亦可借归，有司之者注名于簿，按期调换。①

一所拥有二百二十五名学生的学校，也能被祁兆熙称为"大学堂"。由此可见，祁兆熙在出国之前所习见的学堂，规模是何等狭小。而更令人惊叹的是，连特殊学校的规模也是那样庞大。十月初一日，祁兆熙曾参观哑子书院：

> 午后，同开甲游行，抵哑子书院。院内有生二百二十五名。其法以廿六个字母画成手法，以手指伸缩像字，迤逦而来，捏成字句，犹以手代言也。开甲能读其书，暇时以手势对谈，曲传其意。外有石像，西人，前之创始者。②

这所特殊学校也有学生二百二十五名，主要以手语的方式进行教学。当时的手语是依据英文的二十六个字母而来，学校前还树立着这种手语发明者的石像。

光绪三十一年（1905年）十二月二十日，抵达旧金山才三天的戴鸿慈就来到了美国斯坦福大学——他所认为的西方最好的私立大学：

---

① 祁兆熙：《游美洲日记》，第238页。
② 同上书，第236页。

二十日　阴雨。早，与午帅带参随等乘火车往帕儿亚路徒（Paloalto）观士丹佛（Standford）大学。此大学为西方私立学堂之冠，与卜忌利并称，男女学生凡数千人。各生自建寄宿舍，约二十人而组织一所，藏修游息，互相友爱，极切磨讲习之益。总理乔顿君招邀用饭。旋偕往校中礼拜堂，中列耶苏及其十二门徒石像，素不施采，奕奕如生。壁皆作画，斑烂五色，闻以意大利文石小块嵌成云。①

斯坦福大学庞大的教育规模、良好的学习氛围、浓厚的艺术气息都让戴鸿慈赞不绝口。由于时间关系，戴鸿慈未来得及参观学校里恢宏的博物院、化学室，不由深感遗憾。第二天，戴鸿慈又乘坐火车来到加州大学，游览了机器室、化学院、女学院。加州大学其时也有男生二千五百人、女生千余人，学校的剧场尤使他深感震撼："是场仿罗马古戏场式，其上无盖，石阶层级环其前，学生常演剧于此，虽低声小语，而坐上八千人皆可细聆不爽云。"②

十二月二十四日，戴鸿慈抵达内布拉斯加州，参观了州立大学的博物院、国画室、美术室、化学教室、物理器械室、天平室、观象台、养鸡鸭场、存古室等。琳琅满目的实验室，说明学校的规模应该相当庞大。第二天，戴鸿慈参观了基督教青年会，它实际上也是一个儿童教育培训机构，里面的操场、浴池等体育设备齐全。光绪三十二年（1906年）正月初一日，戴鸿慈乘坐汽车前往马里兰州参观水师学堂。他首先感叹其规模宏伟，"构造伟丽庄严若王宫"，接着一一介绍了该水师学堂的招生方式、考试科目、学习专业等，最后"观格化房、电学室、光学室、体操场、阅报所、练船厂，皆博大精细，足见其进步之神"，并由此反省，希望国家能够加大投入，重视海军教育："今观其学堂，经营不遗馀力，乃知幼稚而进于老成者，非偶然也。吾国之谋恢复海军屡矣，问能有如是之速率否乎？谚有之：长袖善舞，此非一朝夕之能为力矣。"③

---

① 戴鸿慈：《出使九国日记》，第340~341页。
② 同上书，第342页。
③ 同上书，第351页。

正月初十日，戴鸿慈来到了当时被称为美国第一大学的哥伦比亚大学，"其中有师范学堂，有豫备学堂，凡男女生徒四千人，内师范生男女九百馀人。中国学生在此者，五人而已。"他对该大学齐全的教学设备艳羡不已："观师范生练习教室、化学教室及六分室。又，图书室藏中籍甚富。观男女操场。美国女子体操与男子无异，故操场虽略隘而器械无一不备也。"①正月十三日，他来到了西点军校，该校"学生四百五十人，其选取之法，由总统送十二人，上议绅各选二人，约各省四人。经费每年六十四万馀元。其壁间多悬名将油像及立功阵亡军人记念，所以鼓励士气也。历观各教室、体操场、测绘所、住宿所、饭厅、医室等处。复往观马队教练，演习纯熟，皆有可观"②。

正月十五日，戴鸿慈参观了纽约的工读学校，即他所说的"顽童学堂"。它虽然是为有劣迹的学生所设，但学校的规模宏大、设施齐全，尤其注重学生生活技能的培训："此所盖以羁禁罪之至轻者，使其自新，其实则一顽童学堂也。所中规模宏敞，有教室，有操场，有房舍凡千一百馀间。有印字场，所中设报，印刷于斯焉。有木匠所，制几于此。制已，复毁之，资熟练不以牟利也。有泥匠所，习盖屋。今之新饭厅，盖因徒所筑云。此所为本省官立，现在所者凡千五百有九人。"戴鸿慈还介绍了该校的建造经费、所教的课程等，并充分肯定了它的意义，即所教人员出狱后多可改过自新："此所建筑之费凡三百五十万元，常年经费二十五万元。所中工课，大抵教以工艺、商业，使其出所时有所倚以谋生。据所长言，由此改良以后，其能有名誉于世者绝少；然百人中大抵有八十人复为良善，则可信也。"③

崔国因（1831—1909），字惠人，自号宣叟，安徽省甘棠人。幼年家贫，好学不倦，及长取为秀才，外出谋生，为安庆李鸿章府中塾师。同治九年（1870 年）中举，十年登进士，后为翰林院庶吉士侍读、国史馆编修。光绪十五年（1889 年）三月，出使美国、日斯巴尼亚（今西班牙）、秘鲁。光绪十八年（1902 年）十二月任满回国。其《出使美日秘国日记》十六卷，记录

---

① 戴鸿慈：《出使九国日记》，第 357 页。
② 同上书，第 361 页。
③ 同上书，第 363~364 页。

了他自光绪十五年（1889 年）九月初一日抵达华盛顿至登上"槎那"号海轮回国，除登舟前一天外共计四十九个月一千四百四十七天的见闻观感，真正是他的每日所记。他所关注的都是值得借鉴、对国计民生有所裨益的问题：

> 美国学堂林立。因每出门，见男女之赴塾放学者结队而行，秩然有序。因询诸美国官绅，知美国有男孩读书之学堂，有女孩读书之学堂，并黑人亦有学堂。大约每百人中，不识字者不过十人而已。又以欧洲各大国，读书按每百人计之：德国约九十四人，英国八十八人，法国七十八人，俄国十一人。所读之书，皆讲求养民之法、有用之道，故国事蒸蒸日盛焉。①

他看到美国学校普及，各个阶层都有受教育的机会，国民识字率高，这些都是国家强盛的基础，由此希望政府大力兴办实业教育。

二、近代美洲游记中的课程设置

美国各学校的教育规模令学者们大受感触，美国不同学校中的课程设置也令学者们倍感新奇。他们注意到，美国的大学会根据自身的特点来设置不同的课程结构、课程内容和课程计划。

早期的旅美人士往往只是描述各学校的男女学员人数、年龄阶段构成、学校面积大小等总体情况。如同治七年（1868 年）五月初六日，张德彝记录了他在纽约参观的两所公立学校：

> 初六日癸未　晴。辰刻，布拉格约至十四条胡同看男官学，共大小幼童一千二百馀名，弦歌诵读，绝少佻达之风，其教习多是老姬。又至十三条胡同看女官学，共大小幼女一千二百名，颖悟聪明，半属闺门之秀。二处布公浼明宣讲中国圣教，以励诸生。明即勉以

---

① 崔国因：《出使美日秘国日记》，第 333 页。

忠孝节义等语，诸生似有领悟。按二学俱有楼，以便栖止。楼各三层，以示区别。凡幼童幼女六七岁初学者，在末层楼，为第三等；逾十岁勤学者，升至二层楼，为第二等；十五岁以后深学者，超至首层楼，为第一等。明对诸生云："愿诸公不日更上一层楼，则使臣有厚望焉。"众闻大喜，击掌称妙。①

张德彝注意到美国学生入学的相关情况，但对学生在校学习的具体内容并没有介绍，可见他的了解还是相对较为浅显的。祁兆熙对大学的课程设置也缺乏清晰的认识，在同治十三年（1874 年）九月十六日谈及美国大学的分科教学时，他主要是从就业的角度出发，以读书、兵法、机器、贸易等来概括美国各大书院的专业。

光绪四年（1878 年）八月二十二日，陈兰彬曾参观了纽约的王家书院，他注意到针对每一个年龄段的学生，美国的学校会开设不同的课程：

> 又有洋人巴力文兄弟偕随员等往各处游览回，据称其王家书院为楼六层，凡初附学者居其上，为第六层，有男女童约四百，皆七八岁者，专教认字调音；第五层女童五六百，皆十一二岁者，教以书算、图画等技；第四层女童六七百，皆十四五岁者，教以格致等技；第三层约六七百人，皆十七八岁者，教以天文、地舆、制造、化学等技；第二层则由三、四层中每日轮调约百人，教以琴歌跳舞等技；第一层为各绅董写字、见客处。统计学生约二千四五百人，女子居多，男子仅百馀而已，缘男童十岁后须往别馆也。②

光绪十七年（1891 年）五月初八日，游历美国的崔国因，总结了西方学校的课程设置特点："泰西学校，均以'致用'二字为主，而学分焉：如矿学，以采五金；化学，以熔金石；重学，以运机器；算学，以精勾股；天文学，以考度数。"他认为中国要求富强，必须向西方学习他们的教育方式与课

---

① 张德彝：《欧美环游记》，第 665~666 页。
② 陈兰彬：《使美纪略》，第 53 页。

程内容："始以为淹博之道者，今皆为富强之图。中国近日讲求富强，必向泰西聘矿师，购钢铁、机器。而海上行船，则非精识天文，不能知所行之度。故中国兵船尚未远出重洋，则以算学未精，而测天之法未熟也。"① 他还以美国海军为例，说明美国课程设置中，如何将理论教学与社会实践贯穿起来，他在书中记载了美国"整顿海军，制炮造船，日有所益"，为提升使用水雷的水平，开设水雷学堂："水雷一物，近始造成，业经试验可用。惟其中奥妙精微，非熟习有素，不能得力。兹于纽钵埠创设水雷学堂，以便训练云。" 又专门挑选学员赴欧学船："美国设水师学堂，造就人才，安拿报利埠最多。近来每年挑选聪颖子弟学业有得者，给以经费，赴欧洲各厂学习造船、驾驶等法，博采兼收，以求集益。本月已派四人启行矣。"②

陈琪（1878—1925），字兰薰，号润章，浙江青田人。光绪二十五年（1899年）进入江南陆师学堂学习，光绪二十九年（1903年）任湖南省武备学堂监督兼教导队管带，次年赴美国参加圣路易博览会。光绪三十一年（1905年），戴鸿慈、端方等奉命出国考察政治时，陈琪任参赞。归国后，曾至江苏主持南洋劝业会、江南公园诸事。光绪三十年（1904年），陈琪参加美国圣路易博览会时还借道考察了德国陆军。其《环游日记》一卷共三万余字，记录了他的这段考察历程。陈琪在书中认识到西方专门化教育大力促进了社会的发展：

> 十七世纪之课程，注重《圣经》、外国文，而科学仅有格致、种植等项，至十九世纪而专门课程于以大备，如工程、机器、电气、农学、矿学、化学、制造、图绘、冶金、卫生、园艺、铁路、林木、水师、陶工、织造、开浚等专科，学生岁有成材，不可胜用矣。③

陈琪还在书中记录了当时留美学生所学专业分布情况。四十二名留学生中，"政治一人，法律三人，商务五人，农学四人，工程四人，机器三人，矿

① 崔国因：《出使美日秘国日记》，第333页。
② 同上书，第715页。
③ 陈琪：《环游日记》，《走向世界丛书》（续编），岳麓书社，2016，第15页。

学三人，博物三人，群学二人，外国文学一人，纺织一人，音乐一人，医学十人，牙科一人。"①

戴鸿慈注意到了学校专业和课程的差异。光绪三十二年（1906 年）正月初一日，他参观美国马里兰州水师学堂时，提及在校学生共分为驾驶、轮机及陆军三个专业，所有学生需要学习六年才能毕业，其中四年在学校学习，两年在海船上实习。

> 在堂学业分为三科：曰驾驶科、曰轮机科、曰陆军科。海军中有陆兵者，为上岸之用也。凡六年毕业，四年在学堂，其两年则在海船练习。每年中考试一不如格，即须退出。初入堂时，因身体不强固不能入者，往往而有，甚或数年后因患目疾而出者。盖目疾为行军之最患，其次则为心肺病。故每年间，堂中皆验身体一次，水手亦然，诚慎之也。学既数年而有此病者，例须告退，则或予以闲差，或给半俸以优恤之。每一战船中，学生约十五六人，分学驾驶、轮机、支应之属，施放枪炮等亦在堂中教之。冬令寒冻，则上练船试演打靶；登桅则夏令练船习之。他如管炉、结绳等事，各执一艺。其关于体操者，若泅水、击剑、拳战、跳舞等，皆当学焉。②

正月初十日他参观哥伦比亚大学的师范生练习室、化学教室，可见哥伦比亚大学已设置有师范专业和化学专业。正月十六日，戴鸿慈在参观康奈尔大学时参观了校内各类教室，从中可见康奈尔大学涉及的专业十分广泛，当时已有兽医、化学、医学、法学、机械等学科：

> 此校面积一千馀亩，男生四千馀人，女生四百馀人，教员三百人，年中经费一百有五万元。机器、化学尤其所著长也。先观植物园，观牛乳所。兽医学室陈列人兽骨骼、胎产、人脑受病之肉及疫虫甚夥。观化学教室。书室中藏书三千卷，皆富人某所赠云。观医

---

① 陈琪：《环游日记》，第 11 页。
② 戴鸿慈：《出使九国日记》，第 350 页。

学院，有人身种种模型，有化学试验室、解剖室。生徒实行试验于此，陈药渍尸体甚多，每两星期一次云，并备列人身割截模型。观法律院，其藏书凡三万四千本，上分各室，为各省及中央政府之法律成案，若报告与五洲各国之法律报告，并法学要书也。观教室，听教员解授讲义。观化学室，亦旁坐听讲少顷。乃赴青年会小憩啜茗，此本校生徒聚会之所也。每年各校大运动所得旗章、赏物，罗列满室，以为荣焉。复往观总藏书楼，楼中古籍甚夥。……观工程学院。机器学均先画图，次作小具模型，而后实验，凡木匠、铁匠举然也。①

戴鸿慈还在书中提到，在此前一晚，康奈尔大学校长在宴会上建议中国保存自己的国粹；前驻德公使怀特则建议美国应增加孔教；参会的一个教员则以为教学科目的设置要尽量简单，康奈尔大学也几经改良才形成了自己的课程设置。

伍廷芳对美国各学校所设置课程之丰富，是持肯定态度的，认为这些课程涵盖面广，充分适应了社会的需求。尤其难能可贵的是，他们不仅要求学生学习绘画等美术课程，还鼓励学生学习木工等劳技课程，可见美国教育界将学生的实践能力置于十分重要的位置：

美国学校所授之课程，科目甚繁，赅括至广。学校中毕业生徒，秉其所得，已可出应社会之需求，而不虞缺乏。不特画图等美术在所当学，即木工及其他艺术，亦皆列入课程之中。余尝见一精制之小箱，云为小学生所造，余初不解小学生徒，何必教以是等艺术，后知盖所以磨练其才能，使之能实用其心思，而排列其用材以成整齐之秩序者。②

除了专业课程的设置之外，伍廷芳还对思想政治课程的开设提出了自己

---

① 戴鸿慈：《出使九国日记》，第365页。
② 伍廷芳：《美国视察记》，《走向世界丛书》，岳麓书社，2016，第41~42页。

的看法。一方面，他赞许美国各类学校除教会学校之外，严禁将宗教掺入课堂教学的做法："美国学校，除教会所设立者外，校中课程，皆不及宗教，而尤以省立学校为严。《圣经》及其他宗教之说，皆不得掺入教科。校中校长以至教习，虽或为笃信宗教之人，然不得以其宗教之思想，灌溉学生。"另一方面，他又为学生缺少足够的伦理道德教育而深表忧虑，青少年"感觉灵敏，变动至易"，如果在学校中没有受到道德方面的指引，则容易造成违法害理、行僻而坚、言诡而信、作奸犯科，因此"教育如双锋之刃，柄持不得其法，则时或自割焉。美国素无国定之宗教，而教派纷歧，势不能以特种教派，采入学校教科之中。然胡不以道德上之根本原理，编成教科，颁之学校，俾生徒奉为圭臬，而不致有失足之虞乎？"[①] 此外，伍廷芳提出教育当智力与体力并重，强身健体固然是必须的，但过度的运动或将影响学生的学业。

此外，薛福成在他的《出使英法义比四国日记》一书中也曾介绍美国学校的课程设置：

> 美国人皆入书院，分十馀班。升首班者入郡学院，专教格致、史鉴、历学、算法、他国语言文字及艺术必用之书。再上有实学院，院有上下，分十三班。考得首班者，入大学院肄业；肄业既成，升之仕学院，盖欲其学优而仕也。院中藏书，与英略同。其所肄业诸学，一经学，专论教中事也；二法学，考论古今政事利弊及通商事宜也；三智学，格物兼性理、文字、语言诸事也；四医学，博考经络表里及制配药品也。美之文教盖如此。[②]

薛福成（1838—1894），字叔耘，号庸庵，江苏无锡人。同治四年（1865年）入曾国藩幕府，同治六年（1867年）中江南乡试副榜。光绪元年（1875年），上《治平六策》《海防十议》，光绪十年（1884年）授浙江宁绍台道，光绪十五年（1889年）擢湖察使，旋授三品京堂，充出使英、法、义、比四国大臣。光绪十七年（1891年）十月，薛福成在伦敦使馆将其从光绪十六年

---

① 伍廷芳：《美国视察记》，第42页。
② 薛福成：《出使英法义比四国日记》，第775页。

（1890 年）正月至光绪十七年（1891 年）二月的笔记整理为六卷，咨送总理衙门。次年，是书在国内刊行，名为《出使日记》。其《咨呈》云"随所见闻，据实纂记……据所亲历，笔之于书。或采新闻，或稽旧牍，或抒胸臆之议，或备掌故之遗"，但薛福成未有访美之行，上述有关美国教育的介绍，或当出自传闻。

三、近代美洲游记中的教育风气

所谓的教育风气，这里主要从三个层面去理解。首先，从社会层面来看，人们对教育的认知和重视程度如何；其次，从教师层面来看，教育工作者的教育理念与开放程度如何；最后，从学生方面来看，受教育者对学习及周边关系的认知如何。

美国社会各阶层对教育的重视程度，在伍廷芳的《美国视察记》中有较为完整的论述。伍廷芳（1842—1922），本名叙，字文爵，号秩庸，广东新会人，出生于新加坡，早年就读香港圣保罗书院，后留学英国，入伦敦林肯法律学院，获博士学位及大律师资格。光绪八年（1882 年）入李鸿章幕府，参与中法谈判、马关谈判等。光绪二十二年（1896 年）任驻美国、西班牙、秘鲁公使，光绪二十八年（1902 年）应召回国。光绪三十三年（1907 年）再度出使美国、墨西哥、古巴、秘鲁。他的《美国视察记》共十七章，介绍了他出使美国期间的见闻，并有意与中国文化进行对比阐述。其中第五章《美国之教育》，记述了伍廷芳对美国教育的观察与反思。他认为美国近代教育的发展是较为成熟的，首先是学生占比大："美国人口九千一百九十七万二千二百六十六人，而于一千九百十年，全国学生之数为一千七百五十万六千一百七十五人。学生与人口相较，其差数之近，世界各国罕有与比者。"其次是政府投入多："教员之总数，为五十万六千零四十人。教育广溥至于如此，当必有甚大之经费以维持而进行之。夷考其教育费，则学费所入年为一千四百六十八万七千一百九十二美金，校产所入年为一千一百五十九万二千一百十三元，由美国政府所补助者，年为四百六十万七千二百九十八元，其总数为七千零六十六万七千八百六十五元。世界各国，其有以若是巨款供教育之用途者乎？"① 伍廷芳还提到了学校中教员的男女比例关系："以教员而论，则小学校中尽为女教员；中学以上，男女参半；大学校中，则男教员为多，女子或间有之焉。"② 再次是学校如林："各州各地，学校如林，公私并有，每一市镇，必有公立学校。即至小之乡村，亦自有其小学校焉。"若是在农田之地，人口稀少，不能建设小学，则由政府出资聘请专员至农家就教，在美国学生不分贫富学校皆可接纳："小学及高等学校中，富贵家之子弟，与贫苦之生徒，同堂教授，无分彼此。总统之子，亦入通常之学校以就读。故在美国，贫苦之人，亦不至鄙野无文。苟有求学之诚心，不难于大学校中得一学位焉。"最后，美国学校制度的优点是"取费廉而包涵广是也"，无论是本地学生还是异地学生，在美国求学均不收取高昂学费："即异地学生，所收学费亦殊低廉。普通人民，因不难遣其子弟求学于大学。"③

陈琪在《环游日记》中对美国的教育也有深入的思考。他认为美国人对教育极其重视，国内各类学校普及度高，有较为完善的升学制度体系："共和国民具有同等自治思想，不屑甘居人下。遍国村落设小学，贫者免其脩金。入学十二年，卒业于高等科者取入大学，四年卒业，男女一律可得博学士等名目文凭，其入兵籍充武员者，担荷国事，尤为国民最高级。"美国学校种类繁多，除了政府的大力投入外，社会各阶层普遍参与，公民的公德心高，纷纷出资助学，也是非常重要的原因："大中小学堂、图书馆、公园、医院、育婴堂、盲哑学校等随在皆有，其中多一省一镇所设者，然以个人而举此等事者数数觏，出其私产以谋公益，其公德心之勃发，令人生爱生敬，有不能自已者。"④ 他分析了美国学堂经费的来源，发现捐款数额所占比例较高："美国学堂经费，出于遗产乐捐者十之四，生徒所纳脩金约居十之五，其馀则政府与地方杂捐之款也。"另外，美国教育的迅速发展也离不开教会的大力支持，陈琪在书中记载："美国之有教育自教会始，使溯十七世纪全国甫设大学校二十一所，而以哈佛大学为美国大学之权舆，渐而东方各名学校接踵而起，

---

① 伍廷芳：《美国视察记》，第 39 页。
② 同上书，第 43 页。
③ 同上书，第 39~40 页。
④ 陈琪：《环游日记》，第 8~9 页。

其间十之七为教会所设，设自私家者止得其三。初只为造就教士起见，厥后知大势所趋，渐改习普通学。至今美国人民得有普通知识者，实此等学校基之，然则教会之功庸可没耶！"①

当然，在伍廷芳、陈琪等看来，近代美国教育所形成的良好风气不仅体现在政府与社会对教育的重视上，也体现在教育工作者对教育所秉持的优秀的教育理念上。如陈琪观察到近代美国小学教育有四个特色：第一是注重思想品德的培养，"孩提入塾时即教以公德伟人传，俾其自少涵育于公德之中，迨以后遇事而公德自发"；第二是注重爱国精神的培养，"每逢星期或庆典悬国旗于堂上，率众敬礼，唱爱国之歌，使其国家思想自然发达者较为真挚。美国生徒率皆异国人族，而爱国精神竟沦浃于肌髓者，恃有国旗国歌而已"；第三是注重身体素质的培养，"体操游戏所以鼓其强健精明之神气，而尤足因时以卫其生，故夏则散步公园，濯足海滨，冬则赛跑冰场，怡情跳舞，使生徒觉学校之乐更胜于家常，一种活泼之情自鼓舞而不能自止。西国士子猛如虎活如龙，其所以至此者岂无故耶"；第四是注重情感熏陶，"广置音乐以陶淑其性情，多设标本以启发其智慧，戒妄动以牖其爱洁之心，明公谊以引其乐群之念，教育之旨，其在是乎"②。这种先进的教育观无疑是值得肯定的。

伍廷芳注意到近代美国强调有教无类，其具体表现在以下几个方面。首先在财富方面，"富贵家之子弟，与贫苦之生徒，同堂教授，无分彼此"；其次在肤色方面，"惟南方诸省，则异色人种另有小学以教授之。求学之途，既若是其便利，全美人民因绝少失学之人"；再次在宗教信仰方面，"美国素无国定之宗教，而教派分歧，势不能以特种教派，采入学校教科之中"；最后在性别方面，"全国小学，及大半之高等学校，皆男女同校，且同班教授，不分课室。即大学校中，女生亦得入学，女子求学之权，同于男子"。其中，尤其是女子入学率的提升，伍廷芳认为可以铲除男尊女卑之习说，使女性真正独立起来："美国学校日盛，未婚女子入学之数，亦与之而俱增。盖女子读书后，于教育界中或商业场中，均可占一位置，而自谋生计。一有学问，独立匪难，独立之性既萌，依赖之性自去。征诸列邦教育之事，操诸女子者居多，

---

① 陈琪：《环游日记》，第 15 页。
② 同上书，第 9 页。

然吾国女界亦无难勉而致也。使女界亦能如美国女子之独立谋生，讵非余所深愿而国之大幸欤。"①

近代美洲游记中记载的一个非常突出的现象是，学生多有独立自强的精神。他们很少将自己的天地局限于象牙塔内，只是一门心思苦读圣贤之书，而总是将学习与社会实践贯穿起来，勤工俭学的风气颇为浓厚。容闳在耶鲁大学求学时，经济窘迫，校中设有勤工俭学岗位："以校中有二三年级学生约二十人，结为一会，共屋而居，另请一人为之司饮膳。予竭力经营，获充是职。晨则为之购办蔬肴，饭则为之供应左右。后此二年中予之膳费，盖皆取给于此。虽所获无多，不无小补。"② 他意识到，勤工俭学可谓美国通例也："学生贫乏者，稍稍为人工作，即不难得学费。尚忆彼时膳宿、燃料、洗衣等费，每星期苟得一元一角五之美金，足以支付一切。"③

伍廷芳在美国考察期间发现，美国的大学生常利用课余时间进行兼职来赚取学费："而大学生徒为自给之故，恒于上课时间外谋一营生之地，虽至卑下，不为可羞。若假期内就短期职务者，犹比比然也。"伍廷芳在美国常遇到兼职的大学生，暑假遇到的旅馆侍役者"彬彬有礼而能尽职，且复谦抑自处，不因其蕴学而骄人"，在哈佛大学的食堂见侍者均为清洁之少年，询之而知"诸侍者固皆校中生徒也。苟有侍者缺出，诸生争相应召，盖贫乏者皆乐得一职以自供"④。美国的学校尊重学生自立意愿，学生在课余打工也不计较职业的贵贱，伍廷芳对这种社会风气颇为欣赏。

当然，从美洲游记中我们也可以看出当时美国学堂对他国人不甚友善的一面。如张荫桓所记水师学堂不愿他国人就学："美国水师学堂在质成河壖，而不愿他国人就学，或曰美水师无长技，不愿显曝于人，或曰美有专门秘法，不肯金针轻度。"⑤ 又如陈琪记美国武校仅准我国一人入学："同寓广东官派留学生陈镇南、冯君攀、许伯庄、黄世澄咸来问讯，询悉广东官派共四十五人，分往英法德比者二十人，往美国东方者九人，寓金山者十六人，将习武

---

① 伍廷芳：《美国视察记》，第 39~44 页。
② 容闳：《西学东渐记》，第 60 页。
③ 同上书，第 55 页。
④ 伍廷芳：《美国视察记》，第 40 页。
⑤ 张荫桓：《三洲日记》（下册），第 528 页。

备，闻美武校仅准我国派送一人入学。"①

　　近代美洲游记对美国教育的描述也有一个由表及里、自浅入深的过程。在惊诧于美国学校林立、教学设施齐全、教学规模庞大之后，他们意识到美国教育的迅速崛起并不仅仅源于美国政府的大力投入，而是全社会各阶层积极参与的结果，其中富人和教会的捐资办学，成果尤为突出。与此同时，开放的教学观念与健康的学习风气也大大促进了近代美国教育的发展。

　　1. 近代美洲游记中各大学的课程设置有何特点？如何理解这种特点？
　　2. 根据近代美洲游记中的记载，美国是如何对待贫困生及幼犯的？这反映了美国教育的什么特点？

---

　　①　陈琪：《环游日记》，第 7~8 页。

第十五讲 近代美洲游记中的自我认知

自我认知就个体而言，是指行为者对自身的观察和理解，并结合相应的生活环境而作出自我评判；就群体而言，则是指某一族群对自我存在状况的调查、分析，以及根据上述信息所作出的评估。在近代美洲游记中，我们所理解的自我认知主要包括三个维度：一是自我认同，即对美洲华人及汉文化的觉察；二是自我审视，即对美洲华人、留学生等存在状态的分析；三是自我反思，即对华人在美洲生存状态进行评估并提出相应的对策。近代美洲游记中这三个维度的变化，在对旧金山、华人留学生以及华人劳工的描述中表现得最为明显。

一、近代美洲游记中的旧金山

同治七年（1868 年）三月八日，张德彝来到美国旧金山，十日他游览了唐人街，感觉置身于广州："午后街游，其风景稍逊泰西，所有闾巷市廛、庙宇会馆、酒肆戏园，皆系华人布置，井井有条。其大街土人称为'唐人城'，远望之讶为羊城也。"① 当时旧金山总人口为二十六万，而华人就有八万九千，这使张德彝感到震惊。此行志刚自以为是天使，他所感受到的是当地华人对他的尊崇："金山为各国贸易总汇之区，中国广东人来此贸易者，不下数万。行店房宇，悉租自洋人。因而外国人呼之为'唐人街'。建立会馆六处。司事六人，偕来拜谒，甚属恭敬。当勉以好言，均极欢悦。求书楹联条幅，络绎不绝，大可藉以消永昼也。"② 他沉浸于华人向他索求条幅的荣耀中，但对侨民庇护的诉求，却十分冷淡："据会馆司事人面称，凡在埠头贸易之人，中外

---

① 张德彝：《欧美环游记》，第 637 页。
② 志刚：《初使泰西记》，第 264 页。

俱甚和美。惟金山挖矿之人，现约六七万，每受洋人欺侮。而该处所收丁税，每名二元，各国俱免，惟华人不免。如有争端，华与洋讼，如无洋人作证，即不为华人伸理。此皆显然不公之事。便中伸诉，欲求办理。因告以现在未递国书，未便遽向地方官办事；应俟使事既成，再由蒲大臣与其本国执政徐商办法，方合于理。并谕以既由中国来此，自应安分谋生，不可滋事。"[1]

同治十三年（1874 年）九月十三日，祁兆熙护送第三批留美学生抵达美国旧金山。他一路照料留美儿童饮食起居，奔波万里，旧金山华人会馆的盛情款待使他倍感温暖，尤其是来自家乡的美食给他留下了深刻印象。"（十五日）午后，至各会馆。廖竹滨者，前与余同事于海关，现董'人和馆'，邂逅其欢。会馆款容阶及余茶点八色，果一盘，俱广产。出，随容阶拜广同乡，如贺年然。回寓旋出，出饮酒于杏花楼，一筵廿金，肴多适口。鳝鱼为盛馔，洋二圆十二两，盖贩自吾乡也。"[2] 这里的交际应酬与饮食，不免使祁兆熙感觉恍然回到了中土。

光绪二年（1876 年）来到旧金山的李圭，也为这里人数众多的华人及功能齐全的会馆所震撼。他在书信中曾统计美国华人有十六万余人，而旧金山就有四万人。"美国卡厘方利亚省之三藩谢司戈城，华人以其地产金，称为金山。嗣南洋澳大利亚岛亦产金称金山，而以新旧别之。称此为旧金山，美西海滨一大都会也。计华人在美，男女共约十六万名口，居三藩城者约四万人，居卡省别城者，约十万人，馀皆散处腹地各属"。他还一一介绍了旧金山当时的六大粤人会馆："三藩城立有粤人六大会馆：计三邑会馆（南海、番禺、顺德，附三水、清远、花县），约一万一千人；阳和会馆（香山、东莞、增城，附博罗），约一万二千人；冈州会馆（新会，附鹤山、四会），约一万五千人；宁阳会馆（新宁，凡余姓人不入），约七万五千人；合和会馆（新宁余姓，开平、恩平），约三万五千人；人和会馆（新安、归善、嘉应州），约四千人。其不入馆者，别省人及教徒、优伶共约二千人。妇女约六千人，良家眷属仅居十分之一二，馀皆娼妓。此丙子（光绪二年）夏季之数也。"为何有如此之多的华人来到旧金山呢？李圭的解释是，"其时，有华人充洋船水手者，见利

---

[1]　志刚：《初使泰西记》，第 265 页。
[2]　祁兆熙：《游美洲日记》，第 227 页。

甚厚，乃舍素业而为之，获资回国，播言外洋各工情形，力劝亲友航海往美国，待与欧人无以异，此为华人赴美之始"。至于会馆，则承担了中介与仲裁的功能：

> 其章程，大概以华人到埠时，各馆派人赴码头接引至馆，签名挂号，不取资。俟其人得资回国时，报明会馆，查无欠债等事，由馆代购船票后，始酌取会馆经费洋钱五圆或十圆不等。若年老贫病而归者，不取资，且代捐签船费。其不愿入馆者，听，然亦甚少。所收经费，用为房租、薪水、工食。倘有馀存，留办善事。遇乡人口争角斗，细小情事，由馆力为劝解，使各相安。是六馆所经理者，仅此数端，既无名位，经费又绌，诚不能有所作为。故其馀一切，悉归地方官管辖焉。

由于华人十分勤劳，与其他移民的冲突越来越尖锐，"凡卷烟叶、做靴鞋、织绒布、洗衣、打缆、筑铁路、力田作、牧牛羊，华人工良价贱，日用节省，洋人工技，未尝不为潜夺。又且宁阳、合和两会馆，人往者日众，工价日减（现已减至每日仅六七角至一元），而洋人之作工者因之更日恨一日，势难两立矣"[1]，因此，李圭意识到建立领事馆保护华侨已经刻不容缓。

光绪四年（1878 年）六月二十七日，晚清首任驻美公使陈兰彬来到旧金山，受到了华人的盛大欢迎："该（会馆）商董百馀人亲到船上，内衣顶袍褂者十馀人，馀俱长衫短褂，在码头上排班拱候。是日中外士女，观者如堵，并有由数百里搭火车而来瞻望汉官威仪者。"在陈兰彬眼中，此时的旧金山正蒸蒸日上：

> 其街道宽阔，形如棋盘，而以街市街为适中之地。生意之大，尤在东边。各街俱有长行街车，可坐十数人，略同泛湖小艇，而往来迅捷。又有机汽车，不用人力、马力转动消息，自能行走。迤北

---

① 李圭：《环游地球新录》，第 301~302 页。

地势稍高，清泉颇少，所饮之水，俱由远山引来。其出产以水银、面粉为大宗，其馀海味、药材亦多运出口，盖邦国大势，总以出口货多为兴旺，少为衰弱，此埠殆蒸蒸日上云。①

光绪十四年（1888 年）五月五日，考察美洲的傅云龙抵达旧金山。六日，他乘坐有轨电车游览；七日，至公墓为一贞节女士撰写墓表；十日，到旧金山中华会馆，听华商讲述会馆历史，并为之撰文，文末有云："内以解纷，外以御侮，第而曰乡谊云尔哉。食用一如中华，不忘本也。人逾十万，不一资是邦物产，招忌以此，微独掩土著工力而已。虽然，铁道、矿务，赖华人居多。艺以工习，工以商济，道以艺见，何莫非国家储才。外府与会于斯者，其庶乎日新月异而岁不同也。"② 他肯定了华人对美国基础建设尤其是铁路、矿务方面所作出的巨大贡献，也注意到了他们的自成一体而带来的矛盾冲突。

光绪二十九年（1903 年），漫游新大陆的梁启超对旧金山的华人状况进行了全面的梳理。他指出旧金山已经发展为美国的第九大城市，人口已达三十四万人，而华人约有两万八千人左右，是美国各州之最。他将旧金山华人的优点归纳为：爱乡心甚盛，即爱国心所自出也；不肯同化于外人，即国粹主义、独立自尊之特性，建国之元气也；义狭颇重；冒险耐苦；勤、俭、信，三者实生计界竞争之要具也。至于缺点，则有：无政治能力，即有族民资格，而无市民资格；保守心太重；无高尚之目的。当时美国华人主要从事的职业为洗衣业、渔业、厨工业、农业、采矿业、制靴业、织帚业、卷烟业、通事业，以及开杂货店、裁缝店、饮食店等。③ 至于华人团体，则有中华会馆、宁阳会馆、三邑会馆、冈州会馆、合和会馆、肇庆会馆、恩开会馆、阳和会馆、人和会馆、六邑同善堂等，"以上诸团体，皆有强制的命令的权力。凡市中之华人，必须隶属。各县之人，隶属于其县之会馆。全体之人，皆隶属于中华

---

① 陈兰彬：《使美纪略》，第 9～10 页。
② 傅云龙：《游历美加等国图经馀纪》，第 15～16 页。
③ 梁启超：《新大陆游记》，第 539～541 页。

会馆。无有入会出会之自由，故曰公立者。"① 此外，旧金山还有一些华人慈善团体、商家团体、族制团体，尤其是后者，"在社会上有非常之大力，往往过于各会馆。盖子弟率父兄之教，人人皆认为应践之义务，神圣不可侵犯者也。"② 总之，旧金山当时有规模的团体多达八种九十六个，报馆之多也冠绝内地。

光绪三十一年（1905 年）十二月十八日，出使九国的戴鸿慈抵达旧金山。"登岸时，商人、学生列队，以军乐欢迎。是时雨甚，然观者尚塞途焉。"他注意到了旧金山为美国一大都会，"吾国工商来美者，以此为最盛，故商人统称之为大埠云。"虽然旧金山华人盛情款待，但是戴鸿慈对旧金山的印象十分恶劣：

> 旧金山素称藏垢纳污之薮，华人居此者将三万人，大都皆下流社会也。无赖之徒，恒以赌为业，甚或潜聚赌而科敛其头钱，与衙役朋比为左右手，言之可叹也。以忍受鱼肉最酷，故组织团体亦最多。……此外，有族姓联合者，有秘密结社者，各立堂号，不相上下，往往睚眦相杀，互为仇雠，争竞无已时。商民良厚者，道及辄太息，以废去堂号为请。夫吾国内地人民，素无合群之能力，世以团沙相诮久矣。……旧金山华人虽多，而无自立之学校。其国文之不讲，人格之卑下，有由来也。彼国比方别营一校，以专收华侨之子弟，程度愈降，教法敷衍，而阴即以沮吾人之入彼学。是以有志裹足，闻者抚膺，谓宜急建自立之校，广开研究国文之会若半日学堂，庶有济也。此地华商具势力者不乏人，奈之何不早谋旃?③

陈琪也随同戴鸿慈而来。在他的笔下，我们所感受到的也是唐人街的封闭、落伍，与周围环境的格格不入："查金山之唐人街，侨居粤人一万七千，铺户四五十家，业日本古玩中国丝绣者二家，资本最足，馀皆办华货转售与

---

① 梁启超：《新大陆游记》，第 545~546 页。
② 同上书，第 550 页。
③ 戴鸿慈：《出使九国日记》，第 339~342 页。

华人者，其他则十分之八操洗衣工，夜间从事于鸦片赌博者众。华人素乏教育，不爱洁净，唐人街为该埠著名不洁之地。清道局出资四五万借资洒扫，仍然如故。"①

二、近代美洲游记中的华人留学生

作为清朝最早的华人留学生，容闳来到美国学习的目标是非常明确的。他在《西学东渐记·自序》清晰地阐述了他奋斗的目标：

> 本书前五章缕述我赴美国前的早期教育，以及到美国后的继续学习，先是在马萨诸塞州芒森城（旧译马沙朱色得士省孟松）的芒森学校，后来在耶鲁大学（旧译耶路大学）。
> 第六章从我出国八年后重返中国开始。一向被当作西方文明表征的西方教育，如果不能使一个东方人变化其内在的气质，使他在面对感情和举止截然不同的人时，觉得自己倒像来自另一个世界似的，那不就可怪了吗？我的情况正好如此。然而，我的爱国精神和对同胞的热爱都不曾衰减；正好相反，这些都由于同情心而更加强了。因此，接下去的几章专门用来阐述我苦心孤诣地完成派遣留学生的计划：这是我对中国的永恒热爱的表现，也是我认为改革和复兴中国的最为切实可行的办法。②

正是出于对国家的热爱之情，他拒绝了以当传教士为条件而轻松进入耶鲁大学："予虽贫，自由所固有。他日竟学，无论何业，将择其最有益于中国者为之。纵政府不录用，不必遂大有为，要亦不难造一新时势，以竟吾素志。"③ 也正因为秉持这样的信念，耶鲁大学毕业后，他放弃了更为优裕的生活而毅然回国。1878 年 4 月 10 日，吐依曲尔在耶鲁学院肯特俱乐部演讲提及

---

① 陈琪：《环游日记》，第 10 页。
② 容闳：《西学东渐记》，第 39~40 页。
③ 同上书，第 58 页。

此事：

> 容闳毕业时受到了莫大的劝诱，让他改变终生的打算。他居留
> 美国已久，具备彻底归化的资格。事实上，他已经是美国公民。他
> 理智上、道义上的一切兴趣、情感和爱好，使他在美国如在故乡。
> 而且，由于他的毕业引起人们的注意，一个很有吸引力的机会向他
> 开放了：只要他乐意，他可以留在美国并找到职业。另一方面，对
> 他来说，中国反倒像异乡，他连本国语言也几乎忘光了。而且在中
> 国没有什么需要他去做的事。那里除了卑微的亲属外，他没有朋友，
> 不会给他任何地位和照顾，可以说，没有他立足之地。不仅如此，
> 而且考虑到他在哪里呆过，成了什么人，想要干什么，他在本国人
> 当中不可能不受到歧视、猜疑和敌对。摆在他前面的是一派阴郁险
> 恶的前景。回去的想法就是去异乡流浪的想法。①

他所推动的幼童赴美留学活动，虽然由于种种原因没有能坚持到最后，
但毕竟播下了火种，如书中所言："学生既被召回国，以中国官场之待遇，代
在美时学校生活，脑中骤感变迁，不堪回首可知。以故人人心中咸谓东西文
化，判若天渊；而于中国根本上之改革，认为不容稍缓之事。此种观念，深
入脑筋，无论身经若何变迁，皆不能或忘也。"②

一路精心照料留美儿童的祁兆熙，"每逢饭所，余保护诸生下车及公司银
箱，点诸生上车；恐失错一人，唤奈何矣！"虽如履薄冰而倍感辛苦，"于是
上下其际一时五次，顾人顾物，弥慎弥危，不敢稍有疏懈也。"③ 但对自己能
圆满完成使命也充满自豪，"所冀者偕偕士子，自天佑之，他时濯足扶桑，不
失为国储才之意耳！"④ 其《游美洲日记》不仅详细记录了他如何将第三批留
学生一一安排至当地居民家中，还多次记载了他与前两批留学生会晤的情形。

---

① 容闳：《西学东渐记》，第165页。
② 同上书，第144~145页。
③ 祁兆熙：《游美洲日记》，第231~232页。
④ 同上书，第224~225页。

而令人印象最为深刻的，则是他前往美国教师家中看望留美幼童的场面：

> 初四日癸酉 礼四。六点半起，八点钟同兰生乘马车，换火车至祖彝塾师家，路十五"麦"。祖彝与朱宝奎有喜色。师家有苹果树，连日畅吃苹果。其家在山上，屋上下八间。家凡四人，女师姊妹二人，老母年近六旬左右。无邻房，后即园林也，依山傍水，大有秀气。祖彝与宝奎谓我曰："自到馆，目见不满二十人。"余曰："读书之处，得此清静琅嬛也。"方到之日，女师为理衣箱，派书几，有大抽屉。二人同一大榻，被褥全备。夜俟其睡，熄灯。余见其师将二人所用洋布手巾缝边，嘱二人取苹果馈余与兰生。取携能应对。现即将日用起居，随时随地教一句，写一句。其读书之时，亦九点起，四点止。西人有皇家义塾，男女识字。即大学堂中，大半女师。因女子在家心静，学问且多胜于男子。①

这些细致的描述，说明早期留美幼童与他们的老师及家庭成员建立了深厚的感情，也能迅速地接受当地的生活方式，很好地融入到了环境中。这样的学习方式，光绪二年（1876 年）来到美国的李圭十分赞赏：

> 幼童现仅一百十三人。以二人一班，分住各绅士家，随其子弟就傅习洋文。每人房食、束脩，每年需银四百两。
>
> 局内延中华教习二人，幼童以三个月一次来局习华文。每次十二人，十四日为满。逾期，则此十二人复归，再换十二人来。以次轮流，周而复始。每日卯时起身，亥正就寝。其读书、写字、讲解、作论，皆为一定课程。即各人写寄家信，亦有定期，每月两次。可见虽细端，亦极周至矣。
>
> 尝观其寓西人绅士家，颇得群居切磋之乐，彼此若水乳交融，则必交相有成。是中西幼童，皆受其益也。况吾华幼童，仍兼读中

---

① 祁兆熙：《游美洲日记》，第 238~239 页。

国书，而不参涵。使其专心致力，无此得彼失之虞，是其法之良善者也。他年期满学成，体用兼备，翊赞国家，宏图丕烈，斯不负圣朝作人之盛意也欤。①

光绪二年（1876年）七月初三日，刘云房、邝容阶等带来一百三十名留美幼童，从哈佛前来费城参加博览会，引起了极大的轰动。

数日前，各处新报早已播传其事，至是复论及中国办法甚善。幼童聪敏好学，互相亲爱，见人礼数言谈彬彬然。有进馆方年馀者，西语亦精熟。此次观会又增其识见，诚获益匪浅，云云。

初四日，见诸童多在会院游览，于千万人中言动自如，无畏怯态。装束若西人，而外罩短褂，仍近华式。见圭等甚亲近，吐属有外洋风派。幼小者与女师偕行，师指物与观，颇能对答。亲爱之情，几同母子。

初五日，晤刘、邝两君并总管饶君等于耕种院，诸童亦齐集，盖将往午餐也。因择其年较长者，询以此会究有益否？则云："集大地之物，任人观览，增长识见。其新器善法，可仿而行之。又能联各国交谊，益处甚大。我侪动身之先，馆师嘱将会内见闻，随意记载，回馆后各作洋文议论一篇，再译为华文。"问何物最佳？曰："外国印字法，中国雕牙器。"问想家否？曰："想也无益。惟有一意攻书，回家终有日耳。"问饮食起居何若？曰："饮食似较洁净，起居有定时，亦有时必须行动，舒畅气血，尤却病良法也。"问各居停主人照料何若？曰："照料若其子弟。稍有感冒，尤关切，而哈地水土宜人，病亦少。"问何以作洋人装束？则曰："不改装，有时不方便。我侪规矩，惟不去发辫、不入礼拜堂两事耳。"言皆简捷有理，心甚爱之。西学所造，正未可量。②

① 李圭：《环游地球新录》，第263~264页。
② 同上书，第298~299页。

在参观费城博览会的第二天，亦即七月初六日，这一批留美幼童还得到了美国总统的接见。

二十七年后亦即光绪二十九年（1903年），梁启超在美国伯克利大学见到了来自北洋大学堂的十多名华人留学生。他们"每来复日辄渡海来谈，联床抵足"，让梁启超惊喜不已。后来他又得到学生会送来的花名册，上面记录了三十位留学生的姓名。梁启超由此感叹"美洲游学界，大率刻苦沉实，孜孜务学，无虚嚣气，而爱国大义，日相切磋，良学风也"。梁启超还在文末总结了他有关留学美国的几点看法："一曰其程度非有足以入大学之资格者不可妄去；一曰女学生不可妄去；一曰宜学实业，若工程、矿务、农商、机器之类，勿专骛哲学、文学、政治；一曰勿眩学位之虚名，宜求实在之心得。"①

光绪三十一年（1905年）来美国考察的陈琪，注意到留美华人学生难展其才："晤章伯初，谈及我国学生之未成者，既无能浚西学之真源以输之祖国矣，已成者亦有种种之屈抑困难，卒不能归任国事，宏济艰难。如金山领事馆翻译欧阳少伯，留美三十馀载，卒业于东方法科大学，研究海军亦有年矣，官迁至道员，仍任翻译，近政府修改军律，未闻有征聘之命以展其所长。日本之伊藤、山县等皆当日同时之出洋学生也，而一彼一此，效果悬殊，此心能无滋痛乎！"② 因此，这些留美学生多不愿归国："趋使馆晤周自齐参赞，谭及留学情形，据云吾国留学生在美国毕业二三十年者颇不乏人，如某某习法科，某某习农学，某某习工程，毕业者近皆留美纳室，或供职银行，或遁迹麦园，不愿回华任事。"③

三、近代美洲游记中的华人劳工

光绪四年（1878年）赴任的首位驻美公使陈兰彬，曾因寓美华人多次遭受虐待，于十一月十五日向朝廷奏请设派领事："臣等查华人侨寓美国各邦，共约十四万余。在金山一带，已有六万之多……现未结之案，计有二百余起，

① 梁启超：《新大陆游记》，第562~565页。
② 陈琪：《环游日记》，第10页。
③ 同上书，第17~18页。

监禁者三百余人，交涉事几于无日无之。臣等呈递国书后，应即知照该外部，派设中国领事，妥为保护。"① 而在是年六月抵达旧金山之初，陈兰彬就已经感受到了美国涌现的排华浪潮。其《使美纪略》描述说：

> 各国流寓，虽言语、嗜好与华人殊，尚无不协，公正殷实绅商，并喜用华人。惟埃利士工人会党肆意欺凌，其人由英之阿尔兰岛源源而来，入美国籍，且得与于举官之列。从前诸务草创，市肆街衢，器局船厂，凡百需人，又周回数万里兴造火车铁路，各食其力，群可相安。自矿金渐竭，轮路告成，羁寄日多，工值日减，遂蓄志把持，妒工肆虐，而各国人皆有领事保护，兵船游巡，不敢逞志。故专向华人，始犹殴辱寻仇，近且扰及寓庐，潜行焚掠，始犹华佣被虐，近且逼勒雇主，不准容留。而又设誓联盟，敛赀谣煽，欲使通国附和，尽逐华人而后已。其党魁复声气广通，诡谋百出，现在该处未结之案约数百起，监押者数百人。而所设新法，如住房之立方天气，寄葬之不得迁运，告状之不许华人作证，及割辫罚保等例，均于华人不便。②

此后，他从旧金山向华盛顿进发，一路留心华人的生活状况。七月初五日在沙加免杜，他观察到各局多用华工，或一百、二三百不等；初六日到尼那，其地居民一千五百人，有华人百余；初七日到伊尹士顿，居民约千余人，有华人数百，俱系挖煤开路者，酒店侍役亦系华人；二十七日抵达华盛顿后，他感受到美国各大新闻媒体充斥着对华人的诋毁："月来闲住，令随员等翻译各处新闻纸，见其谈及华人，必备极丑诋，又凭臆论说，凡可以欺凌华人者，无不恣意言之，甚且谓国政尚由民主，所有设施，官府断不敢不准行。间有持论稍平者，究亦祝少而诅多。各处日报，连篇累牍，多系此种语言，令人阅而愤懑。"③

---

① 陈翰笙：《华工出国史料汇编》第一辑《中国官文书选辑》，中华书局，1985，第 1330 页。
② 陈兰彬：《使美纪略》，第 11~12 页。
③ 同上书，第 32 页。

　　光绪十二年（1884 年）三月初四日，张荫桓抵达旧金山，初七日至中华会馆与商人座谈，感受到在美华人生计之艰难、排华浪潮之汹涌：“各商经客岁今春土人谋驱逐、谋炸陷，几不安生，大有风鹤之感。欲收庄回华，帐项又难遽集，郁郁居此，又有性命之虞，未免进退维谷。二月而后，凶焰稍平，惊魂亦稍定矣。”十八日到芝加哥，有华人前来诉说冤案：“乡人佣趁于此者约八百人，纷来请谒，亦馈馓粥。一人徘徊不去，云留此煮粥，叩其籍，为新会人，名卢达远，手挟呈词，俟各人散后乃递。阅之，则新蕾命案也，痛述刘、赵两人冤枉，恳予平反。其人颇有肝胆，因慰劳而许以到任筹办。”二十三日照会美国外交部，“郑光禄来晤，携示要牍一篓，金山华人被害及美国限制华人各苛例办理辩驳成案馀牍，由参赞点交。”①四月二十七日，“接见中华会馆众商，询知华人在鸟约（纽约）佣工者几五千人，大都以洗衣为业，尚能自给。惟有病则苦无医调之所，雇主或虑传染，辄令出外就医，西人医院又须易西装乃能进院，念之恻然。因与希梁商设中华医院，捐留百金以为之倡。”②总之，张荫桓《三洲日记》详细记述了美国、古巴、秘鲁等国华人生存之艰难。张荫桓注意到华人在国外谋生者众多：“华人谋生外国垂二百万人，即美、日、秘三国亦逾三十万。”③“大抵华人初至之地，辄厚遇之以广招徕，及开辟有基，生意渐繁，则苛例起矣……华人海外谋生之难，大可慨矣。”④他们虽然任劳任怨，却所获甚少，生活艰辛，更重要的是各种权益得不到保护，时刻经受着种族歧视：“华人谋利无远弗届，由旧金山而秘鲁而巴拿马，愈拓愈广，亦不惮劳苦，其志可矜。特不甚联络，终不足以敌西商耳。”“巴拿马、哥浪两埠相接，华人营生于此者垂五千人，商多工少，故不为彼族所轻。”⑤“莲芳公司，此华商之极体面者，专售西人货物，不兼设华人赌局，铺面俨然西商，华人来美若得类此者数十家，差免彼族之易视矣。”⑥

　　光绪十三年（1887 年），王咏霓从欧洲归来，曾绕道美国。三月十八日，

---

①　张荫桓：《三洲日记》（上册），第 21~29 页。
②　同上书，第 37 页。
③　同上书，第 193 页。
④　同上书，第 288 页。
⑤　张荫桓：《三洲日记》（下册），第 370~373 页。
⑥　张荫桓：《三洲日记》（上册），第 263 页。

他抵达纽约。一方面，他感受到了纽约的繁华，百货萃集，商旅殷繁，而华人在此居住者也多达四五千人；另一方面，华人的处境也令人忧心忡忡，"去岁土人杀华民于此，凡二十八口"。二十九日到旧金山，当地有华人六七万人，"近爱利士党人结盟与华人为难，时揭旗聚众，无故杀人，领事署中必预告美总督，饬巡捕站立华人各街口，不许彼族入街，并禁华人入洋市上，其势盖岌岌矣"①。四月初六日，他在海船上遇见一位从秘鲁回国的郑姓商人，谈及秘鲁华工原有十万余人，因遭受苛待而减少到六七万人。

崔国因在书中记载了美国社会对待华人的种种态度，如美国总统对于华工对美贡献的客观评价："查华人来美，应得利益与各国同。忆金山初开埠时，华人来者，为数无多。迨加里科尼属邦收入合众国省分图版时，金埠居民欣然大喜，合境庆贺，赛会盈街。华人旅于是埠者，当时具旗帜、仪仗致贺，亦获邀请同庆共游。及后，华人源源而来，实因我美国到华坚约，以资建造铁路之用，借华工之力，克日成功。若以别国人为之，势必纡缓数年，虚耗资本。且加省湿下之地，俱借华工填筑。洋工向不敢为者，乃竟借资华工而成，加省受益多矣。"② 华工也颇受美商欢迎："商人则无不爱华人者，为其工价廉而能耐劳苦也。"③

崔国因在日记中亦多处提及美国商人征用华工之消息，如金山十七号报言："美国钵仑地方之铁路公司，分造铁路数条，以资利便，均用华工。现拟招华工五百名，前往古市比埠，以期集事云。"又美国日报载："德国般孖兰拿地方所垦之地甚广，现因德人少，而工价贵，议雇华人，已发信至香港矣。可见华人有益于地方，其嫉之者，实由工人之妒忌耳。""闻斐市那埠各园，因百果成熟，需工孔亟，甚爱华工。雇工者每日愿出工资一元五至一元七角，而苦人数不多。洋工亦一元五，而火食在外，且不受约束，故园主愿雇华人也。"但当时美国工党对华人充满恶意："因查美国工党，盖无日不妒忌华人也。未来者，禁绝之；已来者，搅扰之，必使之不安于居焉。然华人亦有自取之道矣，各堂之仇杀，鸦片之匿税，屡惩之而不止。此二者，实人心风俗

---

① 王咏霓：《道西斋日记》，《走向世界丛书》（续编），岳麓书社，2016，第46页。
② 崔国因：《出使美日秘国日记》，第57~58页。
③ 同上书，第161页。

之忧，为美国之所厌恶者也。此挽回之所以难也。"① 华工、移民在此多受不公与侮辱。

　　四月，两广总督张之洞咨称：小吕宋岛华商公禀，请设领事，所有经费，该商等情愿筹备等因。十一月，北洋大臣李咨情节相同，并抄到华商禀呈小吕宋苛政十六款：华人入境有费，验病有费，注册有费，身税按年六元（女三元），修路、医馆、买卖货物、牌照、出境，节节有费，匿者重罚。华人与土人争，无论曲直，罚充苦工，土人戕杀华人，不过监禁。种种虐政，不可胜数。（郑藻如任案）②

　　查美国焚杀、驱逐华人，于光绪十一年七月起至十二年二月止，共十案：计阿路美煤矿一案，乌卢公司槐花园一案，洛士丙冷一案，姑力煤矿一案，澳路非奴金坑一案，的钦巴一案，舍路埠一案，阿拉士架一案，麦天拿一案，钵伦埠一案。（张荫桓任案）③

而美国总统为了选举，往往支持工党："然商人恶工党，而势实不敌。盖美之保举总统、议绅，计人数而不计贫富。一公司而用工人数千人，博高位者，安肯顾公司而得罪于工党哉？"所以美政府多与工人结党驱逐华工，不允华人入籍："华人某，久于美国，而欲回华，请于美政府给入籍纸，以便回美，政府不允。因查华人之初来美也，美国甚招徕之。而斯时，华人不愿入美之籍。及至欧人皆入美籍，则妒华人，而禁之不准入籍。时事无常，浮云苍狗。惟胸有千古者，乃能洞烛先几耳。"④

　　谭乾初在日记中以大量篇幅记述了华人在古巴的悲惨遭遇。首先，华人多被以招工为由拐卖至此："合同以八年为期，每月工银四元，期满任由自主。不料抵岸后待之如牛马，卖入糖寮，每月工银给以银纸，期满复勒帮工。"死亡率较高："此外八万馀人曾经回国者不过百中一二，馀皆殒身异

---

① 崔国因：《出使美日秘国日记》，第158~181页。
② 同上书，第27页。
③ 同上书，第56~57页。
④ 同上书，第157~161页。

域。"其次，劳动时间长，劳动条件恶劣，而且食不果腹，衣不蔽体："日未出而起，夜过半而眠，所食粗粟、大蕉，所穿短褐不完。稍有违命，轻则拳打足踢，重则收禁施刑，或私逃隐匿则致之死地，或交官工所迫作苦工，或由官工所发售，狠毒苛刻，擢发难数。"① 再次，华人没有人身自由，须有"行街纸"才能自由出入，而华人要领到"行街纸"必须有"工主"证明华人做满了工期的"满身纸"才能发放，因华人满工后的工资比满工前要高，"工主"常拖欠不发，而没有"行街纸"在街上行走一旦查出则被当逃工论，下场惨烈。而发给外国人的"行街纸"则由各国领事官代领，从前中国未设领事，华人只得冒充其他国籍人员。

自我认知的形成，往往源于外界环境的刺激。在封闭的文化背景中，自我意识的形成是十分缓慢的。无论是个体还是族群，一旦进入新的生活场景，自我的概念会迅速强化。近代美洲日记对旧金山、华人留学生、华人劳工的描述，并不能简单视为对华人群体生活状态的直接记录。透过这些充满情感的文字，我们还可以感受到浓厚的文化认同和家国情怀。这些记录者正是以旧金山、华人留学生、华人劳工等为视点来实现自我观察、自我认识与自我评价。在某种意义上，也促进了民族思想的大解放，如梁启超即是一例。

思 考 与 练 习

1. 近代美洲游记中的华人在生活、思想、行为上有何特点？为什么会形成这样的特点？

2. 根据近代美洲游记记载，概括美洲本地人对华人的态度，并说明产生这种态度的原因。

---

① 谭乾初：《古巴杂记》，第 88~96 页。

第十六讲　近代海国游记的意义与特色

　　游记是指旅行者对旅途见闻感受的描述与记录。这一记录以散文为主体，经常以笔记、日记、杂记、随笔等形式呈现，有时也会夹杂抒情遣兴的韵文形式。它以叙述者的亲身游览为基础，记录的内容一般以山川景物、风土人情、名胜古迹等为核心，但有时也会偏于政治生活、社会制度、科技教育等，这也使其领域从文学延伸到社会学、人类学、地理学等多个学科。至于中国近代海国游记，这里则指鸦片战争之后的晚清那批官员、学者、留学生等出使、游历海外时所撰写的札记和笔录。

一．近代海国游记的缘起

　　中国域外游记的历史颇为悠久。早期的域外游记多与僧人求法有关，如东晋僧人法显所撰《佛国记》，记录了他于隆安三年（399 年）至义熙八年（412 年）十四年间往来长安与印度的求法旅程，描述了沿途三十个国家的风土人情；《大唐西域记》则记述了玄奘于贞观元年（627 年）西行五万里途经一百三十八个国家、地区与城邦的求法经历。真正的海国游记或当以宋代徐兢《宣和高丽图经》四十卷为嚆矢。宣和五年（1123 年），高丽睿宗王俣去世，北宋派使团到高丽吊慰，使团成员徐兢将往来见闻记述成书，介绍了高丽"建国立政之体，风俗事物之宜"。至于元人汪大渊所著《岛夷志略》，则或开私人海国游记之先河，是书记录了他随商船往来印度洋沿岸及南海诸岛的行踪见闻。

　　明代以来，海国游记迅速增多。这一方面与郑和下西洋有关，如马欢的《瀛涯胜览》、费信的《星槎胜览》、巩珍的《西洋番国志》等，它们都记录了下西洋时所历国家地区的地理位置、风俗物产、政刑制度以及衣食住行等；另一方面与册封、出使海外属国有关，如嘉靖十三年（1534 年）陈侃奉使琉球册封世子尚情，万历元年（1573 年）萧崇业、谢杰奉使琉球册封世子尚永，万历三十四年（1606 年）夏子阳、王士祯奉使琉球册封世子尚宁，都著有《使琉球录》。清代道光二十年（1840 年）以前的海国游记，依然主要与册封琉球有关，如张学礼的《使琉球记》、徐葆光的《中山传信录》、李鼎元的《使琉球记》、周煌的《琉球国志略》等，但也有海上求法者的游记，如樊守义的《身见录》，以及海上旅行者的游记，如谢清高的《海录》。

近代海国游记的第一个阶段，历经道光、咸丰与同治三朝，主要包括林𬭁的《西海纪游草》、容闳的《西学东渐记》、罗森的《日本日记》、斌椿的《乘槎笔记》、王韬的《漫游随录》、志刚的《出使泰西记》、祁兆熙的《游美洲日记》以及张德彝"八述奇"中的前三种等。游记的缘起大约有三种：一是因中文翻译或学习的需要，如林𬭁、罗森；二是因留学或游学的需要，如容闳、祁兆熙、王韬；三是因出使的需要，如斌椿、志刚、张德彝。由于目的不同，心态不同，他们各自的感受也存在极大的差异。

道光二十七年（1847 年）是中国近代海国游记史一个特别值得关注的年份。这一年，林𬭁与容闳不约而同地来到了美国，前者是受聘前来教习中文，后者是到美国求学，可谓同途而殊归。林𬭁是知识输出者，思想早已成熟，一年多的美国之行只是他丰富阅历中的一个片段，他固然感慨于层出不穷的新事物、新风尚，但也仅仅是好奇而已。他深感自豪的是历九万重洋、置生死于度外的壮举，时人为之惊叹的也是他的冒险精神，至于这些新事物、新风尚的意义，尚没有引起足够的重视。英桂序云："余阅留轩林君《西海纪游草》，知其由闽挂帆九万馀里，行抵绝域，得以详究其风土人情、天时物理，使阅者了然于目。盖西游者，溯自汉纪及唐元以来，历有其人；然以游之远而且壮者，莫留轩若也。"周立瀛序云："独留轩林君，负奇气，以家贫谋奉旨甘，遂乘风破浪，涉溟洋九万馀里，行百四十日而抵花旗，视球洋又远增十数倍。噫！何其壮欤！"周揆源序云："汉代自张骞寻河源，泛斗牛，始达西域。唐元奘、元耶律楚材衔命西游，后此鲜有继者。然张骞未睹昆仑，元奘、耶律楚材仅至西番。唯我朝徐霞客以书生遍游宇内名山大川，出玉门关数千里，至昆仑山，穷星宿海，去中夏三万四千三百里，可谓游之远者。今林君景周由闽挂帆九万馀里，行抵绝域，详悉各国风土人情，了如指掌。是霞客而后，游之远而且壮者，莫景周若也。"① 无论是英桂、周立瀛还是周揆源，所肯定的都是林鍼的远行，并且试图将其纳入张骞、耶律楚材、徐霞客等传统的游记范畴，并没有意识到林鍼与徐霞客等人的游历有何不同。

七年后亦即咸丰四年（1854 年），同样作为翻译的罗森随着美国柏利舰队来到了日本。拖着长辫子的罗森，此时怀着强烈的优越感。这种优越感体现在两方面：一方面是传统文化所带来的，在衣食住行各方面他都感受到了日本对华夏文化的追随，如"打铁做木，亦与中国略同""女人织布与中国无异""食物多与中国无异""所读者亦以孔孟卒书，而诸子百家亦复不少"等；另一方面是更早所具有的开放视野所带来的，即此时此刻处于接触近代西方文明的前沿。遗憾的是，日本面对火轮车、浮浪艇、电理机、日影像等新事物的茫然无知固然使罗森不无鄙夷，但罗森所沉浸的却依然是文化大国的自豪，是往日的荣光，他对工业文明的巨大意义同样是毫无兴趣。他热衷于给酷爱中国文字诗词的日人题写扇面，热衷于同精通汉学的日人唱和诗词。在历史的重要转折关头，他津津乐道的依然是肩负日本友人的期望，宣扬孔孟之道："全世界中各国布棋，贤君英主，必不乏其人矣。先着鞭以奉行天道者，谁也？方今世界形势一变，各国君主当为天地立心、为生民立命之秋也。向乔寓合众国火轮而周游乎四海，有亲观焉者乎？若不然，请足迹到处，必以此道说各国君主，是继孔孟之志于千万年后，以扩于全世界中者也。"②

道光二十七年（1847 年）出生的张德彝，随同斌椿于同治五年（1866 年）第一次访问欧洲时刚刚二十岁。刚刚过去的这二十年，对晚清政府而言是痛苦而迷惘的二十年，当然还不是最艰难的二十年，因此，我们能够在这一时期的海国游记中感受到迷惘与挣扎，但很少听见撕心裂肺的呐喊。如果说林鍼、罗森的海外之游是偶然的、即兴的，带有很强烈的个人色彩，那么斌椿、张德彝等人西游却是必然的，具有强烈的政府意志。斌椿所秉承的使命是"饬将所过之山川形势、风土人情，详细记载，绘图贴说，带回中国，以资印证"③，杨能格为《乘槎笔记》作的序也称斌椿"归乃次第之为笔乘，

① 林鍼：《西海纪游草》，第 29~31 页。
② 罗森：《日本日记》，第 36 页。
③ 斌椿：《乘槎笔记》，第 91 页。

摹绘精核，如铸似鼎。顾皆据事直陈，不少增饰"①，但这并不意味着斌椿很好地完成了他的使命。斌椿或许将他所见所闻真实地、完整地记录下来了，但他的认知决定了他的视野，他所记录的只是他愿意看到的或能够看到的。因此我们今天看来，斌椿的文化素养并不高，但在《乘槎笔记》中所展示出来的却是一幅老派文人的"风流"。李善兰之序充满艳羡，感叹"各国君臣，无不殷勤延接，宴会无虚日。宫庭园囿，皆特备车骑，令纵驰览。斌君之游福，可谓大矣"②。将其考察全然视为游观与消遣，或许有些夸大；但评定斌椿兴味在于悦乐与风俗，而不是政治、经济、科学与教育，似乎也符合事实。"女优登台，多者五六十人，美丽居其半，率裸半身跳舞。剧中能作山水瀑布，日月光辉，倏而见佛像，或神女数十人自中降，祥光射人，奇妙不可思议"③，这样连篇累牍的描述，颇能迎合黄昏帝国的审美趣味。陈恭禄的《中国近代史》曾言斌椿"所著之笔记，偏重于海程、宴会。固无影响于国内"，殊不知游宴之乐却正是国内许多文人所期待的。

斌椿于同治五年（1866年）出游欧洲时，已经六十三岁了，他此前担任的最高实职不过是山西的知县。将这样重大的使命交付于他，本身就显示了晚清政府对考察欧洲的态度。两年后出使泰西的志刚，初步展示了职业外交官的风采，算得上是不辱使命。志刚也是旗人，此前担任过知府，刚刚由礼部员外郎考取总理衙门章京。总理衙门挑选使臣的条件是"结实可靠、文理优长并能洞悉大局"，志刚又被时人评为"谨饬"，所以在《初使泰西记》中我们基本上没有见到吟风弄月的描写，充斥其间的是志刚所谓"关切世道人心、民生国计"者。而最值得我们注意的，则是大量的对西方科技的描述，包括显微镜、自来水、印刷机、织布机、印花机、吊车等，大至军事方面的船舰，小至日常生活中的马桶。他似乎意识到科技制造对社会进步的重要意义，故而在《初使泰西记》中不厌其烦地记录各种具体的制造工艺，如到船厂则详细记录船的结构、部件、动力等，到铸币局则一一详述熔矿、分炉、压板、轧元乃至刻文的流程，似乎如此一来就能够获得西方的制造技术。总

---

① 斌椿：《乘槎笔记》，第 88 页。
② 同上书，第 87 页。
③ 同上书，第 109 页。

之，在志刚看来，西方的发达源于技术的进步，至于其科学原理依然没有脱离中国传统文化的范畴。如他以人的身躯来诠释蒸汽机的工作原理，"如人之生也，心火降，肾水升，则水含火性。热则气机动而生气，气生则后升前降，循环任督，以布于四肢百骸。苟有阻滞违逆则为病，至于闭塞则死。此天地生人之大机关也。识者体之，其用不穷。此机事之所祖也。"① 这不由使我们想到了西汉董仲舒的天人感应学说。

　　张德彝一生共八次出洋，身份也在不断发生转变，从同文馆学生、随员、翻译、参赞直至出使英、义、比国大臣，但不变的是他每次都以日记来记录他的经历，每一部日记都以"述奇"名之。为什么要"述奇"呢？第一部日记《航海述奇》的解释是："所闻见之语言文字、风土人情、草木山川、虫鱼鸟兽、奇奇怪怪，述之而若故，骇人听闻者，不知凡几。"② 《再述奇》即《欧美环游记》的解释是："天下土宇，分五大洲，邦国数百，人百亿兆，风土人情之迥殊，衣服饮食之异宜。"③《三述奇》即《随使法国记》的辨白是："自问之自奇，询之人亦咸以为奇。既有此奇，不即其奇而志之，斯世或未尽知其奇也。不择其奇而述之，后世或未传其奇也。彝更即此次日见月闻胥书之，颜曰'三次述奇'，非以矜奇，正以述实。"④ 张德彝为什么要将注意力始终放在衣服饮食等生活细节上呢？一方面，早期的张德彝似乎对自己的定位十分清晰，《随使法国记》的凡例云："是书本纪外洋风土人情，故所叙琐事不嫌累牍连篇。至于各国政事得失，自有西士译书可考。""历次出洋，虽辱承译事，而一切密勿阙而不书，亦金人缄口之意也。"⑤ 另一方面，张德彝认为风俗可以更真实地反映社会状况，如《六述奇》自序云："政莫大于礼。《礼》始饮食，《诗》咏干糇。日用起居之间，里巷琐屑之事，其于政教也，譬诸江河之有尾闾也。疏通浚沦，莫要于此者，政教将于是乎觇通塞焉。"⑥

① 志刚：《初使泰西记》，第 256~257 页。
② 张德彝：《航海述奇》，第 440 页。
③ 张德彝：《欧美环游记》，第 615 页。
④ 张德彝：《随使法国记》，第 313~314 页。
⑤ 同上书，第 315~316 页。
⑥ 张德彝：《六述奇》，《走向世界丛书》（续编），岳麓书社，2016，第 7 页。

二、近代海国游记的勃兴

中国近代海国游记的第二个阶段，是在光绪朝的前期，即光绪元年（1875 年）至甲午战争（1894—1895）这二十年。这一时期海国游记的大量出现，主要有三种情形：第一种情形与晚清政府正式向海外驻派公使有关。光绪元年（1875 年）七月二十八日，郭嵩焘被任命为出使英国大臣，这是晚清政府向西方派驻的第一个正式公使，距斌椿一行考察欧洲已经过去了十年之久。常驻公使的出现，改变了以往那种浮光掠影式的考察方式，近代海国游记也进入了一个崭新的阶段。光绪二年（1876 年）十月十七日，郭嵩焘从上海乘英国邮轮前往伦敦赴任时，随同者有副使刘锡鸿，参赞黎庶昌，翻译张德彝、凤仪、马格里及随员、跟役共三十余人。关于此次行程，郭嵩焘的《使西纪程》、刘锡鸿的《英轺私记》、黎庶昌的《西洋杂志》与张德彝的《四述奇》各有记述。

郭嵩焘出使英国，本为交涉云南马嘉里案，考求西方详情，故"初议至西洋每月当成日记一册，呈达总署，可以讨论西洋事宜，竭所知为之"。他将自光绪二年（1876 年）十月十七日至十二月初八日，历新加坡、暹罗、波斯、土耳其、希腊、意大利、法国、埃及、摩洛哥等十八国所见之地理风光、山川形势、风土人情、宗教信仰等一一记述，汇集成册，交付总理衙门出版刊行，名为《使西纪程》，同时连载于《万国公报》。郭嵩焘这两万来字的记述引起了轩然大波，翰林院编修何金寿据此弹劾郭嵩焘"有二心于英国，欲中国臣事之"，朝廷下诏申斥，《使西纪程》遭受毁版之灾，一年后郭嵩焘也从公使任上被撤回。《使西纪程》所触犯的忌讳，是击碎了晚清"天朝上国"的梦想。虽然此时朝野已经认可了西方近代科技的发达，但内心深处却依然抱有强大的自信，在文化上具有无比的优越感。郭嵩焘却认为"西洋立国有本有末，其本在朝廷政教，其末在商贾"，"西洋立国二千年，政教修明，具有本末；与辽、金崛起一时，倏盛倏衰，情形绝异。其至中国，惟务通商而已；而窟穴已深，逼处凭陵，智力兼胜。所以应付处理之方，岂能不一讲求？

并不得以和论。"① 郭嵩焘指出，西洋不仅有自身的文明，而且在他们眼中清人亦如同"夷狄"，这让抱残守缺的晚清政府情何以堪？

刘锡鸿在出使之前，就展示出了他鲜明的保守主义立场，其曾写信于李鸿章，明确表明"西洋技巧文字，亦第募艺士数人蓄之即足备用，似不可纷纷讲求，致群骛于末，而忘治道之本"②。西洋的繁华虽使他倍感惊讶，但依然无法改变他傲慢的态度："两月来，拜客赴会，出门时多，街市往来，从未闻有人语喧嚣，亦未见有形状愁苦者。地方整齐肃穆，人民鼓舞欢欣，不徒以富强为能事，诚未可以匈奴、回纥待之矣。"③ 他只是提醒朝廷不能将西洋视为匈奴、回纥。他亲眼见证了机器强大的创造力："外洋贸易之大，当无有能过伦敦者。其制造枪炮、车船、机器、卖煤、铸铁、织绒毯布帛等处，固无论矣；乃至一屠宰之肆，一糖果之店，一饼饵之室，亦皆雇役数千人，群然操作而无暇旁顾。"④ 但依然认为它们"皆杂技之小者。其用可制一器，而量有所限者也"。他亲身感受了火车之便利，"程之慢者，一时亦百馀里，故常数昼夜而万里可达"⑤，却坚持"火车之不能行于中国，犹清静之治不能行于欧洲，道未可强同也"⑥。

郭嵩焘任出使英国钦差大臣时，原定的副使为许钤身。许钤身未及成行，次年改使日本，何如璋为副使。光绪三年（1877 年），何如璋升正使，张斯桂为副使，黄遵宪为参赞，正式出使日本，三人也各有所记，拉开了近代东洋游记的新篇章。作为朝廷大员，何如璋对身负之使命极为重视，《使东述略》开篇即强调日本在海洋通商时代所占据的重要地理位置，对沿途所经大阪、神户、横滨、东京等地的风物习俗、华人的衣食住行都有细致的观察和记述。对于儒家、西洋各自所产生的影响，也有所关注："（日本）近趋欧俗，上自官府，下及学校，凡制度、器物、语言、文字，靡然以泰西为式。而遗

---

① 郭嵩焘：《伦敦与巴黎日记》，第 66~67 页。
② 刘锡鸿：《英轺私记》，第 16 页。
③ 同上书，第 110 页。
④ 同上书，第 184~185 页。
⑤ 同上书，第 128 页。
⑥ 同上书，第 62~63 页。

老逸民、不得志之士，尚有敦故习、谈汉学、硁硁以旧俗自守者，足矜已！"①
对于复杂的世界形势，他虽仍比拟于战国，却也意识到自强的必要性，故对
日本明治维新后的种种变化与成果有较为认真的反思，并提出要重视海上防
护，与日本联合起来构建海上屏障。

黄遵宪深感国人故步自封，对日本了解甚少，"以余观日本士夫，类能读
中国之书，考中国之事；而中国士夫，好谈古义，足己自封，于外事不屑措
意。无论泰西，即日本与我，仅隔一衣带水，击柝相闻，朝发可以夕至，亦
视若海外三神山可望而不可即，若邹衍之谈九州，一似六合之外、荒诞不足
论议也者，可不谓狭隘欤？"②为改变这种认识上的狭隘与偏差，他学习日文，
收集日本资料，与日本士大夫交游往来，于光绪五年（1879 年）着手撰写
《日本国志》，在驻美旧金山总领事任满后，又谢绝他职，闭门编撰，于光绪
十三年（1887 年）完成《日本国志》。书中提出了诸多值得深思的观点，如
"日本维新以来，尤注意于求富，然闻其国用，则岁出入不相抵，通商则输出
入不相抵。而当路者竭蹶经营，力谋补救。其用心良苦，而法亦颇善。观于
此者，可以知其得失之所在矣"③，"日本自开港通商以来，其所得者，在力
劝农工，广植桑茶，故输出之货骤增。其所失者，在易服色，变国俗，举全
国而步趋泰西，凡夫礼乐制度之大、居处饮食之细，无一不需之于人，得者
小而失者大，执政者初不料其患之一至于此也"④ 等。与此同时，何如璋有
《使东杂咏》七言绝句七十六首，张斯桂有《使东诗录》七律诗四十首，黄
遵宪有《日本杂事诗》七言绝句一百五十四首，他们的诗篇充分展示出甲午
战争前使日者优游的心态。

第二种情形，与晚清政府派员海外考察有关。这些考察有专门性的，如
光绪五年（1879 年）徐建寅被任命为驻德使馆二等参赞，专门到德国、英
国、法国考察海军和工程技术。其《欧游杂录》上卷记录了他对欧洲各国著
名船厂的考察，下卷记录了他对欧洲各国军舰的认识，最后他在德国司旦丁

① 何如璋：《使东述略》，第 107 页。
② 黄遵宪：《日本国志》，第 5 页。
③ 同上书，第 561 页。
④ 同上书，第 752 页。

伏耳铿造船厂订造了两艘铁甲舰船，即后来北洋舰队中的两艘主力舰"镇远"号和"定远"号。又如袁祖志作为轮船招商局总办唐廷枢的随员，于光绪九年（1883 年）前往欧洲考察远洋航线而著有《瀛海采问纪实》，"其中记载所历之境，上则国政，下则民风，极诸制作之器，靡不详审无遗，纤微弗失。一编持于手中，各邦呈于睫底，有心时局者所由以先睹为快而殷殷加意也。"① 也有全方位的，如光绪十三年（1887 年）总理衙门举行选拔考试，圈定傅云龙、洪勋等十二人分赴海外各国游历，时为兵部郎中的傅云龙历时二十六个月，游历日本、美国、加拿大、秘鲁、巴西等十一国，将沿途收集海外各国地理、历史、政治、风俗、特产等资料及所勘察、绘制各种地图表格，编纂为《游历各国图经》八十六卷、《游历各国图经馀纪》十五卷；洪勋则将西班牙、葡萄牙、意大利、瑞典、挪威等欧洲五国的考察结果汇编为《游历闻见录》。

第三种情形，与这一时期个人的海外游历有关。如光绪六年（1880 年）上洋文艺斋刊行王之春的《谈瀛录》。王之春前往日本考察的背景，是日本正式吞并琉球之后，直接威胁东部海疆，引发国内的忧虑。但王之春或有负诸公重托，书中所记其日本一个月之见闻，不仅流于走马观花，更重要的是他固守自大的立场，对维新的成果或视而不见，或不以为然，以为"夫以我中朝人民之众，土地之广，物产之饶，矿藏之富，即欧洲大小诸邦，皆莫之与京，岂藐兹日本所能颉颃哉"②。光绪六年（1880 年）三月至五月，李筱圃亦有东游而著有《日本纪游》，著者一方面注意到了开放门户给日本带来的巨大变化；另一方面又对这种变化抱有强烈的敌视态度，对明治维新甚为不满："日本自维新政出，百事更张，一切效法西洋，改岁历，易冠裳，甚欲废六经而不用。遗老逸民尚多敦古以崇汉学。"③ 光绪十九年（1893 年）五月初四至七月初四，受安徽巡抚沈秉成和驻日公使汪凤藻资助，黄庆澄游历日本，参观长崎、神户、大阪、横滨、东京、京都、奈良等地，"所遇中外士大夫无虑七八十人"，回国后将其观感与会谈、讨论，辑为《东游日记》。《东游日记》

---

① 袁祖志：《瀛海采问纪实》，第 9 页。
② 王之春：《谈瀛录》，第 45 页。
③ 李筱圃：《日本纪游》，第 177 页。

之意义，亦即在于关注到明治维新给日本社会各个层面包括官制、学校、司法、军事、税收、银行、财政预算等所带来的各种变化。尽管面对这些变化，他的感情极其复杂，但他终究不得不承认维新是大势所趋。正是出于强烈的危机感，他处处将中日对比，"为今日中国计，一切大经大法无可更改，亦无能更改；但望当轴者取泰西格致之学、兵家之学、天文地理之学、理财之学及彼国一切政治之足以矫吾弊者，及早而毅然行之。"①

三、近代海国游记的转向

中国近代海国游记的第三个阶段，是在清代光绪朝后期，即甲午战争之后（1895 年）至辛亥革命（1902 年）这十七年。这一时期的海国游记依然以考察记为主，但较之于前一个阶段，考察显然更为全面与深入，并且往往针对当时存在的问题提出了自己的建议。如光绪二十年（1894 年）十月十六日，王之春奉命出使俄国，历经中国香港、越南、新加坡、印度、斯里兰卡、埃及、意大利、法国、德国、英国等，至光绪二十一年（1895 年）闰五月十七日返回上海。《使俄草》八卷记录了王之春出使前的准备和与俄交涉的具体经过，以及所经历各国的行程、山川、气候、民俗、军械、政体、学术，并对国内铁路、军制、科举、人才、筹项、商工、矿务、交涉等方面的改革提出了自己的看法。他在凡例中特别指出，书中的许多议论都是针对甲午战争的，"使臣于役在外，适当中日战争之时，间有发为论辞，本人臣各为其主之义，不无过激之处，然义在有所不避，故不复加删节，钞胥已定，亦姑听之。"② 同样在光绪二十年（1894 年），宋育仁派充驻英二等参赞官，将其在欧洲期间的考察成果汇辑为《泰西各国采风记》，共分为政术、学校、礼俗、教门、公法五卷。其书后附有《时务论》一卷，提出了复古改制。吴宗濂的《随轺笔记》记述了光绪二十年（1894 年）至二十三年（1897 年）他在欧洲各国考察的事宜，分为记程、记事、记闻、记游四卷。他在卷一中曾说明了

---

① 黄庆澄：《东游日记》，第 338~339 页。
② 王之春：《使俄草》，第 8 页。

考察的宗旨："西人以通商、传教为拓地开疆之计，用心甚远，用力甚专。故每经大埠，除考其沿革外，于通商之利益、传教之根源，尤兢兢致意。至其所出土产、所作工程，亦一并及之，彼当道中留心时事者为之对镜参观，或亦不无小补乎！"① 故胡祥铼为跋语云："今读其所著《记程》、《记事》、《记闻》、《记游》四种，虽曰一斑，亦殊足增长我智能，恢张我学识，先路之导，意在斯乎？"②

　　光绪二十八年（1902 年），爱新觉罗·载振（1876—1947）任出使英王爱德华七世加冕典礼专使，并到法、比、美、日进行访问。回国后，载振即招集随员编纂了《英轺日记》。"是书仿黄氏《日钞》、顾氏《日知录》体，纪事之馀，稍参论议。大抵英详于商务及学校诸事，比详于制造、工艺，法详于议院、各衙门制度，而于教务必持之断断，美详于各部章程及其地方自治之法，日本与我地处同洲，其则不远，故于宪法等事并加研究，而于教育之法尤三致意焉"③。载振此行与所呈是书影响极大，《绣像小说》第 40 期登完《京话演说振贝子英轺日记》后，以为"其政治、法律、教育、军旅、农矿、路电等事，详举靡遗，下至一山一水，一园一沼，一名一物，一技一艺，无不具载，读者可恍然于中外兴衰之故及治乱之机矣"。光绪三十一年（1905 年）六月十四日，清廷以为"方今时局艰难，百端待理。朝廷屡下明诏，力图变法，锐意振兴。数年以来，规模虽具而实效未彰；总由承办人员向无讲求，未能洞达原委。似此因循敷衍，何由起衰弱而救颠危"④，故下诏特简载泽、戴鸿慈等五位大臣分赴东、西洋各国考察政治。次年六月回国后，戴鸿慈在领衔编纂《欧美政治要义》《列国政要》之余，还将其日行所记重新整理为《出使九国日记》十二卷。此日记专就戴鸿慈亲历随时记录，所谓"每日往观各处，足不停趾，无一刻不暇。夜归辄录所见，信笔直书，并未修饰"⑤，故内容较为繁富琐碎，既有重要的外交活动，如觐见各国元首、拜谒重臣，也有其日常游历、交谈与观感，如游览名胜、大学等，当然重中之重

① 吴宗濂：《随轺笔记》，《走向世界丛书》（续编），岳麓书社，2016，第 12 页。
② 同上书，第 577~578 页。
③ 载振：《英轺日记》，《走向世界丛书》（续编），岳麓书社，2016，第 9 页。
④ 戴鸿慈：《出使九国日记》，第 293 页。
⑤ 同上书，第 299 页。

依然是对宪政的观察与反思。如在美国参观华盛顿故居后，他感叹"盖创造英雄，自以身为公仆，卑宫恶服，不自暇逸。以有白宫之遗型，历代总统咸则之。诚哉，不以天下奉一人也"①；在英国考察了议院、博物院、戏院、博济银行后，他认为："英吉利为西欧老国，君主立宪，上下有章，又最重门第，有中华魏晋风气。伦敦繁富，列统计者推为环球第一。"②

　　这一时期海国游记的第二个显著特征，是专业性更突出，往往就某个领域进行深入的调查分析。如丁鸿臣（1845—1904）于光绪二十五年（1899年）受四川总督奎俊委派前往日本，专门考察军队操练并著有《东瀛阅操日记》两卷，"以日本所设学校、练兵诸法，多仿自泰西，既经其国派员来川，一再陈请，未便却其敦睦之意。惟川省学生骤难其选，于七月内饬派鸿臣，会同沈道翊清，前往游历阅操，并将其兵制、学制详细考究记载回川，以广见闻而备采择。"③ 随同前往的沈翊清（1861—1908）另著有《东游日记》，对所参观学校记载尤为翔实，如学制、设备、教课内容、上课情形均一一缕述，对日本尚武风气也有深切感受："按文部各学，与陆军学校不同，然师范学校、女子各学校均有体操，高等师范且习枪法，可见国家尚武，故风气为之一变。……其柔道法，即满洲之手搏，以练筋力。所唱歌阕，古名人辨庆所制，为军中进兵阕，亦虽在文事，不忘武备之旨。"④ 此外，蒋煦的《东游日记》记述其于光绪二十三年（1897年）自费参加日本神户博览会并游历日本的见闻，书中尤为关注各种机器价格、各种纺织品等。刘学询（1855—1935）《游历日本考察商务日记》一卷，记述了他于光绪二十五年（1899年）对日本外务省、农商务省等职责的调研，叙述了他考察三井银行、金库、毛织会社、商品陈列馆、机器织毛制造所、三菱公司、劝工场、炮兵工厂等地的感受，表达了加强中日贸易往来的愿景。黄璟（1841—1924）于光绪二十八年（1902年）奉命考察日本农务，故在日本参观农作物试验场、农业地质调查所、中央气象台时格外细心，他注意到日本农业非常重视试验，深切感

① 戴鸿慈：《出使九国日记》，第353页。
② 同上书，第381页。
③ 丁鸿臣：《东瀛阅操日记》，《走向世界丛书》（续编），岳麓书社，2016，第5页。
④ 沈翊清：《东游日记》，第43页。

受到培养良种、改进土壤和制造肥料之重要，并对日本农具也非常留意，其《考察农务日记》中也多有"查看农具""议购农具"等相关记载。罗振宇（1866—1940）于光绪二十七年（1901年）奉命赴日视察学务，其《扶桑两月记》主要记述了他考察日本东京农科大学、东京高等师范学校等各类学校，收集购买日本各种教科书、有关教育法规的资料、理科实验设备、动植物标本等经历，以及与日本教育家嘉纳治五郎、伊泽修二等交流的内容，张绍为跋语，称"记中于东邦教育，钩元提要，如指诸掌。且于财政、治体、风俗稽考尤详。披览一过，不啻置身十洲三岛间也"①。

在这些专门性的考察中，由于日本路近费省，且刚刚经历维新，极具参考价值，故而往往成为考察的首选，如光绪三十一年（1905年），许炳榛奉命前往日本考察矿务，归来著录为《乙巳考察日本矿务日记》。书中对日本矿业运行流程的记录尤为翔实，甚至还详细记载了坑道的各种情况。又光绪三十一年（1905年），陈荣昌（1860—1935）赴日本考察学务并送生徒十余人前往日本留学。其《乙巳东游日记》记述了他考察各类学校以及文部省、东京府教育会、教育博物院、帝国图书馆等教育机构的经历，详细记录了这些学校的历史、学制、学费、师资队伍、学生来源、上课过程等，书中多有反思与忧虑："独吾中国夙多忌讳不敢以国耻编入课本，教育精神因之不振。噫，忌讳太多，使国民不知时局之危，爱国忠君之念何自生哉？故精神教育当以国耻编入课本为第一要义。"② 又光绪三十一年（1905年），李宝泩受命赴日考察实业，其《日游琐识》一书记述了他赴日考察川崎造船厂、川崎机器厂、九段劝业场、大阪铁工所等处的见闻感受。对于日本在工业方面的仿制成果，他给予了充分肯定。又光绪三十一年（1905年），周锡璋受奉商部之委派筹办烟草公司，事前赴日本考察工艺并购买机器，归来著成《乙巳东瀛游记》一书。是书记录了他在日之两月间，考察神户商品陈列所、七宝烧厂、东京烟草制造所、大阪烟草制造所、濑川铁工所等处的收获。

第三个显著特征是，变革呼声越来越强烈。光绪三十年（1904年）九月，康有为结束第二次欧游，抵达加拿大，开始撰写《欧洲十一国游记》。在

---

① 罗振玉：《扶桑两月记》，第118页。
② 陈荣昌：《乙巳东游日记》，云南美术出版社，2007，第11页。

序言中，他指出游览欧洲诸国的目的在于寻求治国良方："夫中国之圆首方足，以四五万万计。才哲如林，而闭处内地，不能穷天地之大观。若我之游踪者，殆未有焉。而独生康有为于不先不后之时，不贵不贱之地，巧纵其足迹、目力、心思，使遍大地，岂有所私而得天幸哉？天其或哀中国之病，而思有以药而寿之耶？其将令其揽万国之华实，考其性质色味，别其良楛，察其宜否，制以为方，采以为药，使中国服食之而不误于医耶？则必择一耐苦不死之神农，使之遍尝百草，而后神方大药可成，而沉疴乃可起耶？则是天纵之远游者，乃天责之大任；则又既惶既恐，以忧以惧，虑其弱而不胜也。"①如在法国游历时，他一方面肯定了巴黎的繁荣富庶，如道路广洁妙丽、车马如织、士女如云等，并分析了巴黎繁华的由来；另一方面他认为单纯就城市建设而言，中国后来居上亦非难事，他坚信只要走上变法之路，上海一带超越大巴黎也只在数十年之间："要而论之，巴黎博物院之宏伟繁夥，铁塔之高壮宏大，实甲天下；除此二事，无可惊美焉。巴黎市人行步徐缓，俗多狡诈；不若伦敦人行之捷疾，目力之回顾，而语言较笃实，亦少胜于法焉。吾自上海至苏百馀里中，若营新都市，以吾人民之多，变法后之富，不数十年必过巴黎，无可羡无可爱焉！"②

《新大陆游记》原为梁启超光绪二十九年（1903 年）游历美国时随笔所记。是书对美国建国百年来所取得的成就给予了充分肯定，他惊诧于纽约带来的巨大冲击力，同时也注意到贫富悬殊所导致的刿心怵目。其他如移民的利弊、选举的利弊等，书中都有深刻的思考。尤为值得注意的是，梁启超意识到社会主义较为吻合中国国情："若近来所谓国家社会主义者，其思想日趋于健全，中国可采用者甚多，且行之亦有较欧美更易者。盖国家社会主义，以极专制之组织，行极平等之精神，于中国历史上性质，颇有奇异之契合也。以土地尽归于国家，其说虽万不可行；若夫各种大事业如铁路、矿务、各种制造之类，其大部分归于国有，若中国有人，则办此真较易于欧美。特惜今日言之，非其时耳。社会主义为今日全世界一最大问题，吾将别著论研究之。吾所见社会主义党员，其热诚苦心，真有令人起敬者。墨子所谓强聒不舍，

---

① 康有为：《欧洲十一国游记》，第 57 页。
② 同上书，第 206~207 页。

庶乎近之矣。"①

　　中国传统意义上的游记，主要是以山水为媒介来抒写个人情怀，一如古代的山水诗歌，为古代文人墨客登山临水寄慨之作。但以"永州八记"到《徐霞客游记》，我们十分清楚地发现游记的职责有一个清晰的转移过程，即从抒写内在情感转向客观记录外在景象。至于近代海国游记，还肩负着走向世界的历史使命。因此，在睁眼看世界的过程中，游记的文学色彩逐渐削弱，而专业性日益增强。近代海国游记的演进历程，也是近代学人走向世界的历程。

思 考 与 练 习

　　1. 近代海国游记勃兴的历史背景是什么？这些游记各自肩负着怎样的使命？

　　2. 重读近代海国游记，对今天我们重塑文化自信有哪些启发？

---

　　① 梁启超：《新大陆游记》，第 465 页。

后 记

本书系浙江海洋大学"海洋人文通识系列教材"之一种，由我与四位研究生共同完成。其中，李佳梅撰写了第三讲、第四讲、第五讲，林芷琪撰写了第六讲、第七讲、第八讲，聂佩文撰写了第九讲、第十讲、第十一讲，古湲靖撰写了第十三讲、第十四讲、第十五讲，刘春萍撰写了第二讲、第十二讲、第十六讲。其资源来源主要有二：一是《海国游记提要》——它是为《中国海洋古文献总目提要》所搜集整理的相关材料；二是岳麓书社出版的"走向世界丛书"——主要是 2008 年修订版和 2016 年续编版。

本书出版，得到浙江海洋大学教务处、浙江海洋大学师范学院的大力支持。

闵泽平

二〇二四年元月于浙江海洋大学